■ご注意

　本書は、電気・電子などのごく基本的な知識はお持ちの方を対象としています。「電気については何もわからない」という方は、姉妹書「電子工作入門以前」も合わせてお読みください。

　本書の工作の中には、商用電源を扱うものもあり、誤って扱うと感電・やけどなどの危険が伴う場合があります。くれぐれもご注意ください。

　本書に記載された内容は、情報の提供のみを目的としています。本書の記載内容については正確な記述に努めて制作をいたしましたが、内容に対して何らかの保証をするものではありません。本書を用いた運用は、必ずお客様自身の責任と判断によって行ってください。これらの情報の運用の結果について、技術評論社および著者はいかなる責任も負いません。

　本書記載の情報については、2016年3月現在のものを掲載しています。それぞれの内容については、ご利用時には変更されている場合もあります。

　以上の注意事項をご承諾いただいた上で、本書をご利用願います。これらの注意事項をお読みいただかずに、お問い合わせいただいても、技術評論社および著者は対処しかねます。あらかじめ、ご承知おきください。

■登録商標

　本書に記載されている会社名、製品名などは、米国およびその他の国における登録商標または商標です。なお、本文中には®、TMなどは明記していません。

まえがき

　多くの方々が電子工作を始める際に何から始めたらよいのかわからないということをよく耳にします。確かに電子工作には、回路だけでなく機構関連の知識も必要ですし、とにかくたくさんの種類がある電子部品の知識が必要です。

　抵抗とかコンデンサという基本の電子部品でさえ、たくさんの種類があり、どのように使い分けたらよいのか最初は見当もつかないのが普通です。

　そこで本書では、子供のころに戻ることにしました。機械好きな皆さんなら、子供のころ新しくおもちゃを買ってもらうと直ぐ分解してしまって、何度もお母さんにしかられた経験をお持ちなのではないかと思います。

　かくいう筆者も、とにかくおもちゃをもらうと、それで遊ぶ前にすぐドライバを持ち出して分解を始め、結局壊してしまうので困ったものだと母親に聞かされました。小学生になってもそれが続いていたようです。

　でも、いま思うに、その分解して壊すことで得た知識が現在の私の土台になっているように思います。もちろんそれらの知識が今も役に立つわけではないのですが、本当に身になる知識というのは手を動かし、見て触って得るものだということを、そのころに身体で覚えたのではないかと思います。

　本書はこのような趣旨で、電子工作を始めるに当たり、多くの電子部品を実際に使い、試してみることで理解することにしました。場合によっては壊れることもありますが、どうしたら壊れるか、壊れたらどうなるかも知識のひとつということで、実際に壊すことにしました。

　電子回路では、高電圧を扱う電気回路とは異なり、壊れても大事になることはほとんどありません。せいぜい発熱した部品で指先をやけどする程度です。

　とはいっても、やけども怪我ですから気を付けて扱う必要があることには変わりません。したがって実際に壊すことを試す際には十分気を付けてください。万一読者の方々が怪我をされたとしても何の補償もできませんのであしからず。

　本書の後半ではマイコンを使います。電子回路だけでなくプログラム製作も必要になってきます。ここでは初心者がどうしてプログラムをうまく動かすことができないかを説明し、そうならないように筆者がどのようにプログラム製作をしていくかを解説します。確実に動作するプログラムを作るノウハウを紹介します。

　では早速はじめましょう！

　末筆になりましたが、本書の編集作業で大変お世話になった技術評論社の藤澤 奈緒美さんに大いに感謝いたします。

2016年3月

後閑 哲也

目次

第1章 ● 電子工作は失敗から学べ ... 9

「失敗から学べ」とは ... 10
動かないときこそチャンス ... 11
本書の構成 ... 11

第2章 ● 電源の製作と電子回路の基礎知識 ... 13

2-1 抵抗の実験 ... 14
2-1-1 抵抗は燃える？ ― オームの法則とジュールの法則 ... 14
2-1-2 抵抗の種類と特徴 ... 17
2-1-3 どんな抵抗値でも使える？ ― 抵抗の値とE系列 ... 19
2-1-4 抵抗値はどうやって見分ける？ ― カラーコード ... 20
2-1-5 抵抗の値を変えるには？ ― 抵抗の直列、並列接続 ... 22

コラム テスタの使い方 ... 25

2-2 コンデンサの実験 ... 30
2-2-1 コンデンサの蓄電機能 ... 30
2-2-2 コンデンサのパンク？ ― コンデンサの耐電圧 ... 32
2-2-3 コンデンサの直列接続と並列接続 ... 33
2-2-4 コンデンサのインピーダンス ... 34
2-2-5 コンデンサの種類 ... 36
2-2-6 どんな値のものがある？ ― コンデンサのE系列 ... 37

2-3 コイルとトランスの実験 ... 40
2-3-1 電磁誘導現象の発見 ... 40
2-3-2 コイルの役割 ― 交流用の抵抗になる ... 41
2-3-3 交流の電圧を変えるには？ ― トランスの役割 ... 43

2-4 ダイオードの実験 ... 46
2-4-1 ダイオードの基本特性と種類 ... 46
2-4-2 ダイオードは燃えるか？ ― ダイオードの発熱の実験 ... 48

目　次

　　　2-4-3　ダイオードによる整流 — 半波整流と全波整流 ················· 50
　　　2-4-4　整流回路の設計方法 — 実は難しい ························· 53

　2-5　実験用電源の製作 ··· 56
　　　2-5-1　基本検討 ··· 56
　　　2-5-2　回路設計と組み立て ·· 60
　　　2-5-3　動作テストと調整 ·· 66
　　　2-5-4　評価テスト ·· 67
　　　2-5-5　トラブルと対策 ··· 69

　コラム　放熱設計の仕方 ··· 71

第3章 ラジオの製作 ··· 77

　3-1　電波の発見と電波の伝わり方 ··· 78
　　　3-1-1　電波の存在の証明 ·· 78
　　　3-1-2　電波の伝搬と無線通信 ·· 79

　3-2　ゲルマラジオの製作 — 失敗してしまった ························ 81
　　　3-2-1　ゲルマラジオの全体構成 ······································· 81
　　　3-2-2　アンテナコイルと同調回路 ···································· 82
　　　3-2-3　検波回路 ·· 85
　　　3-2-4　受話器 ··· 87
　　　3-2-5　ブレッドボードで製作 ·· 87
　　　3-2-6　動作テスト ·· 89

　3-3　ワンチップAMラジオの製作 ··· 91
　　　3-3-1　ワンチップAMラジオの全体構成 ·························· 91
　　　3-3-2　ワンチップラジオICの概要 ·································· 92
　　　3-3-3　製作 ·· 93
　　　3-3-4　動作テストとトラブル対策 ···································· 94

　3-4　FMステレオラジオの製作 ··· 96
　　　3-4-1　FMステレオラジオの全体構成 ······························ 96
　　　3-4-2　FMラジオICの仕組み ··· 97
　　　3-4-3　FMラジオの回路と定数の決め方 ·························· 100
　　　3-4-4　FMラジオを組み立てる ······································ 102
　　　3-4-5　動作テストとトラブル対策 ·································· 105

　コラム　ブレッドボードの使い方 ··· 107

第4章 自動点灯LED照明の製作 ... 113

4-1 電池の実験 ... 114
- 4-1-1 電池の種類と使い方 ... 114
- 4-1-2 直列接続と並列接続 ... 117

4-2 LEDの実験 ... 120
- 4-2-1 LEDを電池で点灯させる ... 120
- 4-2-2 小型LEDと照明用LEDの差異 ... 124

4-3 明るさセンサ（Cds、フォトセンサ）の使い方 ... 127
- 4-3-1 Cds ... 127
- 4-3-2 フォトセンサ ... 129

4-4 制御回路の設計と組み立て ... 131
- 4-4-1 リレーによる制御回路 ... 131
- 4-4-2 接合型トランジスタによる制御 ... 132
- 4-4-3 MOSFETによる制御回路 ... 136
- 4-4-4 コンパレータを追加する ... 137

4-5 調整方法とトラブルと対策 ... 140

第5章 ステレオアンプの製作 ... 143

5-1 ステレオアンプの概要 ... 144
- 5-1-1 電力増幅とは ... 144
- 5-1-2 オーディオアンプICの概要 ... 145

5-2 回路設計と組み立て ... 149

5-3 動作確認方法 ... 153

5-4 スピーカ ... 154

コラム ハンダ付けのノウハウ ... 156

コラム ユニバーサル基板の組み立てノウハウ ... 165

目 次

第6章 ● 赤外線リモコン車の製作 ... 169

6-1 赤外線リモコン車の概要 ... 170
- 6-1-1 システム全体構成 ... 171

6-2 駆動部の組み立てとモータの制御方法 ... 172
- 6-2-1 車体の組み立て ... 172
- 6-2-2 モータの組み立て ... 174
- 6-2-3 車体上部の組み立て ... 176
- 6-2-4 モータの制御方法 ... 178

6-3 赤外線による通信 ... 182
- 6-3-1 赤外線リモコン通信の方式 ... 182
- 6-3-2 市販のリモコンのフォーマット ... 184
- 6-3-3 赤外線受光モジュールの使い方 ... 185

6-4 PIC16F1503の使い方とハードウェアの製作 ... 189
- 6-4-1 PIC16F1503の使い方 ... 189
- 6-4-2 受信制御基板のハードウェア設計 ... 192
- 6-4-3 受信制御基板の組み立て ... 194
- 6-4-4 受信制御基板の実装 ... 197

6-5 リモコン車のプログラムの製作 ... 198
- 6-5-1 プログラム製作用の道具 ― 必要なのはパソコンとプログラマだけ ... 198
- 6-5-2 プログラム製作最初の最初 ― コンフィギュレーションとクロック設定 ... 201
- 6-5-3 モータ制御の確認テストプログラム（Robot2）... 203
- 6-5-4 赤外線フレーム受信動作確認プログラム（Robot3）... 207
- 6-5-5 赤外線フレームデータ部受信プログラム（Robot4）... 212
- 6-5-6 モータ制御を加えた最終形態プログラム（Robot5）... 218

6-6 動作確認方法とトラブル対策 ... 220

6-7 グレードアップ ... 221
- 6-7-1 モータの可変速制御 ... 221
- 6-7-2 PWMモジュールの使い方 ... 224
- 6-7-3 PWM制御プログラム（Robot6）の製作 ... 225

コラム モータとギヤの選択の実際 ... 231

コラム オシロスコープの使い方 ... 237

第7章 Bluetooth接続のデータロガーの製作 　　　　　　　　　　　　　　243

7-1　データロガーの概要 　　　　　　　　　　　　　　　　　　　　244
　7-1-1　データロガーの全体構成 ― 毎秒記録で35時間連続収集可能 　　245
　7-1-2　機能仕様 　　　　　　　　　　　　　　　　　　　　　　　246

7-2　PIC16F1783の使い方 　　　　　　　　　　　　　　　　　　　247
　7-2-1　PIC16F1783のピン配置とピン機能、電気的仕様 　　　　　　247
　7-2-2　PIC16F1783の内部構成と使用周辺モジュール 　　　　　　　248

7-3　アナログ信号の入力方法 　　　　　　　　　　　　　　　　　　250
　7-3-1　アナログ信号の入力方法 　　　　　　　　　　　　　　　　250
　7-3-2　12ビットA/Dコンバータの使い方 　　　　　　　　　　　　251

7-4　BluetoothモジュールとEUSARTの使い方 　　　　　　　　　258
　7-4-1　BluetoothモジュールRN-42XVPの概要 　　　　　　　　　258
　7-4-2　RN-42モジュールの制御コマンド 　　　　　　　　　　　　261
　7-4-3　EUSARTモジュールの使い方 　　　　　　　　　　　　　263

7-5　フラッシュメモリとSPIモジュールの使い方 　　　　　　　　　271
　7-5-1　フラッシュメモリの使い方 　　　　　　　　　　　　　　　271
　7-5-2　MSSPモジュール（SPIモード）の使い方 　　　　　　　　　275

7-6　回路設計と組み立て 　　　　　　　　　　　　　　　　　　　　282
　7-6-1　回路設計 　　　　　　　　　　　　　　　　　　　　　　　282

7-7　ファームウェアの製作 　　　　　　　　　　　　　　　　　　　287
　7-7-1　コンフィギュレーションとクロックの確認テスト（Logger1） 　287
　7-7-2　USARTとBluetoothの動作確認テスト（Logger2） 　　　　291
　7-7-3　A/Dコンバータのテストプログラム（Logger3） 　　　　　　297
　7-7-4　フラッシュメモリのテストプログラム（Logger4） 　　　　　301
　7-7-5　データロガープログラムの製作 　　　　　　　　　　　　　308

7-8　データロガーの動作確認 　　　　　　　　　　　　　　　　　　316

7-9　グレードアップ 　　　　　　　　　　　　　　　　　　　　　　319
　7-9-1　オペアンプの使い方 　　　　　　　　　　　　　　　　　　319

コラム　プリント基板の作り方 　　　　　　　　　　　　　　　　　　323

索引 　　　　　　　　　　　　　　　　　　　　　　　　　　　　　338

第1章
電子工作は失敗から学べ

製作した作品が正常動作しなかったときが電子工作の腕前を上げるチャンスです。

「失敗から学べ」とは

「失敗から学べ」ということばは何事にも通じるように思います。普通の人なら、アルバイトでも仕事でも、一度失敗したら、同じ間違いはしないようにどうして失敗したかを考え、次からは気を付けるようにします。

電子工作でも同じです。部品を間違えたり、回路を間違ったりして正常動作しなかった場合には、どうしてかを探します。そして探し当てた原因は自分の知識として蓄えられ、次には同じ間違いを避けることができるようになります。

これが本来の活きた知識の蓄え方です。しかし、電子工作につきまとう知識は膨大で、すべてを経験して学ぶことには無理があります。そこで、本書では、筆者がこれまでに学んだ先人の知識や、私自身が間違った体験から得た知識をまとめることで、**電子工作を始める方々がより少ない労力で多くの知識が得られる**ようにしていきます。

もちろんすべてではありません。でも電子工作では部品を壊すことが最悪の結果なので、これだけは避けることができる知識を基本にしたいと思います。

電子回路で部品が壊れる場合というのは、ほとんどが発熱によるものです。したがって壊れる前には部品が焦げる臭いがし、触れば熱くなっている異常部品を特定することができます。つまり、電子工作では、壊れるあるいは壊れたことを検出するためのセンサは、鼻であり手となります。

筆者も新規に電子回路を組み立てたあと、電源をオンにしてから最初にすることは、**部品を手で触って熱くなっている部品がないかどうかをチェック**することです。熱い部品を発見したらすぐ電源をオフにすれば、たいていの場合は壊れる前に停めることができます。それでも、瞬間的に発熱して壊れてしまうこともあるので、完璧なセンサではないですが。このような場合には臭いで壊れたことがわかり、手で熱い部品を探せば壊れた部品を特定できます。

電子工作ではもう一つ大きな壁があります。それは「用語」の多さです。専門用語がとても多く、一般の方々が電子工作を始めたとき、説明書やデータシートを読んでも理解できないという問題となります。

そこで、本書では専門用語を避けないようにし、できるかぎり専門用語には注釈を挿入し、知識の元になるようにしていきます。

動かないときこそチャンス

　どんなに知識を蓄えたとしても、間違いはおきます。電子工作で製作した作品が正常動作しなかったときはチャンスです。どうしてかの原因を探すとき、多くの知識を得ることができます。

　筆者がメーカでマイコンや電子回路の仕事をしていて動かないとき、多くの仲間が頭で考えようとします。私はいつも「そうじゃない！　とにかくいろいろ動作条件を変えて試してみよう！」と言っていました。**いろいろな条件を試すことで多くの情報が集まり、必ず原因への糸口が出てきます**。

　電子工作をこれから始める方でも、原因を順番に探すことで回路の動作が理解でき、各部品の働きを理解することができます。時には部品を壊してしまうことがあるかも知れません。しかし、このような**失敗から得た知識は忘れることはありません**。それこそ身についた知識となります。

　電子工作で動かないときは、すぐにあきらめないで、詳しい方々に質問しながら、調べ方を教えていただき、**自ら確認しましょう**。こういう努力をして正常動作したときの喜びはひとしおですし、得られた知識は膨大になります。そして次の作品にチャレンジしていきましょう。きっと電子工作の無限の可能性の虜になることと思います。

本書の構成

　本書は初心者が間違いを経験しながら学ぶことを前提にしているので、第2章では、基本的な電子部品、つまり抵抗、コンデンサ、コイルはどうしたら壊れるかということから始めます。

　さらに、これらの基本の電子部品の実際の使い方を学ぶために**実験用電源**を作ります。電源は電子回路のエネルギー供給源なので、これがあれば多くの電子回路を動かすことができます。しかも、この電源を作る過程で非常にたくさん学ぶ要素が出てきます。どういう使い方をしたら壊れるかということを一つずつ、失敗を交えながら解説していきます。

　電源の製作では基板は使わないので、ハンダ付けとアルミケースに穴を開ける工作ができれば完成させられます。使う素子にはできるだけ丈夫で壊れないものを使いますが、それでも途中で壊しながらではありますが、最終的にはどなたでも実際に使えて壊れない電源を製作できると思います。

　第3章では、**ラジオの製作**にチャレンジしてみます。子供のときに一度は組み立てたことがあるゲルマラジオ*から始め、ワンチップICでできるFMラジオにもチャレンジします。この組み立てにはブレッドボードを使うので、間違ってもすぐ手直しができます。FMラジオは結構高感度で、しかも高音質のステレオで受信できるので、聴くことも楽しめます。

ゲルマラジオ
ゲルマニウムダイオードを使うためこう呼ばれている。

> **LED**
> Light Emitting Diode。発光ダイオードのこと。

第4章でチャレンジするのは、「**自動点灯LED*照明**」です。この製作にはセンサと制御という新たな要素が入ります。明るさのセンサの使い方、照明用LEDを点灯させるための制御素子の選び方などの基本知識を学習します。

第5章でチャレンジするのは**ステレオアンプ**です。この製作にはユニバーサル基板を使います。先に製作したFMラジオをスピーカで聴くことができます。非常に簡単な回路でありながら保護回路もすべて内蔵されたICを使うので、確実に動作し壊れることもまずありません。

第6章の製作は**赤外線リモコン車**です。ここで一気に製作レベルが上がります。車の駆動部をゼロから製作するのは本書の範囲外ですので、ここはキットを使います。さらに赤外線リモコンの送信部も購入品を使います。このような既存製品を使うときにはどのように調べてどう使うかということも学習の一つです。データシートの見方の失敗も交えて説明していきます。

リモコンの受信部にはマイコンを使い、さらにプリント基板を製作して組み立てます。したがってハードウェアの製作とプログラムの製作の両方が必要になります。

プログラムの製作では、初心者がどうしてうまくプログラムを製作できないかを説明し、そうならないように筆者がどのようにプログラムを製作していくかを解説します。確実に動作するプログラムを作るノウハウを紹介します。

車の制御には単純なモータのオンオフによる制御が基本となりますが、せっかくマイコンを使うので、グレードアップで速度を可変にすることにもチャレンジします。

> **PWM**
> Pulse Width Modulation。パルス幅変調、詳細は6-7節で。

モータの可変速制御には**PWM***制御という手法を使います。このようなモータの高度な制御もマイコン*を使うとプログラムだけで簡単にできてしまうということを学習します。

> **マイコン**
> マイクロコントローラの略。ワンチップマイコンともいわれる。

最後の第7章での製作は、**データロガー**というデータ収集装置で、温度センサなどのセンサのアナログのデータをマイコンで収集し、長時間の間データ収集しながらフラッシュメモリに保存します。さらにパソコンとBluetooth*の無線通信で接続し、パソコンにデータを一括送信します。パソコンでは収集したデータをExcel*などによりグラフ化することができるようにします。

> **Bluetooth**
> 近距離用の無線規格のひとつ。

> **Excel**
> パソコン用の表計算ソフトウェア。

ここではパソコンなどの既存の機器と接続するときのインターフェース*の考え方を学習します。さらにBluetoothなどの標準的な無線モジュールを使う方法も説明します。

> **インターフェース**
> 機器やデバイスどうしを接続するためのハードウェア規格、仕様、プログラム仕様などの総称。

プログラム製作はやはり段階的に製作する方法を説明し、まずマイコンが動作していることを確認し、その後部分ごとに動作を確認しながら製作する方法を説明します。

プログラム製作は最終の構成でいきなり作り出すとまず失敗します。部分ごとに確実に動くプログラムを作りながらまとめていく方法を説明します。

第2章
電源の製作と電子回路の基礎知識

本章では、電源トランスを使って「実験室用に手軽に使えて壊れないAC-DC電源」を製作します。その過程で、抵抗やコンデンサなどの基本の電子部品がどうしたら壊れるかということから始めて、各部品の働きや種類など、電子回路の基礎知識を学習します。

2-1 抵抗の実験

抵抗は電子部品の中ではもっともよく使われるものです。ここでは、どういう使い方をしたら抵抗は壊れるのかというところから始めて、抵抗の基本的な使い方と、どうして抵抗には多くの種類があるのか、どのように使い分けるのかを説明します。

電子回路の設計は細部まで計算して値を決めなければならないと考えている方が多く、難しいと考えてしまうようですが、実際には適当な値でよい場合がほとんどで、ほぼ計算は必要ありません。しかし、一つだけ注意しなければならないことがあります。それは抵抗は「熱」を出すということです。

2-1-1 抵抗は燃える？ーオームの法則とジュールの法則

抵抗はその名前の通り電気の通過を邪魔するものですが、電子回路での役割は、電圧を下げるか電流を制限することです。

抵抗というと必ず出てくるのが下記の「オームの第一法則」です。これは1827年にゲオルグ・ジーモン・オーム[*]が発見したものです。

Georg Simon Ohm
1789-1854
ドイツの物理学者。高校教師だった。

これは、「導線を流れる電流（I）は、導線の両端の電位差（E）に比例する。比例定数は流れる電流の量に依存せず一定で、この逆数を抵抗（R）という」というもので下記式により表されます。

$$I = \frac{I}{R} \times E$$

E：電圧（Electromotive force）
I：電流（Intensity of electric current）
R：抵抗（Resistance）

電子回路ではこのオームの法則を頻繁に使います。これは中学校でも学習するので、みなさんご存じのことと思います。

しかし抵抗に関してはもう一つ重要な法則があります。それはイギリスの醸造業者のジェームズ・P・ジュール[*]が、1840年に発見した「ジュールの法則」という電気と熱との関係です。

James Prescott Joule
1818-1889
イギリスの物理学者。

この法則は、「導線に発生する熱量Qは、電流Iの2乗と導線の抵抗値Rと電流を流している時間tの積に比例する」というもので、下記式により表されます。

$$Q = I^2 \times R \times t$$

Q：熱量　　I：電流　　R：抵抗　　t：時間　　W：仕事率

これにオームの法則を適用すれば　電圧 $E = I \times R$　なので

$$Q = I \times E \times t$$

また仕事率のワット W を使うと

$$Q = W \times t \text{ なので、}$$
$$W = I \times E = I^2 \times R = E^2 / R \text{　となります。}$$

このジュールの法則が表していることは、**抵抗に電圧を加えるとその抵抗が発熱する**ということで、オームの法則と両方合わせると、抵抗に電流が流れると、「抵抗×電流」だけ電圧が下がり、その下がった分はすべて熱として放出され、その発熱量は「毎秒　電流×電圧」で表される熱量となります。このように抵抗を使うと電圧が下げられるのですが、さらに必ず発熱するということを常に頭にいれておくことが肝心です。

この発熱があるため、抵抗には「抵抗値」と「電力容量」という二つの要素があります。市販の抵抗で電力容量が異なると形状がどのようになるかを見ると、写真2-1-1のように抵抗の素材と大きさが変わってきます。

もっともよく使われている抵抗がカーボン皮膜抵抗*で1/4Wか1/6Wの小型のものが多く使われています。1W以上になると酸化金属皮膜抵抗*が使われます。小型ですが大きな電流を流せます。さらに数W以上となるとセメント抵抗*が使われ外形も大きくなります。

> **カーボン皮膜抵抗**
> 細いセラミック筒の表面にカーボン皮膜を形成したもので、汎用で安価。
>
> **酸化金属皮膜抵抗**
> セラミック筒の表面に、酸化第二スズの皮膜を形成したもので、熱に強く小型でも大電流を流せる。
>
> **セメント抵抗**
> 巻き線をホーローの中に巻き込みセメントでセラミック容器の中に封じ込めたもので、大電流用。

● 写真2-1-1　抵抗の種類と電力容量の違い

(a) カーボン皮膜抵抗　　(b) 酸化金属皮膜抵抗　　(c) セメント抵抗

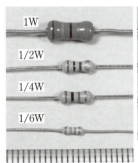
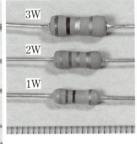
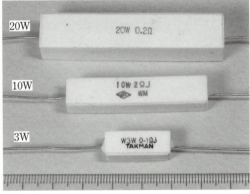

■抵抗を燃やしてみる

　実際にどの程度発熱するのか試してみましょう。電力容量の異なる抵抗を図2-1-1のように接続してそれぞれ抵抗の温度を測定してみます。

●図2-1-1　抵抗の発熱の実験

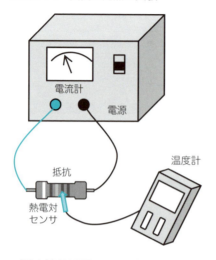

測定結果は図2-1-2のようになりました。

❶カーボン皮膜抵抗　10Ω 1/4Wに1Aの電流を流した場合

　10Ωに1Aなので10Vの電圧が加わっていることになります。したがって1/4Wの電力容量の抵抗に$W = IE = 10V \times 1A = 10W$を加えたことになります。ほぼ瞬時に煙が発生し、カーボン皮膜が燃えて炭化してしまいました。結果は写真2-1-2の中央のように表面が真っ黒になってしまいました。

●写真2-1-2　燃えた抵抗

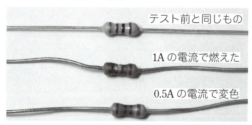

テスト前と同じもの

1Aの電流で燃えた

0.5Aの電流で変色

❷カーボン皮膜抵抗　10Ω 1/4Wに0.5Aの電流を流した場合

　1/4Wの電力容量の抵抗に$W = I^2R = 0.5 \times 0.5 \times 10 = 2.5W$を加えたことになります。図2-1-2のように約120℃で一定の温度を保っていますが、写真2-1-2の下側のように黒く変色してしまいました。

❸ 金属皮膜抵抗　10Ω 1Wに1Aの電流を流した場合

1Wの電力容量の抵抗に $I^2R = 1 \times 1 \times 10 = 10W$ を加えた場合で、図2-1-2のように230℃程度まで発熱し、数十秒で煙が発生し黒く変色してしまいました。

❹ セメント抵抗　5Ω 5Wに2Aの電流を流した場合

5Wの電力容量の抵抗に $I^2R = 2 \times 2 \times 5 = 20W$ を加えたことになります。結果は図2-1-2のようにほぼ170℃付近の温度で一定を保っています。かなり発熱はしますが、変色もなく問題はありませんでした。

このように電力容量の小さな抵抗に大きな電流を流すと**短時間で高温度になる**ことがわかります。しかし、意外と丈夫で**5倍以上の電力を加えなければすぐ燃えるまでにはいたらない**こともわかります。ただし、この状態の抵抗にうっかり手で触るとやけどをしてしまいます。またこれを長時間続けると変色して炭化し、炭化すると抵抗値が低くなりさらに電流が増えて発熱してしまうので、結局最後は皮膜が燃えてしまいます。

●図2-1-2　抵抗の発熱の実験結果

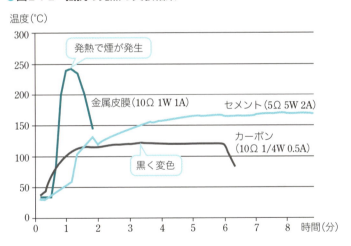

2-1-2　抵抗の種類と特徴

発熱の実験結果から、抵抗を使う場合には発熱を考慮して電力容量を決めますが、**加える電力の「2倍から3倍以上」を目安で選択**します。特に1W以上加える場合には、3倍以上の電力容量のものを選択するようにします。これは1W以上の場合には部品自体が熱くなるためで、大型で電力容量の大き目の抵抗を選択するようにします。

これで電力容量が決まったら、今度は抵抗の種類を選択します。選択する抵抗の種類はおよそ表2-1-1のような基準で選択します。電力容量の小さいものは通常はカーボン皮膜抵抗を使いますが、特に高精度で雑音も少ないものとしたいときは金属皮膜抵抗を使います。最近は表面実装が多くなったため小型のチップ抵抗器が多用されています。

▼表2-1-1　熱容量と抵抗の種類

種　類	外　観	特　徴	使い方
カーボン皮膜抵抗器		細いセラミック筒の表面にカーボン皮膜を形成したもので、汎用で安価 抵抗範囲：1.0Ω〜 3.3MΩ（E24系列値） 電力範囲：1/8W,1/4W,1/2W 公称誤差：±5%（J） 温度係数：+350 〜 -1500ppm/℃	1/2W以下の場合の汎用として最もよく使う
金属皮膜抵抗器		セラミック筒の表面に金属皮膜を蒸着させたもので、抵抗値が安定していて雑音発生も少ない。高精度で温度特性も良い 抵抗範囲：20Ω〜 2MΩ（E96系列値） 電力範囲：1/8W,1/4W,1/2W 公称誤差：±0.5% ,1% ,2% 温度係数：±25 〜±250ppm/℃	1/2W以下でアナログ回路などで高精度低雑音を求めるときに使う
酸化金属皮膜抵抗器		セラミック筒の表面に、酸化第二スズの皮膜を形成したもので、熱に強く小型でも大電流を流せる 抵抗範囲：10Ω〜 100kΩ（E24系列値） 電力範囲：0.5W,1W,2W,3W 公称誤差：±2%、5% 温度係数：±200 〜±350ppm/℃	1W以上の電源などの電流が大きいところに使う
セメント抵抗器		巻き線をホーローの中に巻き込みセメントでセラミック容器の中に封じ込めたもので、大電力用 抵抗範囲：0.01Ω〜 400kΩ 公称誤差：±5% 電力範囲：2W 〜 100W	5W以上の電力の大きなものが必要なときに使う
チップ抵抗器		厚膜形成により小型平板の上に抵抗を作ったもので、表面実装に使い数種のサイズがある 抵抗範囲：1Ω〜 10MΩ 電力範囲：1/16W,1/10W,1/8W,1/4W,1/2W,1W 公称誤差：±0.5%、1%、2%、5% 温度係数：±100 〜 600ppm/℃	表面実装用の小型抵抗 1/2W以下の場合に使う

2-1-3 どんな抵抗値でも使える？—抵抗の値とE系列

回路設計ではオームの法則で必要な抵抗を計算して求めます。しかし、通常は計算値通りの抵抗は販売していません。ではどの抵抗値のものを購入すればよいのでしょうか。

通常販売されている抵抗の値は、抵抗値が微調整できるように、ある規則で決められています。この値がどうやって決められたのか、ちょっと考えてみましょう。

抵抗値を選択するとき、どの値も隣との値が小さな一定の比率で並んでいれば、抵抗値を微調整できます。例えば、1.05とか1.10などの比率で並んでいれば5％か10％ごとに異なる値を選択できることになります。さらに、1kΩとか10kΩとかの10の倍数にぴったりなるような値ができる比率が望ましい比率になります。

そこで$\sqrt[N]{10}$の比率にすれば、N回掛ければ10にぴったりになるので、Nを適当な値とすれば細かなステップで値が選択でき、10にぴったりとなる値にもできます。そこで決められたNの値が24です。つまり$\sqrt[24]{10} = 1.1006941....$という比率としました。約10％ごとの比率で抵抗値が決まっていきます。10％ごとの比率であれば、誤差が±5％の抵抗の値としてちょうどいいステップとなるためです。しかしこのままでは小数点以下が続いて扱いにくいので、2ケタで丸めて扱うことにしました。これが**E24系列**といわれている値の数値で、実際の値は表2-1-2となっています。このE24系列の値に10の階乗倍したものが実際の抵抗値として販売されています。値が飛んでいるように見えますが、実は便利な値になっているのです。

▼表2-1-2　E24系列の値

乗算回数	等比数列	E24系列	乗算回数	等比級数	E24系列
1	1.000	1.0	13	3.162	3.3
2	1.101	1.1	14	3.481	3.6
3	1.212	1.2	15	3.831	3.9
4	1.344	1.3	16	4.217	4.3
5	1.468	1.5	17	4.642	4.7
6	1.616	1.6	18	5.109	5.1
7	1.778	1.8	19	5.623	5.6
8	1.957	2.0	20	6.190	6.2
9	2.154	2.2	21	6.813	6.8
10	2.371	2.4	22	7.499	7.5
11	2.610	2.7	23	8.254	8.2
12	2.873	3.0	24	9.085	9.1

このように±5%精度の抵抗としてはE24系列が適当なのですが、これよりもっと精度の高い±1%の抵抗用としてはステップが荒すぎます。そこでE96系列というさらに細かなステップ比率とした規格で抵抗値が決められています。しかし、現実的には種類が非常に多くなるため、E24系列の値と同じステップの値のものが販売されていることが多くなっています。

2-1-4　抵抗値はどうやって見分ける？ —カラーコード

実際の抵抗値は表2-1-2のE24系列値を10の階乗倍したものとなっています。しかし、最近の抵抗器は非常に小型になったため、数値を直接抵抗器に書くのは不可能です。これをどうやって見分けているかというと、色のついた数本の線で、抵抗の値と公称誤差*の値を表しています。これをカラーコードと呼び表2-1-3のように色と数値が対応しています。

公称誤差
出荷時に全数測定し値を確認して適正値とするときの値の範囲を示す。

▼表2-1-3　カラーコード表

カラー	各桁数値 （100位10位、1位）	乗　数	公称誤差 （記号）
黒	0	$\times 1$	—
茶	1	$\times 10$	±1%（F）
赤	2	$\times 10^2$	±2%（G）
橙	3	$\times 10^3$	—
黄	4	$\times 10^4$	—
緑	5	$\times 10^5$	±0.5%（D）
青	6	$\times 10^6$	—
紫	7	$\times 10^7$	—
灰	8	$\times 10^8$	—
白	9	$\times 10^9$	—
金	—	$\times 10^{-1}$	±5%（J）
銀	—	$\times 10^{-2}$	±10%（K）
色なし	—	—	±20%（M）

最もよく使われるカーボン皮膜抵抗器もカラーコードを使っているので、これはどうしても覚える必要があります。通常のカーボン皮膜抵抗器は、図2-1-3のように4本のカラー線で抵抗値が表現されています。カラーコードのどちらが初めかを見分けるには、印刷が端のほうに寄っているほうが最初の線です。このカラーコードによって抵抗値と誤差を読み取ります。

● 図2-1-3 カーボン皮膜抵抗器のカラーコード

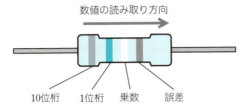

例えば、カーボン皮膜抵抗器でカラーコードが第1色帯から順に、茶 黒 赤 金 だったとしたら、抵抗値はいくつになるでしょうか？

第1色帯 (10の位)	第2色帯 (1の位)	×	10の[第3色帯]乗[Ω]	誤差
茶 … 1	黒 … 0		赤 … 2	金 … ±5%

したがって下記となります。

$$10 \times 10^2 = 1000 〔Ω〕= 1〔kΩ〕 \quad 公称誤差 \quad ±5\%$$

さらに高精度の金属皮膜抵抗ではE96系列を使うため、有効数値が3桁となります。そこで、これをカラーコードで表現するために、図2-1-4のようにカラー線を5本使っています。このときははじめの3本をそのまま数値とし、4番目で乗数をかけてやり、5本目が誤差という見方をします。

● 図2-1-4 高精度金属皮膜抵抗器のカラーコード

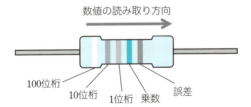

2-1-5 抵抗の値を変えるには？ — 抵抗の直列、並列接続

販売されている抵抗を複数組み合わせると、自分の使用したい値の抵抗を作りだしたり、電力容量を増やしたりすることができます。

抵抗だけで接続する方法には図2-1-5 (a)のような直列接続と並列接続があります。それぞれの接続時の合成抵抗は図2-1-5(a)のようになります。しかし、実際に使う場合にはこのような単純な接続で考えられる場合は少なく、もう少し前後に接続される回路のことを含めて考える必要があります。

それでも単純に考えてもよいのは図2-1-5 (b)のような場合で、同じ値の抵抗を複数個直列あるいは並列に接続した場合、直列の場合にはN倍、並列の場合には$1/N$倍の抵抗値になります。さらにこれらの回路を使った場合、電力許容量がいずれもN倍になります。このため許容電力の大きな大型の抵抗を使えないような場合、小型の抵抗を複数個直列か並列にして許容電力を大きくする方法が使われます。

●図2-1-5 抵抗の直列、並列接続

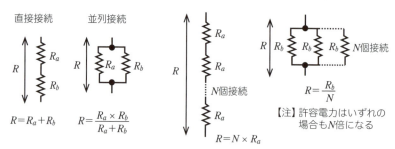

■電圧を下げたい — 分圧回路を使う

抵抗を実際の回路で使う場合、例えば電圧を下げるときには図2-1-6のような分圧回路と呼ばれる直列回路を使います。入力電圧V_{IN}に対し出力電圧V_{OUT}は必ず小さくなります。その比は図の式1のように抵抗の比で決まります。

この回路で注意しなければならないことは、V_{OUT}側の先に接続されるものの入力抵抗*(R_x)がR_bに対して十分高抵抗でなければならないという条件が付くことです。もともとR_xは図のようにR_bに並列に接続された抵抗となっているわけなので、その並列抵抗値R_{OUT}は図の式2のようになります。ここでR_xがR_bに比べて十分大きければ式2のようにほぼR_bとなり無視できることになりますが、R_xが大きくないと無視できなくなりR_bとR_xの並列抵抗値R_{OUT}として考えることが必要になります。この理由のため、V_{OUT}にはオペアンプ*などの高入力抵抗のものを接続します。

入力抵抗
入力インピーダンスともいう。

オペアンプ
アナログ信号の増幅素子で、安定で正確な増幅回路や演算回路を構成できる素子。

もう一つ必要な条件はV_{IN}を供給する側で、流す電流Iを十分供給できるということが必要です。

●図2-1-6　分圧回路

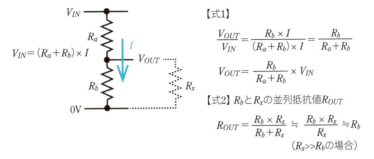

【式1】
$$\frac{V_{OUT}}{V_{IN}} = \frac{R_b \times I}{(R_a + R_b) \times I} = \frac{R_b}{R_a + R_b}$$

$$V_{OUT} = \frac{R_b}{R_a + R_b} \times V_{IN}$$

【式2】R_bとR_xの並列抵抗値R_{OUT}

$$R_{OUT} = \frac{R_b \times R_x}{R_b + R_x} \fallingdotseq \frac{R_b \times R_x}{R_x} \fallingdotseq R_b$$
（$R_x \gg R_b$の場合）

　実際の設計でR_a、R_bの値を決める際には、流す電流Iの大きさによって値が決定されます。例えば、$V_{IN}=15V$のとき$V_{OUT}=3V$となるようにするための抵抗値を求めるものとし、流す電流Iを10mAとすると、まず、

$$R_a + R_b = 15V \div 10mA = 1.5k\Omega　となります。$$

次に$R_a + R_b$とR_bの比が15対3なので、

$$R_a = 1.5k\Omega \times (15-3) \div 15 = 1.2k\Omega$$
$$R_b = 1.5k\Omega \times 3 \div 15 = 0.3k\Omega　となります。$$

ここで10mAでは消費電流が増えてしまうということで、電流Iを1mAとすると、それぞれの抵抗値は10倍となって

$$R_a = 12k\Omega、R_b = 3k\Omega　とすることになります。$$

■実は抵抗値は適当な値でよい場合が多い

　回路設計で抵抗の値を求めるには、ここまで説明したようにオームの法則で求めるのが基本です。しかし、電子回路で抵抗値を決める場合、実際には計算が必要なく適当な値でよい場合が結構たくさんあります。特にマイコンを使った電子回路ではこのようなケースが多く、**マイコンの周囲に使われている抵抗値の値はほぼ適当な値で決められます**。
　例えば、次のような例の場合の抵抗値には、かなり幅広い値から選択できます。

❶ **スイッチなどのプルアップ*抵抗 ― 5kΩから20kΩ程度**

　スイッチをマイコンに接続するような場合で、接点の片側を電源電圧にするための抵抗は、スイッチをオンにした際にスイッチに流れる電流が変わるだけなので、スイッチに流せる電流の範囲であれば適当な値で大丈夫です。通常は消費電流を少なくするため大き目の抵抗値を選択しますが、スイッチの配線が長くなるような場合には、ノイズによる誤動作を防ぐため小さ目の抵抗を選択します。

> **プルアップ抵抗**
> 電源電圧に引っ張り上げるという意味。グランド電圧にする場合にはプルダウンと呼ぶ。

❷ **トランジスタなどのベース（ゲート）のプルダウン抵抗 ― 1kΩから10kΩ**

　マイコンなどにトランジスタを接続する場合、マイコンの出力が出ていないときにはトランジスタをオフにするための抵抗ですので、特に値を計算する必要はありません。

❸ **電圧を分圧するとき ― 数百Ωから数十kΩ**

　電圧を一定の比で下げるときには2本の抵抗で分圧しますが、2本の抵抗値の比が同じであれば抵抗値は自由に決められます。流せる電流の値によって抵抗値がある程度制限されるだけです。

❹ **オペアンプの抵抗 ― 数kΩから数十kΩ**

　オペアンプで増幅回路を構成する場合、増幅率は抵抗値の比だけで決定されるので、抵抗値の比が同じであれば値は自由に決められます。高い周波数まで使ったり、出力電流が多かったりする場合には低めの抵抗値を選び、消費電流を少なくしたい場合には大き目の抵抗値を選択します。

❺ **発光ダイオード（LED*）の電流制限抵抗**

　最近の発光ダイオードは流す電流が1mAから10mA程度の間であれば十分光るようになっているので、この範囲に入るような値にすれば何でも大丈夫です。

> **LED**
> Light Emitting Diode。電流を流すと発光するダイオードの一種。

コラム　テスタの使い方

電子工作で最低限揃えたい測定器が**テスタ**です。テスタと一口に言っても、数百円の簡易なものから、**デジタルマルチメータ***（**DMM**）と呼ばれる数千円の本格的なものまで多くの種類があります。多機能なDMMであればそれだけ多くの種類の測定ができますが、電子工作では、電圧、電流、抵抗の3つの測定ができることが最低限の必須項目です。とりあえずこの3項目が測定できれば間に合います。

写真2-C1-1がテスタの実際の例で、左側が簡易なもの、右側が本格的なDMMです。最近では針で値を示すアナログメータのテスタはほとんど見られず、液晶表示器で数値により値を示すものがほとんどです。

DMM
Digital Multi Meter。

●写真2-C1-1　テスタの例

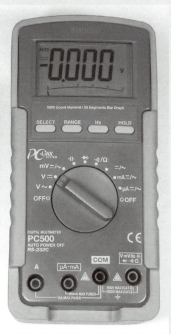

ワンチップ化
1個のICで全体を構成してしまうこと。

最近ではテスタもワンチップ化*され写真2-C1-1左側の数百円の簡易なものでも表2-C1-1のように多くの測定項目が用意されているので、電子工作には十分役に立ちます。

▼表2-C1-1　簡易テスタの測定項目仕様（M-830B説明書より）

測定項目	測定範囲	確度
表示桁	3＋1/2桁（1999）	―
直流電圧	200mV 2V 20V 200V 600V	±0.5% ±0.5% ±0.5% ±0.5% ±0.8%
交流電圧 45Hz～450Hz	200V 600V	±1.2% ±1.2%
直流電流	200μA 2000μA 20mA 200mA 10A	±1.0% ±1.0% ±1.0% ±1.5% ±3.0%
抵抗	200Ω 2000Ω 20kΩ 200kΩ 2000kΩ	±0.8% ±0.8% ±0.8% ±0.8% ±1.0%
ダイオードチェック	順方向電圧*（mV）	
hFE	I_{BE}＝10μA　V_{CE}＝3.0Vでの直流電流増幅率*	

順方向電圧
ダイオードに電流を流したときの電圧降下。

直流電流増幅率
トランジスタが電流を制御できる比率（倍）。

実際に使う場合の使い方を説明します。

❶測定内容の決定

最初に、自分の行いたい測定にあわせ、「切り替えつまみ」を回して測定内容を決定します。測定内容が、電圧か電流か、あるいは抵抗かなどにより、さらに電圧や電流の場合には直流か交流かにより切り替えが必要です。

次に、測定値を予測しレンジの決定をします。高機能なDMMではほとんどオートレンジ*になっているのでこの選択は必要ないことが大部分です。

例えば、マイコン回路などの電源電圧（電圧：3.3Vまたは5Vが大部分）の電圧を測定する場合でいえば、電源は直流なのでDC電圧測定レンジで20Vを選択します。

またプラス側の端子接続部が電圧測定用と電流測定用に分かれているものが多くなっています。どちらを測定するかに合わせてテストリード*の接続変更が必要です。分けられているわけは、あとで説明するように電流測定レンジで電圧を測定すると大電流が流れてテスタを壊してしまうことがあるからです。

オートレンジ
測定対象に必要な測定レンジを自動的に決定する機能のこと。

テストリード
テスタに付属している赤と黒の測定用ケーブルのこと。

❷電圧測定

電圧測定の基本は、対象の回路に並列に接続して測るということです。また、直流回路の場合は極性（プラス、マイナス）に注意が必要です。図2-C1-1に測

コラム　テスタの使い方

定のためのテスタ接続例を示します。このプラス、マイナスは間違ってもテスタが壊れることはなく、表示の＋と－が逆になるだけです。

並列に接続するということはテスタの内部抵抗＊を並列に接続することになりますが、テスタの電圧測定の場合の内部抵抗は非常に大きいので、回路に与える影響はわずかで無視できます。

> **内部抵抗**
> 機器の入力（または出力）の電圧と電流から計算される擬似的な抵抗値（等価的にみなされる抵抗）。

●図2-C1-1　電圧測定方法

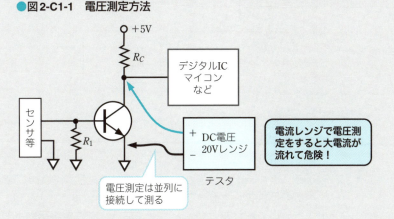

❸電流測定

　電流測定の基本は、**対象の回路に直列に挿入して測る**ということです。また、直流回路の場合は極性（プラス、マイナス）があります。逆に接続しても表示の＋と－が逆になるだけですので問題はありません。図2-C1-2に測定のためのテスタ接続例を示します。

　図のように電流を計測するためには、**回路を切断してその間に直列にテスタを挿入する**ことになります。このときテスタを挿入したことにより、テスタの内部抵抗が回路に直列に挿入されたようになりますが、テスタの電流測定レンジでの内部抵抗は小さく、0Ωとみなして構いません。つまり回路には影響を与えないということです。

　電流測定のときに注意が必要なことは、大電流が流れるようなときです。つまり例えば電源の電圧を測定しようと思って、電流測定状態にしたままテストピンを当てると、テスタの小さな内部抵抗で電源を直接ショートするような接続となってしまい、**思わぬ大電流がテスタに流れてしまいます**。そのようなときのためにテスタ内部に安全ヒューズがついていますが、危険なことには変わりはないので注意しましょう。

　電流測定しようとしたとき、測定できない場合はこのヒューズが切れていることがあるので、チェックしてみましょう。切れていれば交換が必要です。必要なヒューズの種類については説明書に記述されています。

●図2-C1-2　電流測定方法

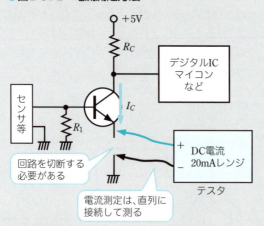

❹ **抵抗測定**

　抵抗測定は、電圧測定と同じ要領で対象に並列に接続して測りますが、問題があります。それは、回路が接続された状態で測定すると接続されたものすべての抵抗の合成値を測ることになってしまうことです。つまり図2-C1-1のようにして抵抗測定すると、実際には、電源を経由してトランジスタや電源の内部抵抗など、いろいろなものの合成した結果の抵抗値を測定してしまうことになるわけです。正確に抵抗値を測定するときには**周りの回路を切り離した単体の状態で測定する**ようにします。

❺ **ダイオードの極性方向や順方向電圧を調べる**

　テスタの測定機能にダイオードチェッカがあります。ダイオードには、一方の極（A：アノード）から、他方の極（K：カソード）へ向かっては電流が流れやすく、その逆は、電流が流れにくいという性質があります。

　一方、テスタをダイオードチェック測定とした場合、プラス端子（赤のテストリード）からマイナス端子（黒のテストリード）の方向に向かって電流が流れるようになっています。

　したがって図2-C1-3 (b) のような順方向にテスタリードを当てると、テスタには順方向電圧がmV単位で表示され、図-3 (a) のような逆方向に接続すると「1」というオーバーレンジ表示が表示されます。これでダイオードの極性を知ることもできますし、順方向での電圧降下も調べることができます。また両方とも「1」だった場合にはダイオードが壊れていることになります。

●図2-C1-3　ダイオードチェック方法

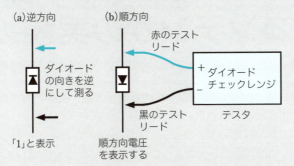

❻交流電圧の測定

　交流電圧測定も直流電圧測定と同じ図2-C1-1の接続方法で測定できます。しかし交流の場合には、**低電圧の交流測定（100mV以下）では外部ノイズによる影響に注意が必要**です。露出したテストリードがアンテナの役割を果たして、電磁波や商用電源からの誘導ノイズ*が測定値に誤差を生じさせる場合があるので、測定系全体のシールドが必要になります。

　さらにテスタで交流測定という場合には、テスタの**測定可能な周波数範囲に注意が必要**です。通常は数十Hzから1kHz程度の範囲のものが多いのですが、この範囲外の周波数の測定では誤差が大きくなるので注意が必要です。

❼交流電流の測定

　交流の場合も直流と同じ図2-C1-2の接続方法で電流を計測できます。この電流の場合も、微小な電流測定の場合には、外部ノイズによる誤差に注意が必要です。

商用電源の誘導ノイズ
交流電源から配線や機器に誘起される50Hzまたは60Hzのノイズ（ハムノイズとも呼ばれる）。

2-2 コンデンサの実験

コンデンサ
英語圏ではキャパシタ (Capacitor) と呼ばれている。

コンデンサ*も電子部品の中ではもっともよく使われ、たくさん使われるものです。ここでは抵抗と同じようにどういう使い方をしたらコンデンサは壊れるのかから始めて、コンデンサの基本的な機能と、どうしてコンデンサには多くの種類がありどのように使い分けるのかを説明します。

耐電圧
絶縁破壊を生じることなく印加できる電圧の上限。

コンデンサも抵抗と同じように実際の使い方では容量値は適当な値でよい場合が圧倒的です。ここでも注意することがあります。それは耐電圧*と極性です。

2-2-1 コンデンサの蓄電機能

電荷
物体が帯びている電気、またはその電気の量。

まず、コンデンサの電気を貯めるという機能から見ていくことにします。この場合にはコンデンサの容量、つまり電荷*を貯められる量が関わってきます。

実際にコンデンサにどのようにして電気が蓄えられるかを実験してみましょう。コンデンサと抵抗を直列に接続し、図2-2-1 (a) のように電源に接続して5Vの電圧を加えます。このときテスタの直流電圧レンジでコンデンサ両端子間の電圧を計測してみます。

コンデンサ内の電気
いったん蓄電するとそのまま残るので放電が必要。

コンデンサ内の電気がない状態*で接続すると、コンデンサ両端の電圧は図2-2-1 (b) のようにゆっくり上昇しコンデンサ内部に電気が蓄えられます。

●図2-2-1 コンデンサに電気を貯める

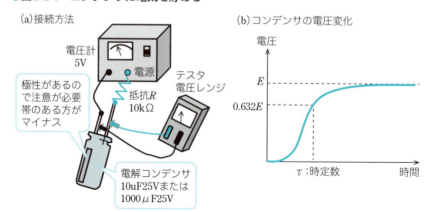

この図2-2-1(a)の実験で電圧が上昇する速さは抵抗Rの抵抗値により異なってきます。これはコンデンサに電気が流れ込んでいくとき、抵抗が小さいと大きな電流で流れ込むため、コンデンサに貯まる電気も急速に増えますが、抵抗が大きいと流せる電流が少なくなり、ゆっくりと電気が貯まっていくためです。

またコンデンサの容量によっても変わってきます。これは容量が大きいほど電気をたくさん蓄えられるので、電圧上昇もその分ゆっくりとなります。

このように電圧が上昇する速度は次の式で表され、コンデンサの端子間電圧が加えられた電圧の0.632倍になるまでの上昇時間τを**時定数***と呼びます。

$$\tau = R \times C \quad (\tau：時定数\,sec \quad R：抵抗値\,\Omega \quad C：容量値\,F)$$

例えば、$10k\Omega$の抵抗と、$1000\mu F$のコンデンサの場合は、$10 \times 10^3 \times 1000 \times 10^{-6} = 10\,sec$ という時定数となりゆっくりと電圧が上昇しますが、$10k\Omega$と$10\mu F$の場合には、$10 \times 10^3 \times 10 \times 10^{-6} = 100\,msec$ と高速になります。

> **時定数**
> 指数的に減衰する量一般に対して、それがどれくらいの速さで減衰するのかを表す量。

■電気の放電

次に本当にコンデンサに電気が蓄えられたかどうかを確認してみましょう。端子間電圧がほぼ電源電圧になったコンデンサの接続をはずしてから、図2-2-2のように金属板にコンデンサの両端子を同時に接触させてショートさせてみます。こうすると端子と金属板間で電気火花が発生します。これで確かに電気が蓄えられていたことがわかります。これを**放電***と呼んでいます。このあとはコンデンサの中には電気は蓄えられていない状態、つまり空の状態になります。

コンデンサの容量が大きくなるとこの放電時の電気火花の威力も大きくなり、金属板に火花の跡が残るほどになります。この原理を応用したものが電気溶接です。

> **放電**
> 電気を外部に出すこと。

●図2-2-2 コンデンサの放電

■大容量の蓄電を利用してみる

　最近では、電気二重層コンデンサという種類のコンデンサで数千Fというとてつもなく大容量のものができるようになり、これらが電気自動車で電池と協調して活躍しています。

　私たちも数Fの電気二重層コンデンサを簡単に入手することができます。ただし多くは数Vという耐圧しかないので使い方が限定されますが、便利に使うことができます。

　この電気二重層コンデンサで実験してみましょう。まず、図2-2-3（a）のように10Ωの抵抗を経由して電源に接続して1F 5.5Vのコンデンサを5Vで充電します。完全充電には数分の時間がかかります。次に図2-2-3（b）のように赤色の発光ダイオード*（LED）を220Ωの抵抗を経由して接続して、電気を充電したコンデンサで発光ダイオードを点灯させてみます。

　結果は、8分間ほどは明るく光り、その後徐々に暗くなっていき、15分ほどで完全に消えてしまいました。貯まった電気でかなり長時間発光ダイオードを点灯させることができました。このようにコンデンサに蓄えられた電気をあとから使うこともできます。

> **発光ダイオード**
> 極性があるので接続方向に注意。
> LED：Light Emitting Diode。

●図2-2-3　電気二重層コンデンサの実験

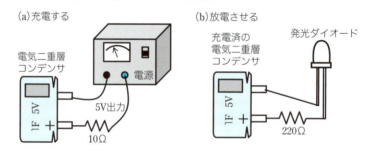

2-2-2　コンデンサのパンク？　—コンデンサの耐電圧

> **耐電圧**
> 絶縁破壊を生じることなく印加できる電圧の上限。
>
> **誘電体**
> 高い誘電率（電荷を蓄える能力）を有する物質で電気的には絶縁体としてふるまう。コンデンサを小型化できる。
>
> **絶縁破壊**
> 高電圧により絶縁性が失われた状態になること。

　コンデンサの耐電圧*とは何でしょうか。コンデンサは電極となる箔の間に非常に薄い誘電体*を挟んだ構造になっています。このため、ある一定以上の電圧を加えると誘電体が絶縁破壊*を起こして壊れてしまいます。これがコンデンサの耐電圧で、これ以上加えられない電圧を示しています。

　例えば電解コンデンサの耐電圧の種類には6.3Vから400Vまであり、耐電圧が高いほど外形も大型になっていきます。注意が必要なことは、この耐電圧を超える電圧を加えるとコンデンサが壊れてしまうということです。

　実際に6.3Vの耐電圧の電解コンデンサに24Vを加えてみました。結果は1分ほどで電流が急に流れるようになってしまいました。コンデンサ内部の絶

縁が破壊されてショート状態になってしまったようです。この状態を長時間継続させるとパンという音を出して破裂してしまいます。これを俗に「パンクする」といいます。

さらに電解コンデンサには誘電体の特性によりプラスとマイナスの**極性**があります。この**極性と反対に電圧を加えてもパンク**します。

実際に、10Vの耐圧の電解コンデンサに12Vの逆向きの電圧を加えてみました。結果は10秒程度というかなりの短時間で「ポン」という音とともにパンクし、白煙と匂いを振りまきました。パンクしたコンデンサが写真2-2-1となります。上面の切れ込みが避けて中の誘電体が飛び出している状態がわかります。

このように最近の電解コンデンサはパンクに備えて上面に切れ込みが入れられていて、安全弁の働きをしているので、全体が破裂するような状態にはならないようになっています。

●写真2-2-1 パンクしたコンデンサ

2-2-3　コンデンサの直列接続と並列接続

コンデンサの接続方法にも抵抗と同じように図2-2-4 (a) のような**直列接続**と**並列接続**があります。それぞれの接続時の合成容量は図2-2-4 (a) の式のようになります。抵抗の場合とは式が逆になります。

例えば同じ容量のコンデンサを図2-2-4 (b) のように複数個直列または並列に接続したときの合成容量は、図のように**直列の場合は$1/N$倍に、並列の場合はN倍**になります。並列接続は容量が増えるので電荷を貯める量を増やすことになるので使い方としては理解できますが、直列接続はわざわざ容量を減らすことになるわけなので実際の使い道としては意味がありません。しかし、コンデンサの耐圧で見ると、並列接続の場合は個々のコンデンサと同じ耐圧のままなのですが、**直列にすると耐圧はN倍**[*]に増えることになります。これがコンデンサの直列接続の使い道です。

耐圧の増加
同じ種類で同じ容量のコンデンサでバランスがとれていることが必要。

●図2-2-4　コンデンサの直列、並列接続

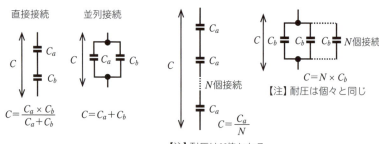

2-2-4　コンデンサのインピーダンス

　コンデンサには蓄電機能の他に、**直流信号は通さず交流信号に対して抵抗となる**という機能があります。
　まずコンデンサに電圧を加えた場合、電圧と電流がどうなるかをみてみましょう。この動作状態は図2-2-5となります。

●図2-2-5　コンデンサに電圧を加えると

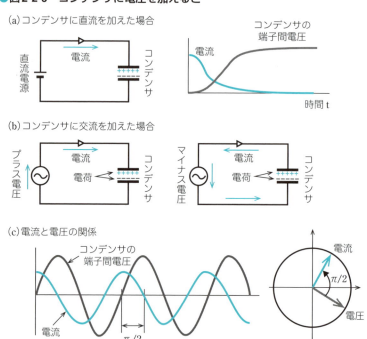

2-2 コンデンサの実験

図2-2-5（a）がコンデンサに直流を加えた場合です。コンデンサの電極間にはまだ電荷がない状態なので、いきなり電流が流れ出し電荷が蓄えられていきます。これによりコンデンサの端子間の電圧は徐々に上昇*し、これに伴って電流も減少していきます。電荷がたまって端子間電圧が電源の電圧と同じになると、もうこれ以上電荷が蓄えられず電流も流れなくなります。つまりコンデンサに直流を加えると一瞬だけ電流が流れますが、そのあとは全く流れません。

次にコンデンサに交流を加えた場合には、図2-2-5（b）のように電圧が交互に切り替わるので、電荷もプラスマイナスが交互に蓄えられ直すことになります。こうして常に電荷の蓄え直しが繰り返されることで、電流が交互に流れ続けます。つまり交流電流が流れることになります。この場合のコンデンサの電極間の電流と電圧は図2-2-5（c）のようになります。図のように電流はコンデンサの電圧が0のとき、つまり電荷がないときに最大となります。これを正弦波で見ると、電流のほうが電圧より正弦波の1/4だけ先に進むことになります。つまり位相*がπ/2（90度）だけ先に進むことになります。

この交流の繰り返しが早ければ電流も流れやすくなります。つまり交流の周波数によって電流の流れやすさが変わり、この流れやすさをコンデンサのインピーダンス*と呼んでいます。

逆にいうとコンデンサは交流に対して次のような式で表される抵抗となります。この場合の抵抗のことを**インピーダンス**（Z_C）といいます。fは信号の周波数、Cはコンデンサの容量となります。インピーダンスを使うと交流に対して直流と同じようにオームの法則を適用*できます。

$$Z_C = 1/2\pi fC = 1/\omega C \quad （単位\omega） \quad \omega = 2\pi f$$

この式から、直流の場合は$f=0$なので、インピーダンスは無限大ということで電流は流れません。さらに周波数が高くなるほど抵抗が小さくなるので、電流が流れやすくなるということになります。また、コンデンサの容量が大きくなるとインピーダンスが小さくなるので、この場合も電流が流れやすくなることになります。

実際の値でいうと、例えば、Cが1μFで周波数が1kHzの場合のインピーダンスは絶対値だけでみると

$$Z_C = 1 \div 2\pi fC = 1 \div (6.28 \times 1000 \times 1 \times 10^{-6}) = 1000/6.28 = 159\Omega$$

10kHzでは15.9Ω　　100kHzでは1.59Ωとなります。

1kHzでも容量が10μFとなれば、$Z_C = 15.9\Omega$となるので、1μFに比べ10倍電流が流れることになります。

電圧の上昇
このように、コンデンサでは電圧を加えても電圧がすぐには上昇しない。このような動作を抑制するような効果を「リアクタンス」と呼ぶ。リアクタンス効果を示す素子にはコンデンサの他にコイルがある。

位相
電気の世界では交流の波形の時間に対する前後のずれを表す。正弦波のような一定の繰り返しは円の周期で表されるので位相を角度で表現する。

インピーダンス
交流信号に対する抵抗のこと。

オームの法則の適用
正確には電流と電圧の位相がずれているのでベクトル演算となり複素数で扱う。

2-2-5 コンデンサの種類

コンデンサも非常に種類が多く、特性も異なるので用途に応じて使い分けが必要です。主なコンデンサの種類には表2-2-1のようなものがあります。通常は電源の安定化用には**電解コンデンサ**が使われ、ICやマイコンの動作安定用には**積層セラミックコンデンサ**が使われています。しかし、最近は**チップ型セラミックコンデンサ**[*]の容量が大きくなり、周波数特性も非常に良く安定化の機能が高くなったためこちらが多く使われるようになっています。

フィルムコンデンサは特に雑音[*]を少なくしたいときや、高精度の計測をするようなときに使います。また**電気二重層コンデンサ**は特別に高容量であるため、たくさんの電気を貯めておきたいときに使います。ただし周波数特性が悪いため高速動作する場合には向いていません。

チップ型セラミックコンデンサ
表面実装用のコンデンサ、小型で数種類のサイズのものがある。

雑音
ここではコンデンサ自身の内部で発生する雑音のこと。

▼表2-2-1　コンデンサの種類と特徴

コンデンサ種類	外観	特徴と使い方
アルミ電解コンデンサ		直流回路の電源フィルタや交流回路の接続やフィルタ用として使う。 適用周波数帯域：DC〜数百kHz 容量が大きい：0.1μF〜15000μF ±の極性がある、逆極性で使うとパンクする 定格電圧：2V〜400V 許容差：±10%, ±20%, −10%〜＋30%
タンタルコンデンサ		漏れ電流[*]が少なく周波数特性が比較的よいので、ノイズリミッターやバイパス、交流結合、電源フィルタとして使う。 ±の極性がある、逆極性で使うと破裂する 適用周波数帯域：DC〜数十MHz 小型で容量が大きい：0.1μF〜220μF 定格電圧：3V〜35V **漏れ電流** コンデンサを通過してしまうわずかな直流電流のこと。
セラミックコンデンサ		高周波帯域での使用に適しているので高周波用バイパス、同調用、高周波フィルタとして使う。 極性はない 比較的容量が小さい：数pF〜数千pF 適用周波数帯域：数kHz〜数GHz 定格電圧：25V〜3kV、許容差：±10%, ±20%
積層セラミックコンデンサ		安価であるため電源バイパス用に多用される 適用周波数 容量：0.001μF〜数μF 低格電圧：数V〜数十V

2-2 コンデンサの実験

コンデンサ種類	外観	特徴と使い方
チップ型積層セラミックコンデンサ		安価であるため電源のバイパス用に多用される。リード線がないので高周波回路に最適 容量範囲：数pF～数十μF 定格電圧：数十V程度まで
フィルムコンデンサ（マイラー、ポリカーボネート、ポリスチレン）		温度特性に優れ雑音特性が良いためオーディオに多用される。漏れ電流（コンデンサを通過してしまうわずかな直流電流）が少ないので測定器に多用される 容量範囲：数pF～数μF程度 定格電圧：数十V～数百V 極性はない
電気二重層コンデンサ		直流の蓄電用、バッテリの代用として使える。メモリのバックアップ電池代用やモータ駆動用に使う 特別に大容量：0.01F～数千F 定格電圧：数V 周波数特性は悪い、±の極性がある

2-2-6 どんな値のものがある？ーコンデンサのE系列

E24系列
N√10で決められた等比数列。Nが24、12、6、3という系列がある。

　コンデンサの容量の値も抵抗の値と同じようにE系列で決められていますが、±5％というような高精度では生産できないため、E24系列*では細かすぎます。このため表2-2-2のようなE3系列やE6系列やE12系列が使われます。

▼表2-2-2　E12とE6系列とE3系列の値

乗算回数	E3系列	E6系列	E12系列
1	1.0	1.0	1.0
2			1.2
3		1.5	1.5
4			1.8
5	2.2	2.2	2.2
6			2.7
7		3.3	3.3
8			3.9
9	4.7	4.7	4.7
10			5.6
11		6.8	6.8
12			8.2

1μF以下の場合、通常はカラーコードと同じように10の階乗表現で次のように3ケタの数値で記載されています。

　　100：10pF
　　101：100pF　　　　　　　　681：680pF
　　102：1000pF＝0.001μF＝1nF　222：0.0022μF＝2.2nF
　　103：0.01μF＝10nF　　　　　333：0.033μF＝33nF
　　104：0.1μF＝100nF　　　　　473：0.47μF＝470nF
　　105：1μF＝1000nF

　また誤差も記号で値に続けて1文字で表記されています。
　　J：±5%　　　K：±10%　　　M：±20%

　電解コンデンサのように容量が大きく大型部品の場合には、容量と耐電圧が印刷されています。例えば次のように印刷されています。耐電圧と容量の順番はメーカにより異なっていることがありますが、単位も記入されているのでわかりやすいと思います。

　　16V 47uF　　　100uF 25V　　　50V 470uF

　実際に市販されている電解コンデンサの容量と耐電圧の例は表2-2-3のようになっています。

▼表2-2-3　電解コンデンサの耐電圧と容量（○が市販品）

容量＼耐圧	16V	25V	35V	50V	63V	100V	160V	250V	350V	450V
0.1μF				○						
0.22μF				○						
0.33μF				○						
0.47μF				○				○		○
1.0μF				○		○		○		○
2.2μF				○		○		○	○	○
3.3μF				○		○	○	○	○	○
4.7μF				○		○		○	○	○
10μF				○	○	○		○	○	○
22μF	○	○	○	○		○		○	○	○
33μF	○	○	○	○		○		○	○	○
47μF	○	○	○	○	○	○	○	○	○	○
100μF	○	○	○	○	○	○	○	○	○	○
220μF	○	○	○	○	○	○	○	○	○	
330μF	○	○	○	○	○	○	○	○		
470μF	○	○	○	○	○	○	○			

容量＼耐圧	16V	25V	35V	50V	63V	100V	160V	250V	350V	450V
1000μF	○	○	○	○	○	○				
2200μF	○	○	○	○	○					
3300μF	○	○	○	○	○					
4700μF	○	○	○	○						
6800μF	○	○								
10000μF	○	○								

■実は容量値や耐電圧は適当な値でよい場合が多い

電子回路でのコンデンサの容量値の決め方では、計算で決めることはほとんどないといってもよいくらい適当です。ただしコンデンサの種類には注意する必要があります。

実際の使い方では次のような場合にはある範囲の容量値であれば適当な値から選ぶことができます。耐電圧は使う電圧の2倍以上のものを選択すれば高い分には問題は何もありません。

❶電源のバイパスコンデンサ ── 0.1μFから10μF

ICの電源に接続するバイパス用コンデンサ*です。値は適当でよいですが、高周波特性の良い種類のものを使います。セラミックコンデンサや積層セラミック、チップ型セラミックコンデンサが適しています。

❷大電流が流れる電源のバイパスコンデンサ ── 数十μFから数百μF

モータやパワーアンプなどの大電流を流す必要がある電源のバイパス用としては、大容量のコンデンサが必要になります。この場合には電解コンデンサを使います。容量値は電流が大きいほど大容量のものを使うことになりますが、値は適当なもので大丈夫です。ただし極性と耐電圧に注意が必要です。

❸フィルタ用のコンデンサ ── 精度のよいものが必要

フィルタを構成する場合の抵抗とコンデンサには値の計算が必要で、使用するコンデンサの容量値も正確に決める必要があります。しかし、市販されている容量値は限定されているので、これに合わせて計算をすることになり、抵抗値側で調整しながら値を決めます。この場合にもコンデンサの種類の選択が重要で、低い周波数の場合にはフィルム系のコンデンサを使い、高い周波数の場合はセラミック系を使います。

❹直流遮断用コンデンサ ── 通過周波数で容量を決める

交流アンプの場合に直流を遮断して交流だけ通過させる場合のコンデンサは、容量値をある程度計算する必要があります。できるだけ低い周波数を通過させたい場合には、計算した容量より大き目のものを使えば問題ありません。

バイパスコンデンサ
パスコンともいう。電源回路の途中に挿入する。電源の供給を手助けし、グランドのノイズを平均化して減らせる。

2-3 コイルとトランスの実験

コイルは、鉄心などに銅線を巻きつけたもので、直流に対しては単純に銅線の抵抗だけとなりますが、交流に対してはさらに大きな抵抗となるようになります。つまり交流が通りにくくなります。

コイルとトランスは電気と磁気の両方が関連する代表的な部品です。まずは電気と磁気の関係から始めましょう。

2-3-1 電磁誘導現象の発見

Hans Christian Ersted
1777-1851
デンマークの物理学者、化学者。

電気と磁気の相互作用を最初に発見したのは、ハンス・クリスティアン・エルステッド*で、1820年に電線に流れる電気が、熱と光を発生することを示す実験中に、電気を流すと近くに置いてあったコンパスの針が動くことを発見したのが始まりです。彼は、このあと、実験で電線を流れる電気が磁界を作ることを証明して公開しました。この報告は「電気と磁気の相互作用」を確認したということでかなり衝撃的なもので、ここから電気と磁気に関連した「電磁気」の研究が驚異的な早さで進展していくことになります。

Michael Faraday
1791-1867
イギリスの化学者、物理学者。

このあと、電磁気で画期的な発見をしたのがマイケル・ファラデー*で、電気から磁気が生成されるのであれば、その逆に磁気から電気も生成されるのではないかと考え独自に実験を進めていました。その結果、図2-3-1のように鉄の環の離れた2か所に電線をコイル状に巻き、一方に電池を接続すると、電池側の電気を流したり切ったりする瞬間にのみ、他方のコイルに電気が流れることに気づきました。

相互誘導
現在ではこの現象を「相互誘導」と呼び、トランスの原理となっている。

磁力線
N極からS極に向かって引く仮想線で磁力が働くルートとする。線の密度が濃いほど磁力が強いことを表す。

この現象*を解釈するのに、電気を流したり切ったりする瞬間の磁力線*の変化がコイルを横切り、そのときの磁力線の変化に相当した電気が発生すると考えました。これが「電磁誘導現象」の発見で、電気を流したり切ったりする代わりに交流を流すと、連続的に2次側に電気が流れることを発見しました。そしてコイルの巻き数が多い程、交流の周波数が高い程高い誘導起電力が発生するということを証明しました。これがトランスの発見です。

このトランスにより交流の電圧を容易に上昇させたり降下させたりすることができるので、現在でも発電所から家庭までに電気を送る交流送電に重要な働きをしています。

2-3 コイルとトランスの実験

● 図2-3-1 ファラデーの電磁誘導の発見

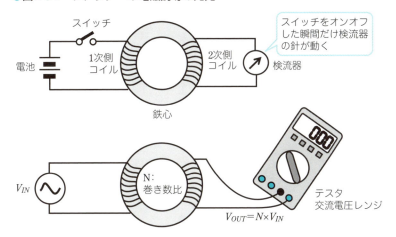

2-3-2 コイルの役割 ― 交流用の抵抗になる

右ねじの法則
右ねじを右にまわしたときねじが進む方向が電流の向きで、右回りが磁界の向き。

リアクタンス
このようにコイルでは電圧を加えても電流がすぐには上昇しない。このような動作を抑制するような効果を「リアクタンス」と呼ぶ。リアクタンス効果を示す素子にはコイルの他にコンデンサがある。

運動エネルギー
この場合は電流を変化させる力。

磁気飽和
これ以上磁力線が通せなくなった状態で磁力線の変化ができなくなり単なる銅線と同じ状態になる。

　コイルに電圧を加えると電流が流れますが、この電流により「右ねじの法則*」にしたがってコイル内に強い磁界が発生します。この磁界で、ファラデーの法則により電流が流れないようにする力が働くため、電流は徐々に増加することになります。つまり**電流を流れにくくする**という抑制機能を持っているのでリアクタンス*の一つとなります。この状態を図で表したのが図2-3-2となります。

　コイルに直流電圧を加えた場合が図2-3-2 (a) で、電圧はほぼゼロのまま電流が次第に増加していきます。電圧がほぼゼロというのは、実際にはコイルの銅線の直流抵抗分による電圧が発生するため完全にはゼロにはならないという意味です。

　電流は徐々に増加しますが、この状態はコイルの中にエネルギーが蓄積されていく状態で、コンデンサに電荷が蓄積されるのと同じです。コンデンサの場合は静的にエネルギーが蓄えられるのですが、コイルの場合は運動エネルギー*として蓄えられます。

　しかしこの電流はあるところで急激に無限大に向かって増加します。電流はコイルの銅線の直流抵抗により制限されるところまで増加します。これはコイルの「**磁気飽和***」という現象が起きたためで、コイル機能がなくなり単なる銅線と同じ状態です。つまり、「**コイルにはある容量までしかエネルギーを蓄積できない**」ということです。蓄積できる量は鉄心の大きさと種類で決まります。

● 図2-3-2 コイルに電圧を加えると

(a) コイルに直流を加えた場合

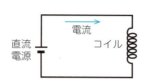

(b) コイルに交流を加えた場合

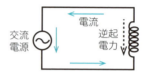

(c) 電流と電圧の関係

コイルに交流を加えた場合が図2-3-2 (b) で、磁気飽和以下で使う場合には、電流と電圧は図2-3-2 (c) のように変化します。つまり電圧が加わっても電流はすぐには流れず徐々に増えていくので、電流が遅れることになります。そして電圧が0になったとき電流が最大になるので、$\pi/2$ つまり90度だけ位相*が遅れます。

コイルが交流に対して示す抵抗はコンデンサと同様にインピーダンス (Z_L) として次の式で定義されます。この式から、コイルのインダクタンス* (L) が高いほど、周波数 (f) が高くなるほどインピーダンス*が大きくなります。

$$Z_L = 2\pi fL = \omega L \text{（単位Ω）} \quad \omega = 2\pi f$$

実際の値で考えてみましょう。例えばインダクタンスが $100\mu H$ のコイルが周波数100Hzで示すインピーダンスは、絶対値だけでみると

$$Z_L = 2\pi fL = 6.28 \times 100 \times 100 \times 10^{-6} = 6.28 \Omega$$

となります。同様に1kHzで示す抵抗は62.8Ω、10kHzでは628Ωとなります。
このように高い周波数の交流ほど通過しにくいという性質を利用したものがノイズフィルタです。周波数の高いノイズを通さず、低い周波数の信号だ

位相
電気の世界では交流の波形の時間に対する前後のずれを表す。正弦波のような一定の繰り返しは円の周期で表されるので位相を角度で表現する。

インダクタンス
コイルの高周波信号の通りにくさ、つまり抵抗のこと。単位はH(ヘンリー)。

インピーダンス
正確には電流と電圧の位相がずれているのでベクトル演算となり複素数で扱う。

けを通過させるように働きます。

　この目的に使われるコイルには写真2-3-1のような形のものがあります。流せる電流値とコイルのインダクタンスによってサイズも形も多くの種類があります。

●写真2-3-1　コイルの形状例

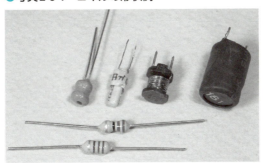

2-3-3 交流の電圧を変えるには？ —トランスの役割

AC
Alternating Currentの略で交流電気のこと。

DC
Direct Currentの略で直流電気のこと。

AC-DC電源
商用100Vの交流から直流を出力する電源のこと交流(AC)を入力として直流(DC)を出力する電源装置のこと。

　コイルのもう一つ重要な働きは電磁誘導を利用した**トランス**です。電源にトランスがなぜ必要かというと、私たちが使う電源は商用交流電源(AC*100V)が元になります。しかし実際に必要なのはもっと低い数Vから数十Vの直流(DC*)電源です。

　このため何らかの方法で電圧を下げる必要がありますが、この変換を簡単にしかも効率良くできるものがトランスなのです。交流のまま電圧を下げてから直流電圧に変換するためAC/DC電源*には、必ずトランスが実装されています。

　従来は50Hzか60Hzの商用電源を直接トランスで降圧していたため、トランスが大型でロスが大きいため発熱も大きなものでしたが、最近は、この低い周波数の交流を100kHz以上の高い周波数に変換してからトランスで降圧することが多くなりました。周波数が高くなるとトランスを小型化でき、効率も良くなり発熱も少なくなるためです。このため最近の電源装置は非常に小型で発熱も少なくなっています。

■トランスのもう一つの役割 — 絶縁

　トランスにはもう一つのメリットがあります。それは入力となる一次側と出力となる二次側が完全に電気的に**絶縁**できるということです。一次側巻線と二次側巻線はどこでもつながっていないので絶縁されることになります。

　商用電源はAC100Vなので、直接触れば感電することもあり得ますし、落雷で被害を受けることもあり得ます。これを避けるには、商用電源と電気的

に絶縁するのが一番確実です。トランスはこのために使うには最適なものとなっています。

■トランスは燃えるか？

実際のトランスを使ってみましょう。商用電源を降圧するために一番簡単な方法が電源トランスを使うことです。しかし、商用電源は50Hzか60Hzという低い周波数ですので、トランスとしては巻線も太く巻き数が多くなり、変換効率もあまりよくありません。これにより何が起きるかというと、写真2-3-1のようにトランスが大型で重く、発熱するということです。正常な使い方をしていてもトランス内部の損失で発熱します。

●写真2-3-2　トランスの外観

実際のトランスでどの程度発熱するかをみてみましょう。図2-3-3が出力2Aのトランスに1.5Aを流す使い方で、トランスの最大負荷の約75％程度の負荷をかけた使い方の場合の発熱を調べたグラフです。

●図2-3-3　通常の使い方でのトランスの発熱

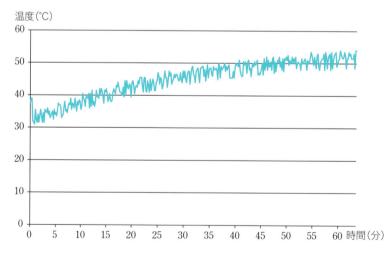

グラフから室温から20℃程度上昇していることがわかります。室温が40℃の場合には60℃まで上昇することになります。しかも大型で重いので、時間

をかけて上昇しています。この発熱が装置全体の発熱要因の一つになるので、放熱設計ではこれらも考慮に入れておく必要があります。

さらに、最悪の使い方をしたときトランスがどうなるかを試してみましょう。トランスの接続で最悪の状態は、二次側をショートさせてしまうことです。この状態のときの巻線部の発熱を計測してみました。計測結果が図2-3-4となります。

このような場合2、3分でトランスの巻線部の温度が100℃を超えています。グラフの傾きから温度は110℃を超えても上昇を継続すると思われますが、実験ではここで入力電源をオフとしています。

この実験のあとのトランスは、写真2-3-3のように巻線部の側面から絶縁材が熱で溶けてはみ出してきてしまっています。この状態で継続使用すると巻線の絶縁が破壊されて一次側と二次側の巻線がショートして燃える可能性もあるので、この状態でトランスを継続して使うのは危険です。

このように**トランスは異常がすぐには発見できず、気が付いたときには壊れて使えなくなっていることがある**ことに注意してください。

●図2-3-4　トランス二次側ショート時の温度上昇

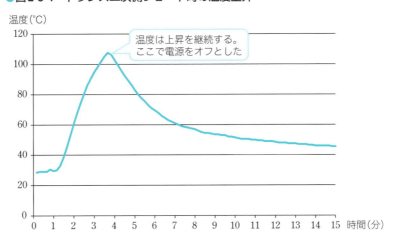

●写真2-3-3　二次側ショート実験後のトランス

2-4 ダイオードの実験

ダイオードも電子部品の中ではよく使われるものです。基本機能は、一方向だけにしか電流を流さないという「整流*」の機能なのですが、現在ではこの応用製品が数多くあり、単なる整流するだけではなくなっていて、別の機能を持ったダイオードがいろいろあります。

整流
電流を一方向だけに流すことで、交流を直流に変換する機能。

2-4-1 ダイオードの基本特性と種類

ダイオードの端子間に電圧を加えると図2-4-1のように電流が流れます。この図がダイオードの基本的な特性です。つまり、**順方向と呼ばれる方向には電流が流れますが、逆方向にはほとんど流れない**という整流作用がダイオードの基本特性です。

しかし、この範囲を超えたところでのダイオードの特性が別目的に使われています。まず、逆方向電圧がある電圧以上になると、逆方向電流にかかわらず**常にほぼ一定電圧となり電流がそれ以上増えてもほとんど変化しない状態**になります。この逆方向電圧をツェナー電圧*と呼び、「ツェナーダイオード*」として使われています。

ツェナー電圧
降伏電圧とも呼ばれる。

ツェナーダイオード
Zener Diode：定電圧ダイオードともいう。Clarence Zenerにより発見された。一定電圧を得られるため簡単な定電圧回路に使われる。

●図2-4-1　ダイオードの基本特性

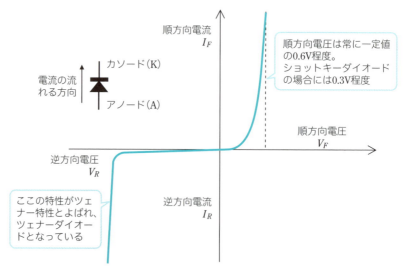

2-4 ダイオードの実験

順方向電圧は、ある程度以上の電流 (0.1mA以上) が流れた状態となると、ほぼ一定の0.6V程度になります。これがダイオードの「**順方向電圧降下**」と呼ばれる電圧で、(0.6V × 電流) の熱を発生させる要因になります。「**ショットキーバリヤダイオード***」の場合には、順方向電圧が0.3V程度と小さくなるので発熱も少なくなります。

> **ショットキーバリヤダイオード**
> ショットキーダイオードとも呼ぶ。金属と半導体との電位障壁を利用。順方向電圧が低く逆回復時間が短い。高周波用や整流用に使われる。
>
> **小信号用**
> およそ500mA以下のもの。

■ダイオードの大きさによる違い？ — 流せる電流の違い

ダイオードには多くの種類があるのですが、整流作用を利用したものには、「小信号用*」と「電源整流用」とに大きく分けられます。この例が図2-4-2に示すようなものです。大きさが異なるのは流すことができる最大電流による差で、大型のものほど大きな電流を流すことができます。

● 図2-4-2 ダイオードの種類と極性

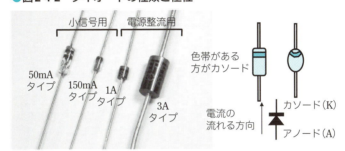

■ダイオードブリッジとは？

電源整流用は大電流を扱うことができ、さらに4個のダイオードを一体化した図2-4-3のような**ダイオードブリッジ***という種類があります。

> **ダイオードブリッジ**
> 4個のダイオードを四角構成の回路の各辺に配置した構成で一体化したもの。全波整流ができる。

● 図2-4-3 ダイオードブリッジの例

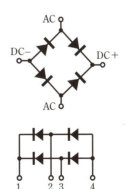

ダイオードでの発熱は、(順方向電圧降下 × 電流)となるので、扱う電流に比例して発熱が大きくなります。このため、この発熱に耐えられるように外形も大きくなり、放熱板などがねじ止めできるような構造となっています。写真の下側のタイプには順方向電圧の低いショットキーバリヤダイオードで構成して発熱を少なくし、小型でも大電流が流せるようになっているものもあります。

2-4-2 ダイオードは燃えるか？─ダイオードの発熱の実験

ダイオードが実際にどの程度発熱するか実際に試してみます。図2-4-4 (a)のように単純にダイオードと抵抗を直列に接続して順方向電圧を加えて一定電流を流し、ダイオードの温度を温度ロガー*を使って測定記録します。

温度ロガー
温度を測定しながら記憶する装置。

● 図2-4-4　ダイオードの発熱の実験

(a) 接続方法

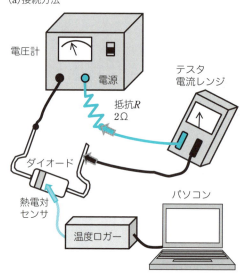

結果は図2-4-5のようになりました。

❶ 小信号用の 1S1585・150mA品に1Aを流す

電流を流すとすぐ100℃を超えています。短時間では壊れるまでには至っていませんが、この状態ではいずれ発熱に耐えきれなくなって壊れてしまうことがわかります。しかしすぐ壊れる状態には至らず、意外と丈夫であることがわかります。しかし、これ以上の電流を流すと「パチッ」と音がしてガラスのケースが割れてしまいました。

2-4 ダイオードの実験

❷ 1S10・1Aのショットキーダイオードに1Aから2Aを流す

図のように1Aでは60℃程度ですが、2Aになると90℃程度となります。定格の1Aでもかなり熱くなることがわかります。

❸ 31DQ10・3Aのショットキーダイオードに1Aから2Aを流す

図のように1Aでは50℃程度、2Aでは60℃程度の発熱となります。一番発熱が少ないものとなっています。外形も大きく順方向電圧も小さいためと思われます。

❹ ER504・5Aのファーストリカバリーダイオード*に1Aから2Aを流す

この場合1Aでも60℃、2Aでは80℃まで温度上昇していて触れないほど熱くなっています。これは順方向電圧が大きいためと思われますが、5A品でも、2A以下で使わないとかなり発熱することがわかります。

これらの実験結果からすると、ダイオードは**実際に使う電流の「3倍以上」の電流容量を持ったものを使い**、かつ**放熱も十分考慮**して使わないと発熱に耐えきれないことがわかります。

> **ファーストリカバリーダイオード**
> 逆回復特性を改良したPN接合の高速整流素子。スイッチング電源の高周波の整流用に使われる。

● 図2-4-5　ダイオードの発熱の実験結果

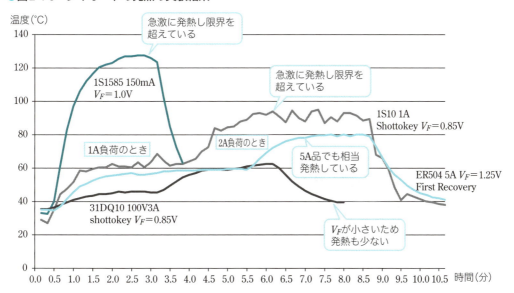

2-4-3　ダイオードによる整流　—半波整流と全波整流

ダイオードで交流を直流に変換できます。このときの実際の波形がどうなるかをみてみましょう。

整流ダイオードは安定化電源には必ず含まれている構成要素で、電源には必須の回路要素です。

一般的に電源の入力は商用電源のAC100Vで、つまり交流です。これをトランスで降圧したあと直流に変換する必要があります。この変換を行うのがダイオードです。

脈流
プラス側片方だけの電圧なので直流だが、周期的に変動する直流。

平滑
脈流を一定の電圧の直流にすること。

交流をダイオードで「整流」して直流(正確には脈流*)に変換します。つまりダイオードの一方向にしか電流を流さないという特性を使います。さらにそのあとで、コンデンサを使ってその電気を蓄積する能力によって「平滑*」し、きれいな直流に変換します。こうして初めて直流電源として使えるものになります。

このような整流回路にはトランスとダイオードの組み合わせ方によって図2-4-6の種類があり、それぞれに特徴がありますが、最近ではブリッジ方式が主流となっています。

●図2-4-6　整流回路の種類

(a) 半波整流回路

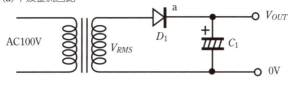

(b) センタータップ全波整流回路

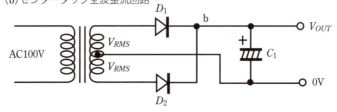

(c) ブリッジダイオード全波整流回路

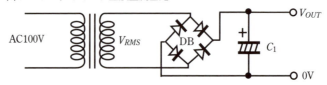

半波と全波の整流後の波形が図2-4-7となります。これは図2-4-6で出力コンデンサがない場合の波形となります。

● 図2-4-7　整流後の波形

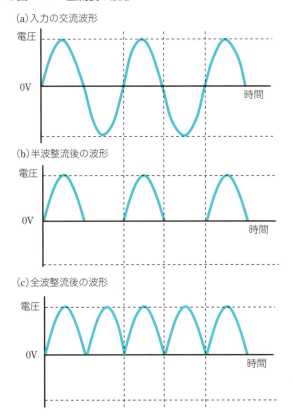

(a) 入力の交流波形

(b) 半波整流後の波形

(c) 全波整流後の波形

半波整流の場合は、図2-4-7 (b) のように入力の交流の半サイクルの間だけダイオードに電流が流れるので、交流の半分だけが出力されることになります。これでプラス側だけの電気になったので一応直流となりますが、交流の半分しか使えないので、当然電源としての効率は悪くなります。

センタータップ型*の整流回路動作は半波回路が二つ付いたと思えば良く、半波整流回路で捨てていた下半分の時間にも出力が出ることになります。全波整流の場合には、交流の半サイクルごとに交互にダイオードに電流が流れるので、図2-4-7 (c) のように全サイクルで出力が出ることになります。しかも出力は正電圧側に統一されるので、一方向に流れる電流、つまり直流になったことになります。当然全波整流のほうが効率は良いことになります。

センタータップ型
トランスの真ん中に端子（センタータップ）をつけてグランドにつなぐ。電圧がプラスなら上のダイオードに、マイナスなら下のダイオードに電流が流れる。

全波整流回路のもう一つの方法で、ダイオードを4個組み合わせて実現した回路が**ブリッジ整流回路**です。この場合にはトランスにセンタータップが不要なのでトランスの小型化ができます。出力波形は全波整流回路と同じになりますが、ダイオードによる順方向電圧降下が2個分となることが異なります。

この整流後の電圧にコンデンサを付加した場合の出力の直流電圧は、図2-4-8のようになります。

半波整流の場合には、図2-4-8（a）のように交流の半サイクル分の間だけ出力に電流を流すことができ、出力しながらコンデンサに充電します。お休みの半サイクルの間は、このコンデンサに蓄積した電気から外部に供給します。この間に電圧が下がることになります。明らかに半分しか電力を有効活用できないので、当然効率が悪く出力波形も波打った形の**リップル***が多い波形になります。

これに対して全波整流の場合には、図2-4-8（b）のように倍の回数だけ充電と放電が繰り返されるので、その分出力の電圧の下がり方も、リップルも少なくなります。

> リップル
> 電源の直流出力に含まれる周期的なノイズのこと。

●図2-4-8　コンデンサを付加したあとの直流波形

（a）半波整流回路の平滑後の直流波形

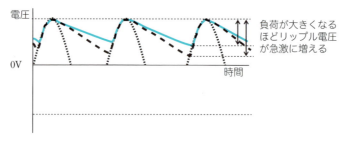

（b）全波整流回路の平滑後の直流波形

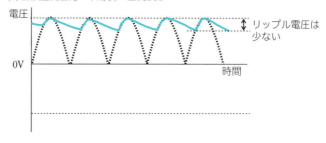

2-4-4 整流回路の設計方法 ―実は難しい

最もよく使われている図2-4-9のようなブリッジ型整流回路の設計方法を説明します。例として直流出力が5Vで1Aの電源を設計する場合を例題とします。

●図2-4-9 ブリッジ整流の基本回路

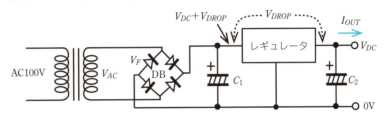

❶ 必要な直流出力電圧を決める

まず整流回路の直流出力電圧を決めます。この決定には実際に使う直流出力電圧 (V_{DC}) にレギュレータ*の最小入出力間電圧*(V_{DROP}) を加えたものになります。例えば5.0Vの直流電圧が必要で、レギュレータの最小入出力間電圧が3.0Vである場合、8.0Vが必要な整流回路の出力直流電圧となります。

レギュレータ
一定の電圧を出力するICで3端子レギュレータとも呼ぶ。

最小入出力間電圧
レギュレータが一定電圧出力を維持できる最小の入力電圧があり、その差のことをいう。

❷ トランスの二次側電圧

これは正確にはなかなか求めることが難しいので、式①のような概算式で求めることになります。例えば8.0Vの直流出力を得るには$1.1 \times (8.0 \div 1.4 + 2) \fallingdotseq 8.5V$のトランス出力が必要ということになります。ここで1.1倍しているのはAC電源の変動を加味した安全余裕です。実際の例でいくつか計算したものが表2-4-1 (a) となります。

$$式① \quad V_{AC} \geq 1.1 \times \left(\frac{V_{DC}}{\sqrt{2}} + 2V_f \right)$$

V_{DC}：直流電圧
V_{AC}：トランスの出力電圧
V_f ：ダイオードの順方向電圧降下＝1.0V

❸ トランスの二次側電流容量

この値も正確に決めるのは難しく、単純に直流出力の1.5倍としています。つまり直流出力でI_{OUT}の電流が必要な場合、トランス二次側に必要なAC電流容量はこの$1.5 \times I_{OUT}$とします。例えば1Aの直流出力の場合、1.5A以上のトランス二次側AC電流容量が必要ということになります。

❹ コンデンサC1とダイオード（DB）の耐電圧

整流回路により直流に変換されたあとの電圧は、無負荷の場合にはトランス二次側電圧の$\sqrt{2}$倍となります。したがって出力コンデンサC_1と整流ダイオード（DB）の耐電圧はこの電圧の2倍以上である必要があります。例の場合には8.5V×1.4＝12Vとなるので、コンデンサ耐電圧としては25V以上、ダイオード耐電圧には3倍の36V以上のものを使います。

❺ リップル電圧

整流回路の直流出力のリップル電圧の概算値はある程度計算で求めることができ式②で表されます。これがレギュレータの入力になります。

$$式② \quad \Delta V = 0.75 \times \frac{I_{OUT}}{2 \times f \times C}$$

ΔV ：リップル電圧
I_{OUT}：出力電流
f 　：交流周波数
C 　：出力コンデンサ容量

実際の値で計算してみましょう。例えば50Hz、10000μF、1Aとすると、$\Delta V = 0.75V$　ということになり、意外と大きなリップル電圧になることがわかります。このリップル電圧を下げるには、出力電流が同じならコンデンサC_1を大きくするしかないことになります。

実際の電流とコンデンサC_1の容量でのリップルを求めたものが表2-4-1（b）となります。この表のコンデンサの値は、リップル電圧が出力電圧の10％程度になるようにしたときの値となっています。**出力電圧が低いほど大容量のコンデンサC_1が必要となります。**

▼表2-4-1 ブリッジ整流回路の値の一覧

(a) トランス2次側電圧とコンデンサ耐圧

最終直流出力電圧	3.3V	5V	10V	12V	15V
レギュレータ入出力間電圧			3.0V		
整流後直流電圧	6.3V	8V	13.0V	15V	18V
トランス二次側AC電圧（式①で計算）	7.2V	8.5V	12.4V	14.0V	16.3V
コンデンサ耐圧ダイオード耐圧	16V	25V	35V	35V	50V

(b) コンデンサ C_1 の容量とリップル電圧

直流出力電流		0.1A	0.2A	0.5A	1A	2A
トランス二次側AC電流		0.15A	0.3A	0.75A	1.5A	3A
コンデンサ容量リップル電圧（式②で計算）	3.3V	2200μF	4700μF	15000μF	22000μF	47000μF
		0.34V	0.31V	0.25V	0.34V	0.32V
	5V	1500μF	3300μF	10000μF	15000μF	33000μF
		0.5V	0.45V	0.38V	0.5V	0.45V
	10V	1000μF	2200μF	4700μF	10000μF	22000μF
		0.75V	0.68V	0.8V	0.75V	0.68V
	12V	680μF	1500μF	3300μF	6800μF	15000μF
		1.1V	1.0V	1.1V	1.1V	1.0V
	15V	470μF	1000μF	2200μF	4700μF	10000μF
		1.6V	1.5V	1.7V	1.6V	1.5V

2-5 実験用電源の製作

基本素子の働きと使い方が理解できたところで、実験に使える簡単な電源を製作しましょう。いろいろな用途で便利に使えます。多くの用途に使えるように、出力電圧は3Vから10Vの範囲で任意に可変できるようにしました。入力には商用電源[*]のAC100Vを使いトランスで降圧[*]して使います。

全体の外観は写真2-5-1のように小型アルミケースに実装し、本格的なメータが付いていて、出力の電圧と電流をチェックできるようにしています。電子工作ではこのようなケースの加工という機械工作も含むことになります。

商用電源
一般家庭の電源のこと。

降圧
電圧を下げること。上げることは昇圧という。

●写真2-5-1　実験用電源の外観

2-5-1 基本検討

1.25V~10V
最初の段階での計画値。のちに3Vから10Vに変更した。

シリーズレギュレータ方式
3端子レギュレータを使った安定化電源。

スイッチング方式
DC/DCコンバータを使った安定化電源。

■**全体設計**

最初にどのような電源にするかを考えます。まず、電源の出力電圧はバッテリ代用も考慮して1.25Vから10V[*]とし、電流容量は1Aとします。

電源としてアナログ回路を含めて多くの用途で使えるようにするため、シリーズレギュレータ方式[*]とすることにします。スイッチング方式[*]に比べ発熱が大きいですが、出力の特性が良くノイズも少ないのでアナログ回路で使っても問題ないからです。

電源の供給元は商用電源のAC100Vとしトランスを使って降圧して使うも

のとします。これらの条件で全体のブロックを考えると図2-5-1のようになります。

● 図2-5-1 製作する電源の全体構成

可変型シリーズレギュレータIC
3端子レギュレータで出力電圧を可変できるようにしたIC。

セカンドソース
別メーカが発売している同じ仕様のもの。

出力の可変方法は、可変型シリーズレギュレータIC*を使って回路を簡単にします。古くからあって有名な可変型レギュレータには旧ナショナルセミコンダクタ社に表2-5-1のようなシリーズがあります。多くのセカンドソース*が発売されているので入手しやすいと思います。本書では、出力電流を最大1Aにしましたが、壊れない電源を目指すためレギュレータには余裕を見て5A対応のLM338Tを選びました。

▼ 表2-5-1 可変レギュレータ例(旧ナショナルセミコンダクタ社資料より)

型番	入力電圧	出力電圧	出力電流	許容電力	パッケージ
LM317T	出力電圧+3.0Vが必要	1.2V〜37V	Max 1.5A	25W	TO-220
LM350T		1.2V〜33V	Max 3.0A	25W	TO-220
LM338T		1.2V〜32V	Max 5.0A	25W	TO-220

選択したLM338Tのピン配置と規格は図2-5-2のようになっています。

● 図2-5-2 LM338Tのピン配置と規格(旧ナショナルセミコンダクタ社資料より)

(a) ピン配置と規格

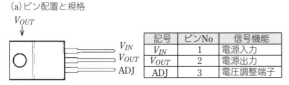

記号	ピンNo	信号機能
V_{IN}	1	電源入力
V_{OUT}	2	電源出力
ADJ	3	電圧調整端子

項目	Min	Typ	Max	単位	備考
入出力電圧差	3.0		35	V	
最大出力電流	5		8	A	DC
リファレンス電圧	1.19	1.24	1.29	V	
ADJピン電流		45	100	μA	
リップル低減率	60	75		dB	$C_{ADJ}=10\mu F$
ケースまでの熱抵抗			4	℃/W	
外気までの熱抵抗		50		℃/W	
動作温度範囲	0		125	℃	

(b) 基本的な接続構成

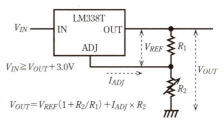

$V_{IN} \geq V_{OUT} + 3.0V$

$V_{OUT} = V_{REF}(1 + R_2/R_1) + I_{ADJ} \times R_2$

■電源トランスの仕様

次に必要な電源トランスの仕様を求めます。シリーズレギュレータの入力には、データシートから出力電圧＋3.0Vが最低でも必要なので、10Vの出力電圧を得るためには13.0V以上の直流電圧が必要です。

整流用のブリッジダイオード*には、ちょっと大きめのものを使ってねじ止めができるタイプを使います。選択したブリッジダイオードがショットキーダイオード*であるため、順方向電圧が小さく0.7V以下となっています。

これらの条件で電源トランスの2次側AC電圧を2-4-4項で説明した式①から求めると

$$V_{AC} = 1.1 \times (13 \div 1.4 + 1.4) = 11.8V$$

となります。

同じように二次側AC電流は、1.5倍の1.5Aということになります。そこで本書では12V 2Aの電源トランスを使うことにしました。これでトランスが決まりました。

■放熱設計

次に放熱設計をします（放熱の詳細は章末のコラムを参照のこと）。まず、レギュレータの消費電力を概算してみます。

平滑後の直流電圧は13Vで出力の最低電圧が1.25Vなので、この差の約11.7Vがレギュレータの入力と出力間に加わることになり、これに最大電流1Aを掛ければ、約11.7Wという消費電力になることがわかります。

そうすると、TO-220パッケージは放熱器なしでは2Wまでなので、放熱器が必要となります。どれくらいの放熱器が必要かを求めます。

レギュレータの動作温度範囲は規格から最大125℃です。さらに最大使用周囲温度を通常の室内で使うという前提で40℃とすれば、全体の熱抵抗は

$$全体の熱抵抗 = (125℃ - 40℃) \div 11.7W \fallingdotseq 7.3℃/W$$

となります。規格表からレギュレータ本体のケースまでの熱抵抗は4℃/Wで、熱伝導シートを含めた接触部の熱抵抗を1℃/Wとすれば、放熱器に必要な熱抵抗はこれらを引き算して2.3℃/W以下となります。これを満足する放熱器はとても大型となり実用的ではありません。

そこで、出力電圧の範囲を制限することにし3V以上とすることにします。これで最大消費電力が10Wまで下がります。

これで全体の熱抵抗は、(125℃-40℃)÷10W＝8.5℃/Wとなり放熱器として必要な熱抵抗は、レギュレータ本体と熱伝導シート分を除くと3.5℃/Wとなります。これでもまだ放熱器が大きくなってしまいますが、この値であれば中型の放熱器をアルミケースに密着させてアルミケースも放熱に使うこと

ブリッジダイオード
4個のダイオードをブリッジ型に配列したものを一体化した整流用ダイオード。

ショットキーバリヤダイオード
金属と半導体との電位障壁を利用する。順方向電圧が低く逆回復時間が短い。高周波用や整流用に使われる。

にすれば、厳しいですが何とか対応できると思われます。

以上でぎりぎりですが、出力電圧を3V以上にすることで放熱設計がクリアできました。

■電圧可変部分の設計

次は電圧を可変する部分の設計です。

LM338Tの電圧設定は図2-5-2（b）のような回路として次のような条件で決まります。

$$V_{OUT} = 1.25\text{V} \times (1 + R_2 / R_1) + I_{ADJ}{}^* \times R_2$$

> **IADJ**
> ここではLM338TのADJ端子に流れる電流。

ここでI_{ADJ}は規格から45μAから100μA程度とわずかなので、R_1、R_2に流れる電流を大きめにしておけばI_{ADJ}による影響は無視できる程度まで小さくできます。そこで、R_1に220Ωを使ったとすると、R_2が0のときV_{OUT}＝1.25Vなので、1.25V÷220Ω＝5.7mA以上の電流がR_1に流れるので上式の第2項は無視できます。

ここでR_2を2kΩとすれば1.25V×（1＋2000/220）≒12.6Vなので、最大12.6Vまで調整できることになります。3Vから10Vまで可変にするためには、R_2を固定抵抗と可変抵抗の直列で構成することで可能になります。

固定抵抗は、可変抵抗が0のときの3V出力のときのR_2の値とすればよいので、（（3÷1.25）−1）×220Ω＝308Ωということになります。確実に3Vまで下げられるように、これより少し小さめの270Ωか300Ωを使うことにします。

可変抵抗は固定抵抗との合計が2kΩとすればよいので、ちょっと大きめですが2kΩの可変抵抗とすることにします。

2-5-2 回路設計と組み立て

さてこれで全体の構成が決まりましたので、全体回路図を描いてみます。図2-5-3が全体回路です。

●図 2-5-3 回路図

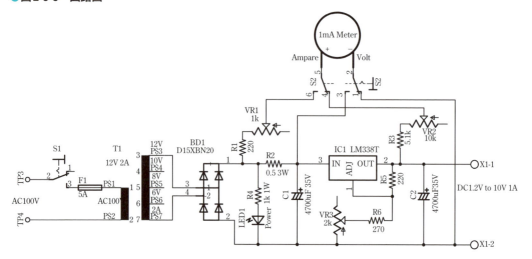

■安全保護対策と電源ランプ

商用電源を入力に使うので、安全保護対策が必要です。ヒューズと電源スイッチで対策します。ヒューズにはガラス管タイプのものを使い、専用のブラケット*をケースに固定して取り付けます。

電源トランスの出力を整流平滑したすぐのところに発光ダイオードを付けて電源ランプの代わりにします。この発光ダイオードにはブラケット付きのものを使い、前面パネルに直接取り付けます。発光ダイオードの電流を10mA程度とするため電流制限用に1kΩの抵抗を直列接続しますが、ここでは常時最大13V程度が加わるので$13V \times (13V \div 1k\Omega) = 169mW$の熱が発生します。抵抗には1Wクラスのものを使って熱対策をしておきます。

> **ブラケット**
> ガラス管ヒューズを収納してパネルに固定できるようにしたもの。

■電源電圧と電流のモニタ — アナログメータ1個でモニタ

電源の出力状況をモニタできるよう本格的なアナログメータ*を使いました。アナログメータは大型で高価なので、1個のメータを電流計と電圧計と共用して使うことにして1個で済ませることにします。このためメータの切り替え回路が必要になります。

この切り替え回路には、メータのフルスケールを調整できるよう、電圧用と電流用にそれぞれ半固定抵抗*をメータに直列に追加しておきます。このメータ部分の回路を抜き出すと図2-5-4のようになっています。

> アナログメータ
> 針で計測値を示すタイプのメータ。変化を目視できるので見やすい。

> 半固定抵抗
> つまみがなくドライバで回転させるタイプで、一度設定したらあまり変更することがないときに使う。

●図2-5-4 メータ部分の回路詳細

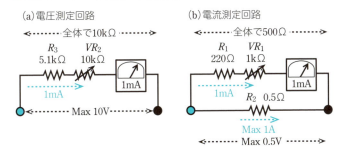

(a)電圧測定回路　(b)電流測定回路

電圧測定の場合は図2-5-4 (a)のように出力の端子間を測定していますが1mAの電流計で電圧を測るため、直列に抵抗を挿入して10Vのとき1mA流れるように調整します。抵抗値は10V÷1mA＝10kΩとなりますが、メータの内部抵抗や抵抗の誤差があるので、5.1kΩと10kΩの可変抵抗を直列接続して可変抵抗で調整して合わせます。これで1mAの電流計をフルスケールが10Vの電圧計とすることができます。

電流測定は、図2-5-4 (b)のようにR_2の0.5Ωの抵抗で降下する電圧を計測して測ります。この抵抗でレギュレータの入力電圧が下がりますが、レギュレータで出力は一定に保たれるので問題ありません。この抵抗を出力側に挿入すると出力電圧が変化することになってしまい、まずいことになります。

0.5Ωの抵抗に1A流れたとき、抵抗の両端の電圧差が0.5Vになるので、このときメータ回路に1mA流れるようにメータの直列抵抗を調整します。抵抗値は0.5V÷1mA＝500Ωとなりますが、メータの内部抵抗や抵抗の誤差を考慮して、220Ωの抵抗と1kΩの可変抵抗を直列接続して可変抵抗で合わせます。これで1mAのメータをフルスケールが1Aの電流計とすることができます。

■部品集め — 秋葉でそろう

次は組み立てです。本電源は、電源ユニットとして小型のアルミケースに実装することにし、配線も直接線材で部品間を接続して行うことにしました。使ったケースはタカチ電機工業のMB5で、簡単な構造の箱型になっているものです。その他の組み立てに必要なパーツは、表2-5-1となります。

▼表2-5-1 パーツ一覧

部品番号	品名	型番・仕様	数量
IC1	可変レギュレータ	LM3338T	1
BD1	ブリッジダイオード	D15XBN20	1
C1、C2	電解コンデンサ	4700μF 35V	2
R1、R5	抵抗	220Ω 1/4W	2
R2	抵抗	0.5Ω 3W	1
R3	抵抗	5.6kΩ 1/4W	1
R4	抵抗	1kΩ 1W	1
R6	抵抗	270Ω 1/4W	1
VR1	半固定抵抗	10kΩ	1
VR2	半固定抵抗	1kΩ	1
VR3	可変抵抗	2kΩ B パネル取り付け型	1
S1	トグルスイッチ	AC125V 2P	1
S2	トグルスイッチ	AC125V 6P	1
T1	電源トランス	12V 2A	1
LED1	発光ダイオード	ブラケット付	1
F1	ヒューズ	小型パネル取付型FH043A	1
	コードストッパ	小	1
	ACケーブル	ACプラグ付き	1
	放熱器	LEX30P30	1
	メータ	MR45 1mA	1
K1	ターミナル	絶縁型 赤、黒	各1
	ツマミ	中型	1
	ケース	タカチ MB5	1
	ねじ、カラー、線材		少々

■組み立て — 板金加工

組み立てはケースの加工からです。前面のパネルに多くのパーツを取り付ける必要があります。写真2-5-2は取り付けが必要な主要パーツとなります。

● 写真2-5-2　主要パーツの外観

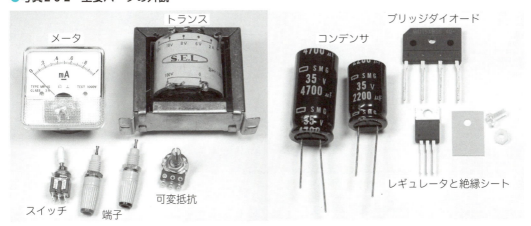

これらを写真2-5-3のようにあらかじめ配置をきちんと決めてから加工する必要があります。

● 写真2-5-3　全面パネルの部品配置を決める

穴開けは大部分丸穴だけですが、メータの取り付け穴だけは大きな穴となります。ドリル*で3φ程度の穴をメータ穴の周囲に連続的に開け、それらをニッパ等でつないで取り除いたあとヤスリで仕上げます。穴を開け終わった状態が写真2-5-4となります。

> ドリル
> ドリルでの穴開け方法は、7章末のコラムの穴開けの箇所を参照のこと。

●写真2-5-4　穴開けが終わったケース

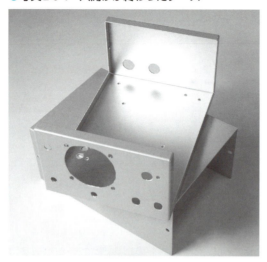

■部品の取り付け

　穴開けが終わったら部品を取り付けていきます。大物を取り付け完了した状態が写真2-5-5となります。レギュレータは放熱器に固定したあと、放熱器自身をケースの底に裏からねじ止めして固定しています。これでケースも放熱用に利用できます。

●写真2-5-5　部品取り付けが終わった状態

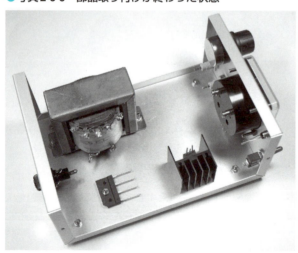

　このレギュレータを放熱器に固定する際、レギュレータのタブの部分がV_{OUT}となっているので、放熱器と電気的に絶縁して固定する必要があります。

2-5 実験用電源の製作

熱伝導性絶縁シートとプラスチックねじを使って固定します。

ブリッジダイオードは直接ねじでケースに固定しています。こちらは絶縁する必要はありません。ケースの底には、これらのねじの頭が出るので、安定に置けて机などに傷がつかないよう四隅にゴム足をねじ止めしています。

■配線 ― 空中配線で

部品取り付けが終わったら配線をします。すべての配線は取り付けた部品間を直接配線します。抵抗やコンデンサなどを固定した部品間に配線する必要がありますが、空中配線*として固定します。

前面パネルには可変抵抗、メータ、メータ切り替えスイッチなどを取り付けているので、ちょっと込み入った配線となります。間違えないように注意しながら配線します。特にメータ切り替えスイッチの配線は、線材を先にハンダ付けしてからパネルに取り付けたほうがやりやすくなります。

メータの調整用半固定抵抗も空中配線なので、あとからドライバでツマミを回せるように配置と固定方法に注意する必要があります。これが一番難しい配線になるかも知れません。

最後に電源供給用のACケーブルを配線しますが、これのケーブルの取り込み部はケーブルストッパ*で固定します。配線が完了した内部が写真2-5-6となります。電流が流れる配線には太い線材を、メータ関連は1mAしか流れないので細い線材を使っています。

> **空中配線**
> リード線を絡ませてからハンダ付けして空中で接続する。ショートしないように注意。ハンダ付けが苦手な方は5章末のコラムを参照。

> **ケーブルストッパ**
> パネルに穴を開けてケーブルを通す時に保護と固定を目的とする。

●写真2-5-6　配線が完了した状態

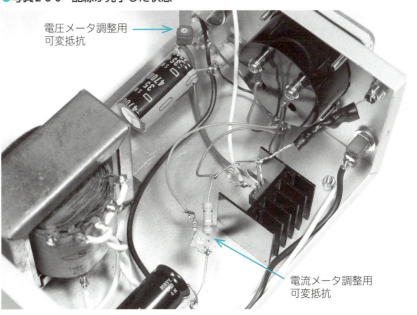

電圧メータ調整用可変抵抗

電流メータ調整用可変抵抗

65

2-5-3　動作テストと調整

　さて、組み立て配線が完了したら動作テストです。いきなり電源スイッチをオンにするのは怖いので、順番に確認します。

　まず、出力端子間をテスタの抵抗レンジでショートしていないかを調べます。コンデンサが接続されているので、最初低い抵抗値を示して徐々に抵抗値が変化すればショートはしていません。低い抵抗値のままの場合はショートしていると思われるので、配線を調べましょう。

　次にダイオードの出力側のショートを調べます。ダイオードのプラスとマイナスの端子間を測定し、同じように低い抵抗から徐々に増えていけばこちらも大丈夫です。

　これでトランス二次側がショートしていることはないので、いよいよACケーブルをコンセントに接続してスイッチをオンとします。その前にメータ切り替えスイッチを電圧側にしておきます。

　電源オンで発光ダイオードが点灯し、メータが振れればとりあえず動作しています。さっそく各部品を手で触ってみて熱くなっていないかを確認しましょう。ただし、**AC100Vが接続されているスイッチやトランスに触るときには、端子に触ると感電するので注意してください。**

　動作の確認は図2-5-5 (a)のようにテスタを接続し、本機のツマミを回してテスタの電圧が変化すれば正常に動作しています。

　このあとの調整はメータの較正だけです。

■アナログメータの較正

　メータの較正は、電圧計と電流計それぞれに行います。まず図2-5-5 (a)のようにテスタを接続し、レンジを10Vの電圧を計測できるようにします。そして本機のメータ切り替えスイッチを電圧計のほうに切り替えて、出力電圧をテスタで見ながら出力電圧が10Vになるように全面パネルの電圧調整ツマミを設定します。この状態でメータがフルスケールとなるようにVR2の10kΩの半固定抵抗を調整します。メータはこれでフルスケール10Vの電圧計となります。出力コンデンサに電気が貯まっていて放電が遅いので、電圧は非常にゆっくりと変化します。

　次に、図2-5-5 (b)のように代用負荷となる10Ω 10Wの抵抗とテスタを直列に接続し、テスタを1Aの電流を計測できるようにします。この状態で本機のメータを電流計に切り替えてから、全面の電圧調整ツマミでテスタの電流指示が1Aになるようにします。このときの電圧は、コンデンサの放電が急速に行われるのですぐ変化します。

　このあと本器のメータがフルスケールになるように、VR1の1kΩの半固定抵抗を調整します。これでメータはフルスケール1Aの電流計となります。

2-5 実験用電源の製作

● 図2-5-5　メータの較正

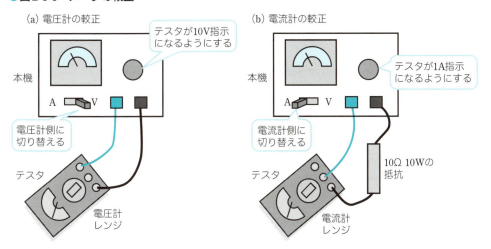

これで調整も完了したので、電源の完成ということになります。ケースのふたをねじで固定すれば製作完了です。

2-5-4　評価テスト

正常動作が確認できましたので、電源としての評価テストとして実際の使用状態でレギュレータの表面温度上昇を計測してみました。結果が図2-5-6となります。

3Vで1A出力の場合に消費電力が10Wで最大負荷になりますが、この場合の表面温度上昇が最大でも室温＋45℃程度です。室温が最悪40℃とすれば、レギュレータ表面温度は85℃になるはずです。

LM338Tの接合部から表面までの熱抵抗が4℃/Wなので、4℃/W×10W＝40℃だけ接合部の温度が表面より高いはずです。このため、85℃＋40℃＝125℃が接合部の温度と推定されます。これでぎりぎり動作温度の125℃以下が保たれているので、大丈夫ということになります。

結果から推測すると、温度変化が大きいことからも、放熱器自身よりアルミケースによる放熱が意外と効果的に効いているようです。

● 図 2-5-6　レギュレータの温度実測グラフ（室温25℃）

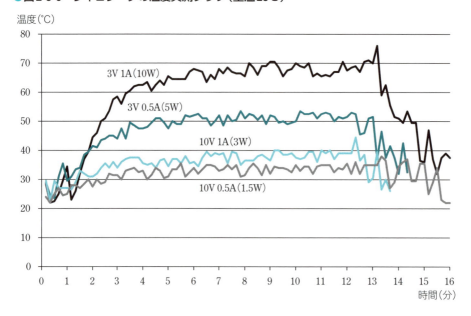

■レギュレータは壊れるか？ ― 意外と丈夫

　今度は実際にレギュレータの放熱器を取り外した状態で、レギュレータが温度上昇で壊れるかどうかを試してみました。このときのレギュレータ表面温度上昇を計測した結果が図2-5-7になります。

　10Vで1A負荷の場合は3Wの消費電力です。ここまでは95℃程度まで上昇していますが、まだ正常動作しています。しかし、3Vで0.5Aの5W以上では、110℃を超えた時点でレギュレータ自身の温度保護機能が動作開始し、徐々に出力電圧が低下しほぼ0V近くまで下降します。こうしてこれ以上温度が上昇しないように保護されます。

　つまり、レギュレータが異常に温度上昇すると自動的にレギュレータ自身の内部保護回路が働くので壊れることはないということです。

● 図2-5-7 放熱器なしのレギュレータの温度上昇実測グラフ

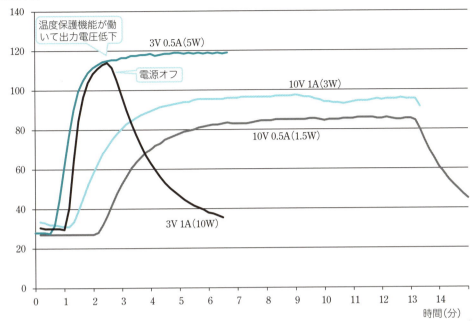

2-5-5 トラブルと対策

電源が正常に動作しない場合の対策です。いろいろな場合が考えられますが、代表的な例で説明します。

❶電源ランプのLEDがスイッチをオンにしても点灯しない

まずはヒューズソケットにガラス管ヒューズが入っているかどうかを確認します。次にダイオードブリッジの配線が間違っていないかを確認します。次にLEDの極性があっているかを確認します。アノード側が電源のプラス側です。さらに直列に挿入した抵抗値が間違っていないかを確認します。

❷直流出力が出ない

まずはテスタでブリッジダイオードのプラスとマイナスの電圧をテスタで計測します。13V以上の電圧であれば正常です。これが出ていないときは、トランスとブリッジダイオード間の配線を確認します。

次にレギュレータの配線の確認です。レギュレータのピン配置をデータシートで確認して配線も確認します。ADJ端子の配線が間違っていないかを確認します。

❸メータの指示が調整できない

　調整用の抵抗と可変抵抗の配線を確認し、それぞれの抵抗値も確認します。抵抗値が大きすぎると調整範囲に入らなくなります。

❹レギュレータが異常に発熱する

　出力端子への配線が間違っていないかを確認します。またレギュレータの配線の確認もします。

❺トランスが異常に熱くなる

　トランスの二次側のブリッジダイオード間の配線を確認します。次にレギュレータが熱くなっていればレギュレータの配線を確認します。

　以上で正常に電源として動作するようになれば、このあとのいろいろな実験で活用できます。机の上に常時おいておくと結構便利に使えます。

コラム　放熱設計の仕方

電源やオーディオアンプなどの電子回路では、発熱を伴うことが多くあります。特に半導体素子を使う場合には、このような熱は放熱して半導体素子の温度を下げてやる必要があります。この放熱の考え方と放熱設計の方法を説明しましょう。

放熱の考え方

熱抵抗
放熱の伝えにくさ（しやすさ）を表す。℃/Wで表現する。

一般的に発熱と放熱の問題を考えるときには、「熱抵抗*」という概念を使います。これは温度の伝えにくさを表す値で、単位を「℃／W」で表します。つまり、ある物体に1Wの熱を加えたら何度上昇するかで表します。熱抵抗が小さいほど発熱せず、熱が伝わりやすいことになります。

電子回路では回路に電流を流すと電力を消費します。その消費量は「電圧×電流」で表されて「消費電力」と呼ばれています。この消費電力はほぼ全量が熱となって放出されます。電子回路で発熱し冷却する必要がある素子は大部分が半導体素子となります。この半導体の発熱と放熱を考えるときのモデルは、熱抵抗を使って図2-C2-1のように表されます。

●図2-C2-1　発熱と放熱の関係

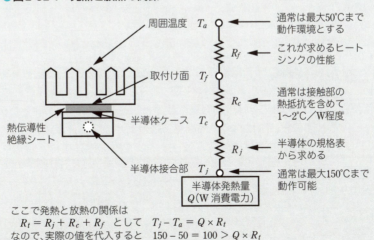

ここで発熱と放熱の関係は
$R_t = R_j + R_c + R_f$　として　$T_j - T_a = Q \times R_t$
なので、実際の値を代入すると　$150 - 50 = 100 > Q \times R_t$
とすれば、必要な放熱をしていることになる。

ヒートシンク
放熱器のこと。

通常は半導体内部の接合部が熱の発生源なので、これを出発点にして半導体ケース、絶縁シート、ヒートシンク*、周囲気中と順に熱が伝わって行きます。それぞれの物体ごとに熱の伝わりやすさ、つまり熱抵抗があります。この熱伝導の様子は、図のように熱抵抗の直列接続によって表現することができます。この図から、半導体での発熱量とヒートシンクまでの熱抵抗がわかれば、使用条件に必要なヒートシンクの熱抵抗の最大値が求められることになります。**最終的な目標は使用する温度の上限でも半導体の接合部が150℃を絶対超えないようにすること**です。

パッケージ
ICの外形やサイズ、ピン数などは用途によりさまざまだが、標準化が進んでいる。ただし、メーカ独自のものやメーカによって呼称が異なるものもある。

半導体の熱抵抗値は、パッケージ*により大体決まっていて、表2-C2-1のようになっています。ケースまでの熱抵抗値がヒートシンクを使う場合のケース表面までの熱抵抗で、周囲外気までの熱抵抗が、ヒートシンクを使わず単体で放熱する場合の熱抵抗値になります。

▼表2-C2-1　パッケージごとの熱抵抗値

パッケージ名	ケースまでの熱抵抗値(θ_{JC})	周囲外気までの熱抵抗値(θ_{JA})	条件等
DFN	19	91	2×2ピン
SOT-23	110	336	3ピン
SOT-89	52	180	3ピン
SOT-223	15.0	62	3ピン
TO-92	66.3	160	3ピン
DDPAK	3.0	31.4	3ピン
PW-MOLD	12.5	125	3ピン
TO-220NIS	6.25	62.5	3ピン
MSOP8	−	208	8ピン
MSOP10	−	113	10ピン

シリコングリース
ただ接触させるだけだと微小なすき間ができるので、空気より熱を伝えやすく化学変化を起こしにくいシリコングリースを塗り、ヒートシンクと密着させて効果を高める。

熱伝導性絶縁シート
シリコングリース同様に半導体ケースとヒートシンクを密着させるためのもの。シート状で熱は伝えるが絶縁されるようになっている。

実際の例で放熱設計をしてみましょう。まず通常半導体の接合部の温度は上限が150℃と決められています。しかしこれは許容最大値なので、これの80％以下つまり120℃程度として余裕を持たせて設計をします。このように**発熱の設計では常に余裕を見る設計とするのが一般的**です。

次に半導体ケースとヒートシンク間の熱抵抗は、裸の状態で直接ヒートシンクに接触させると、大体0.6℃／W程度でこれにシリコングリース*を塗布すると、0.4℃／W程度まで小さくなります。ここに熱伝導性絶縁シート*を使うと接触熱抵抗も含めて1〜3℃／W前後となります。

次に実際の使用条件ですが、例えば半導体自身の発熱量Qを2Wとし、TO220NISパッケージとしてケースまでの熱抵抗Rjが6.25℃／W、絶縁シート部分の熱抵抗Rcを2℃／W、ヒートシンクの熱抵抗をRf、最高使用周囲温

度を50℃として接合部温度は20%の余裕を見るとすると、

$$(R_f + 2 + 6.25) < (150 \times 0.8 - 50) \div 2 = 35$$
よって $R_f < 35 - 8.25 = 26.75$

と求まるので、26.75℃/W以下の熱抵抗のヒートシンクを使えば放熱が可能ということになります。

ヒートシンクは、半導体の発熱を外気に移して、半導体接合部の温度を一定温度以下にする働きをします。この放熱性を良くするために、できるだけ表面積が広くなるように複雑なフィン構造をしています。

3端子レギュレータの放熱設計例

実際の使用例で3端子レギュレータの場合を考えてみます。3端子レギュレータは通常図2-C2-2(a)の回路構成で使うことになります。この場合3端子レギュレータ本体では、図のように((入力電圧)−(出力電圧))×(出力電流)の熱を発生します。この発熱により入力電圧や出力電流が大きく制限を受けることになります。

レギュレータのパッケージをTO220NISとすると、ヒートシンクなしの場合外気までの熱抵抗は表4-7-1から62.5℃/Wとなるので、周囲温度が50℃まで使うとしたとき単体の場合に耐えられる発熱量は

$$62.5 < (120 - 50) \div Q \text{ から } Q < 70 \div 62.5 = 1.12W$$

となります。これから3端子レギュレータに流せる最大電流は、次のように求められます。この最大電流は熱で壊れるぎりぎりの値なので、実際にはこの1/3から1/2以下の余裕を持たせて使うことになります。

5V入力で3.3V出力の場合　$1.12 \div (5 - 3.3) = 0.65A$
　　　　　　　　　　　　　　　　　→実際には0.2A〜0.3A
9V入力で3.3V出力の場合　$1.12 \div (9 - 3.3) = 0.20A$
　　　　　　　　　　　　　　　　　→実際には70mA〜100mA

このように、入出力電圧差が大きいと発熱のため使える最大電流が少なくなります。

次に別の方法で最大電流を求めてみましょう。例えば代表的な3端子レギュレータの最大許容損失のグラフはデータシートから図2-C2-2(c)のようになっています。この図から放熱対策なしの単体では、25℃までは1Wまで使えますが、周囲温度が50℃のときは0.8W程度が最大許容電力となっています。したがっ

て次のように求めることができます。

5V入力で3.3V出力の場合　$0.8 \div (5-3.3) = 0.47A$

→実際には0.15A〜0.25A

9V入力で3.3V出力の場合　$0.8 \div (9-3.3) = 0.14A$

→実際には50mA〜70mA

●図2-C2-2　3端子レギュレータの許容電力

(a) 3端子レギュレータの回路構成

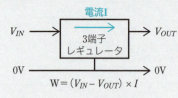

(b) 3端子レギュレータの放熱

(c) 3端子レギュレータの規格

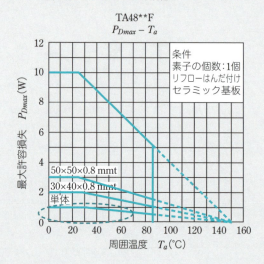

流せる電流をもっと増やすため、このレギュレータに図2-C2-2 (b) のようにヒートシンクを付けることにします。使えるヒートシンクには表2-C2-2のようなものが市販されています。この中から30mm角のヒートシンクを使うとすると熱抵抗 Rf が10.3℃/Wとなるので、このときに使える最大発熱量を求めると次のようになります。このレギュレータの接合部からケース間の熱抵抗は表4-7-1から6.25℃/W、絶縁シート部を2℃/Wとして、

$$10.3 + 2 + 6.25 = (150 \times 0.8 - 50) \div Q \quad \text{なので}$$
$$Q = 70 \div 18.55 = 3.77W$$

となります。したがって次のようになります。

5V入力で出力3.3Vの場合　$3.77 \div (5-3.3) = 2.2A$

→実際には0.7A〜1A

9V入力で出力3.3Vの場合　$3.77 \div (9-3.3) = 0.66A$

→実際には0.25A〜0.35A

コラム 放熱設計の仕方

　このように、ヒートシンクを追加すれば数倍の電流を流せるようになることになります。

▼表2-C2-2　市販ヒートシンクの種類と熱抵抗値

外観写真	寸法（W×H×D）	熱抵抗
	16.5×25×16	21.2℃/W
	23.4×25×17	19.5℃/W
	30×30×30	10.3℃/W
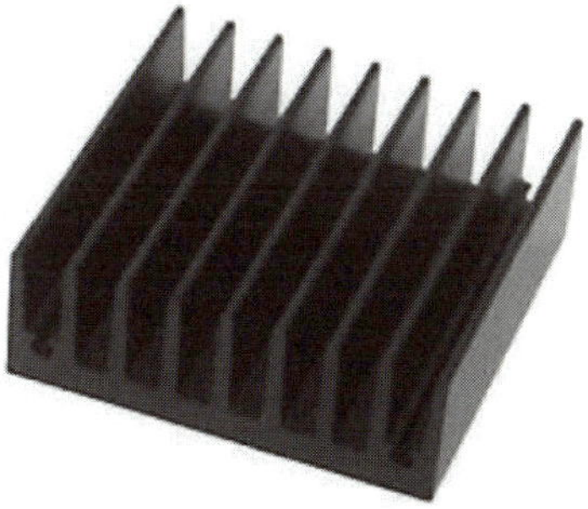	46.5×12×50 46.5×12×100 100×12×100 50×17×50 50×17×100 200×17×100 152×33×100 220×40×150	8℃/W 5℃/W 4℃/W 7.5℃/W 4.3℃/W 1.7℃/W 1.5℃/W 1.0℃/W

ヒートシンクが使えないような場合に、アルミ板などを使って放熱することもできます。このような場合の放熱効果は図2-C2-3から推定できます。
　例えば10cm角の1.5mm厚のアルミ板の熱抵抗は6.1℃/W程度なので、意外と大きな放熱効果を得られることがわかります。

●図2-C2-3　アルミ板の熱抵抗

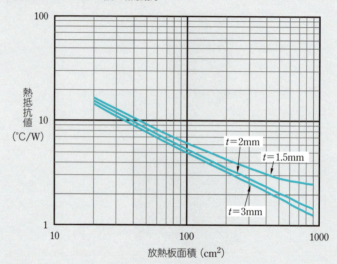

第3章
ラジオの製作

　本章では、ゲルマラジオやワンチップICを使ったAMラジオとFMラジオを製作します。その製作にブレッドボードを使います。ラジオの製作で電波の特性やラジオの原理を学習し、ブレッドボードによる電子回路の組み立て方を説明します。

3-1 電波の発見と電波の伝わり方

もともと電波とは何でどんな仕組みで伝わるのでしょうか。電気と磁気がからんだ電磁気の振る舞いが大きく関連しています。

3-1-1 電波の存在の証明

James Clerk Maxwell
1831-1879
イギリスの理論物理学者。

波動方程式
音の伝搬や電波などの振動や波動現象を表現するための方程式。

1864年、ジェイムス・クラーク・マクスウェル*は、これまでのイギリスの多くの研究者による電気と磁気に関する理論や実験をもとに「マクスウェルの方程式」を導いて「古典電磁気学」を確立しました。

さらに、マクスウェルは電磁場が波動方程式*によって記述されることから、電磁場の振動が波として空間を伝わるはずだという電磁波（電波）の存在を理論的に予言し、その伝播速度が光速度に等しいことを証明しました。つまり光も電磁波の一種であると証明したのです。

マクスウェルの電磁波の存在の予言から20年以上経った1888年、ドイツの物理学者ハインリッヒ・ルドルフ・ヘルツ*が図3-1-1のような「ヘルツの実験」によって電磁波つまり電波の存在と空中伝搬を実験的に証明しました。

Heinrich Rudolf Hertz
1857-1894
ドイツの物理学者。周波数の単位に使われている。

ヘルツの実験は、図3-1-1の左側の火花放電発生装置に誘導コイルを使って高電圧の振動電気を発生させ、その先を大きな蓄電球が付いた導線に接続し、放電球の間で火花放電が起きるようにしたものです。これで連続的に火花を発生させると、離れた場所にある金属リングの放電球の間でも火花放電が起きるというものです。

誘導コイルではインタラプタ部が現在のベルのように電磁力でオンオフを繰り返すため、振動する電流つまり交流がコイルの一次側に流れます。これによる誘導で巻き数の多い二次側に振動する高電圧が発生します。これで導線の先の放電球間で放電が発生し、ある繰り返しの周期のとき、受信リングで火花が発生します。

ヘルツはこの実験で両者の間に遮蔽物をおいたりして、**電磁波が空間を伝搬している**ことを証明し、さらに**伝搬速度が光速に等しい**ことも証明しました。

ヘルツの電磁波の発見の最大の成果は無線通信で、そのあとのラジオ放送や無線電話へと発展します。

● 図3-1-1 ヘルツの実験の概要

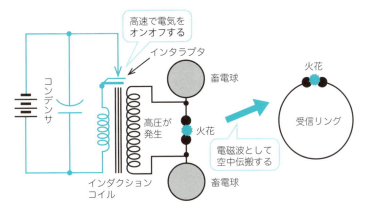

3-1-2 電波の伝搬と無線通信

右ねじの法則
導線に電気を流すと電流の方向を右ねじの進む方向として、右ねじの回る向きに磁場が生じる。

　ところで電磁波つまり電波はどうやって空間を伝わっていくのでしょうか。これは図3-1-2で説明されます。導線に交流の電流が流れると**アンペールの右ねじの法則**＊により変化する磁界が導線の周囲に連続的に発生します。この変化する磁界の電磁誘導によりその先に変化する電界が発生します。この変化する電界によりその先に変化する別の磁界が発生します。これがさらに電界を発生するという具合に空間に電磁波が伝搬されていきます。このときの電界と磁界は直交していて、この伝搬には磁界も電界も常に高速で変化していることが必要です。

　現在の私たちの日常では、常に無数の電磁波が飛び交っていることになります。

● 図3-1-2 電磁波の伝搬

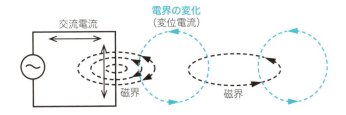

■水平偏波と垂直偏波

垂直偏波
電界が地面に対して直角の方向に変化する波のこと。

　こうして電波として送り出された電界と磁界は図3-1-3のように地上を伝わります。つまり電界は地面に対して垂直で、磁界は水平となります。このような進み方を**垂直偏波**＊と呼んでいます。電界が地面と平行で磁界が垂直な場合が**水平偏波**と呼ばれます。

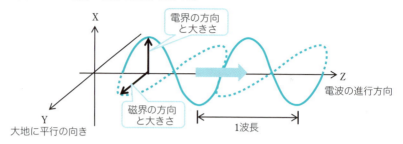

●図3-1-3　電波の電界と磁界の進み方

次に、空中を伝搬している電波をどのようにして捕まえるのでしょうか。

これにも電磁波の振る舞いが関わっています。電波が伝搬した先に何らかの導線（アンテナ）があると、その導線に磁界または電界により電流が生成されます。これが電波の受信ということになります。

電界と磁界のどちらが関わるかはアンテナの形状や材質で変わってきます。片端が開放状態のアンテナの場合には電界変化に反応して電流が流れ、閉じたループ状のアンテナは磁界に反応して電流が流れます。

■無線の活用は無線電信から始まった

ヘルツにより電波の存在が証明されたあと、多くの人によって電磁波を無線電信に使う試みが実施されました。1895年にはグリエルモ・マルコーニ*がヘルツの送信機にアンテナとアースを付けて2.5kmの無線電信に成功しています。

さらにマルコーニは1901年には大西洋を横断する3400kmの無線通信に成功しています。このときの送信機の電圧は150kVというとんでもなく高い電圧で、蒸気機関による交流発電機を専用に用意して電力を供給するという大規模なものでした。アンテナも数十mという高さの大規模なものとなっています。こうして無線電信が実用化され、特に船舶との連絡手段として多く使われていきました。1912年のタイタニック号の遭難の際には、この無線電信により遭難の連絡と救助活動の連絡が行われました。

無線電信と並行して音声を無線で送る無線電話も研究が活発に行われていて、1900年にフェッセンデン*が電信用送信機の電鍵の代わりに電話機の送話器を接続して音声を送信することに成功しています。1901年にはボース*によって方鉛鉱を使った「鉱石検波器*」が発明され、安価で高感度の受信機を製作できたことから無線の実験をする人、つまりアマチュア無線家がたくさん出現しました。

1906年のクリスマスイブにフェッセンデンがクリスマスソングを50kHzで500Wの高周波発電機で送信し、それを多くのアマチュア無線家が鉱石ラジオで受信しています。これが最初のラジオ放送とされています。

Guglielmo Marconi
1874-1937
イタリアの無線研究家、発明家。

Reginald Aubery Fessenden
1866-1932
カナダの発明家。

Jgadish Chandra Bose
1858-1937
インドの物理学者。SF作家。

鉱石検波器
半導体の性質を有する鉱石に金属針を接触させたもので整流作用がある。点接触ダイオードの原型。

3-2 ゲルマラジオの製作 ― 失敗してしまった

検波
変調された信号から元の信号を取り出すこと。

鉱石ラジオ
方鉛鉱などの金属に針を接触させると整流特性を示すことを利用した、検波器を使った初期のラジオ。

ショットキーバリヤダイオード
ダイオードの一種で、金属と半導体の接合で構成、順方向電圧が低いことが特徴。

最初に発明されたラジオ受信機は鉱石検波器*を使った鉱石ラジオ*でした。現在でもこれと同じ原理のラジオが作れます。しかし現在では鉱石検波器の代わりにゲルマニウムダイオードを使います。ここにゲルマニウムダイオードを使うのでゲルマラジオと呼ばれています。電源なしでもラジオが聴けるという不思議なラジオ受信機です。

これまでは小学生などが最初にチャレンジする電子工作としてよく使われていました。しかし、最近ではゲルマニウムダイオードも入手困難になってきたため、検波用ショットキーバリヤダイオード*というダイオードが代わりに使われています。

本書での製作例として製作してみましたが、残念ながら我が家ではゲルマラジオでは通常のアンテナでは全く受信できませんでした。谷底にある土地であるため電波が弱すぎるようです。

3-2-1 ゲルマラジオの全体構成

製作するゲルマラジオの全体回路構成は図3-2-1のようになります。同調回路、検波回路、受話器という3つの部分で構成されていて、電源が不要という不思議なラジオです。以下で各部分の動作を説明します。

●図3-2-1 ゲルマラジオの全体構成

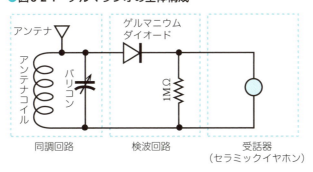

3-2-2　アンテナコイルと同調回路

■アンテナコイル

ラジオの受信に必須なものはまずアンテナ*です。空中を飛び交っている電磁波を捉えて電流に変換するものになります。

製作するゲルマラジオで受信するラジオ電波は、中波帯と呼ばれる500kHzから1.6MHz程度の範囲の周波数です。この周波数の波長*は300m程度になります。この長さと同じ長さのアンテナが一番効率のよいアンテナとなりますが、このサイズを作るのは困難です。

そこでアンテナ代用として二つの方法があります。一つはバーアンテナ*と呼ばれる写真3-2-1のような形状のアンテナコイルで、コイルの中に磁性体を挿入したものです。磁性体により磁界の磁力線を通過しやすくしてアンテナとしての性能を向上させています。

●写真3-2-1　バーアンテナの外観例

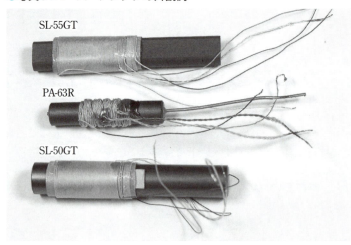

このバーアンテナの場合には、電波の磁界を受信するので図3-2-2のように動作することになり、バーアンテナの向きにより電波受信感度の強弱が変化します。これを指向性とよびます。地面に対して平行にし、さらに磁界の進行方向に直角に向けるとたくさんの磁界がバーの中を通過するので感度がよくなります。つまりラジオ局側に向けて平行に置くと最大感度となります。部屋の中では窓に向けることになります。

アンテナ
電波を電流に変換するもの。空中線とも呼ぶ。

波長
波の頂点と次の頂点までの距離。光の速度(m)÷周波数で求められる。

バーアンテナ
棒状の磁性体にコイルを巻いたもの。

● 図3-2-2 電波進行とバーアンテナの指向性

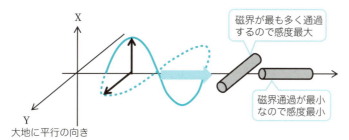

アンテナのもう一つは図3-2-3のように半径を大きくしたループ状の木枠などにエナメル線などを巻いたアンテナコイルで**ループアンテナ**といいます。300mからははるかに短くなりますが、できるだけ半径を大きくして断面積を大きくし、磁界の磁力線がたくさん通過するようにしてアンテナとしての性能をよくしたものです。この場合には地面に対して直角にし、さらに電波の進行方向に対して直角に向けたほうがたくさんの磁界を捉えることができるので、感度が良くなります。また、巻き数が多いほど感度が良くなります。

● 図3-2-3 ループアンテナの構成

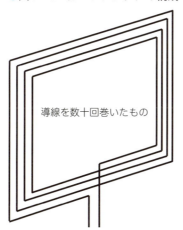

導線を数十回巻いたもの

■ **同調回路のはたらき**

次に、**同調回路*** とはアンテナコイルと並列にコンデンサを接続した図3-2-4のような回路のことです。

> 同調回路
> 周波数選択するための回路のこと。

● 図3-2-4　同調回路とその特性

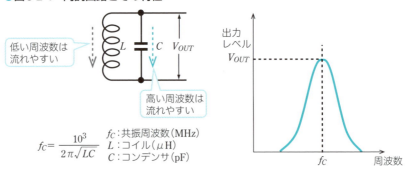

このようにコイルとコンデンサが並列接続されていると、アンテナコイルに誘起される電流の中で、周波数の低い成分はコイルのインピーダンスが低くなるので、コイル両端には大きな電圧としては現れません。逆に周波数が高い成分の電流はコンデンサのインピーダンスが小さくなるので、こちらもコンデンサ両端には大きな電圧としては現われません。

そうすると、ある一定の周波数近辺の場合だけ、コイルとコンデンサのインピーダンスがどちらも同じ程度となり、**この周波数近辺の電圧だけが同調回路の両端に現れる**ことになります。これをグラフで表すと図3-2-4の右側のようになり、一定の周波数のときが最大となる出力電圧となります。この周波数は、コンデンサ容量とコイルのインダクタンスにより決定され式③のように表されます。

式③　$fc = \dfrac{10^3}{2\pi\sqrt{LC}}$

fc：共振周波数（MHz）
L：コイルのインダクタンス（μH）
C：コンデンサの容量（pF）

この周波数fcを**同調周波数**と呼び、この周波数がちょうどラジオ電波と同じ周波数となるようにすれば、そのラジオ局だけが取り出されることになります。

■同調周波数を可変するには？

この同調周波数を可変にすれば放送局を選択できることになります。そこで本書で製作するゲルマラジオでは、コンデンサの容量を可変できる写真3-2-2のようなダイアル付きの**ポリバリコン***を使って同調周波数を可変するようにしました。

> **ポリバリコン**
> 金属片が向かい合う面積を変えることでコンデンサ容量が連続的に変化するようにした電子部品。金属板の間にポリスチロールを挿入して絶縁しているのでこう呼ばれる。

● 写真3-2-2 ポリバリコンの例

　このポリバリコンの可変容量範囲は多くの製品が10pFから250pF程度の範囲です。250pFのときAM放送の下限の500kHzに同調させるコイルのインダクタンスを式③から求めると、約400μHとなりますし、余裕を見て25pFのときにAM放送の上限の1.6MHzに同調させるコイルインダクタンスを求めると、395μHとなります。

　したがってポリバリコンを使ったときには、コイルに400μH程度のものを使えばすべてのAM放送帯をカバーできることになります。

　写真3-2-1のような市販のバーアンテナコイルでは330μHか360μHなので、ちょっと小さめですがこれで何とか主要な中波放送はカバーできそうです。

3-2-3　検波回路

AM
Amplitude Modulation（振幅変調）。電波の振幅つまり強さを音に合わせて可変する方式のこと。周波数は一定。

搬送波
電波となっている高周波信号のこと。音声のような低周波信号は遠くまで届かないが、電波のような高周波信号は遠くまで届くので、高周波信号によって低周波信号を「運ぶ」ということ。

　同調回路の次は**検波回路**の説明です。ここでの主役はダイオードです。なぜダイオードで検波して電波から音声を取り出すことができるかというと、中波放送の電波はAM変調*という方式で、図3-2-5（a）のように電波の搬送波*の強さ、つまり振幅が音声によって変化するようになっています。これをダイオードで整流すると図3-2-5（b）のように搬送波の片側の半分だけを取り出すことになるので、セラミックイヤホンに加わる電圧は高周波成分が取り除かれた図3-2-5（c）のような振幅に比例した音声電圧になることになります。正確に言えば音声の交流電圧で変化する低周波の交流ということになります。

● 図3-2-5　AM信号の検波

(a) 元のAM信号　　　　(b) 検波直後の信号　　　　(c) コンデンサで搬送波を取り除いた信号

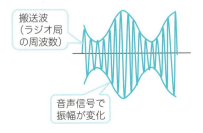
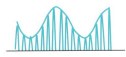

■ダイオードの特性が課題

　しかしここで問題があります。同調回路から出力されるラジオ電波の信号レベルは、ラジオ局からの距離によりますが、数十mVから数百mV以下という非常に小さな電圧です。これを検波できるためには、ダイオードがこのような低い電圧に対しても整流特性を持っていることが必要です。

　ここで各種ダイオードの、低い電圧での整流特性を見てみると、図3-2-6のようになっています。

　検波するために必要な特性は、できるだけ低い順方向電圧からまっすぐに立ち上がるグラフが理想的なものです。この条件で特性をみると一般のスイッチング用シリコンダイオードは700mV以上でしか検波できないので、今回のラジオの検波用としては使えません。

　一般的なショットキーダイオードAとゲルマニウムダイオードを比べると、まっすぐに立ち上がるという特性ではショットキーダイオードAのほうが良い特性です。しかし、ゲルマニウムダイオードのほうがより低い電圧から順方向電流が流れ始めているので、ここから検波が開始できることになります。この特性のためラジオにはゲルマニウムダイオードが使われています。しかし、最近はこのゲルマニウムダイオードの入手が困難であるため、ショットキーダイオードの中で特に検波用として開発されたショットキーダイオードBのような特性のものがあり、これが代わりに使われています。このような特性のショットキーダイオードには、1SS106、1SS108、HSD276A、HSD278などがあります。

●図3-2-6　各種ダイオードの特性

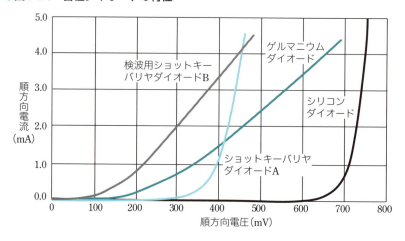

3-2-4　受話器

　本章では受話器としてセラミックイヤホンを使います。このセラミックイヤホンの外観と内部構造は写真3-2-3のような形となっています。内部には薄いセラミックの圧電板があり、これに電圧を加えると振動します。この振動が空気の振動となって音として聴こえるようになります。

　圧電セラミックスなので、コンデンサと同じような特性になり直流が通りません。これに50mV程度の音声信号を加えれば十分な音量で聴くことができます。

●写真3-2-3　セラミックイヤホンの外観

(a) セラミックイヤホン外観　　(b) セラミックイヤホン内部構造

セラミックの薄い板

3-2-5　ブレッドボードで製作

　ゲルマラジオの製作に必要な部品は表3-2-1となります。

▼表3-2-1　ワンチップAMラジオ用部品一覧

記号	品　名	値・型名	数量
D1	ダイオード	1N60または1SS106	1
L1	AMラジオ用コイル	SL-55GT	1
PVC1	ポリバリコン	ストレートラジオ用	1
	セラミックイヤホン	セラミックイヤホン	1
R1	抵抗	1MΩ　1/6W	1
その他	ブレッドボード	EIC-801	1
	ジャンパワイヤ	EIC-J-L	1
	ヘッダピン	40ピンヘッダピン	1

　組み立てはちょっと面倒ですが、ブレッドボードに実装しました。ブレッドボードについては、章末のコラムをご覧ください。

ヘッダピン
写真のようなピン。これを1ピンに切断して使う。

ポリバリコンは両面接着テープで背面をブレッドボードに固定し、端子はビニール線などでヘッダピン*に接続して使います。つまみにはAMの目盛付きのものを使いました。

コイルの固定が一番面倒ですが、今回は簡単にちょっと厚みのある両面接着テープで固定しました。そしてコイルの配線も章末のコラムの最後にあるように、巻線の先端にヘッダピンをハンダ付けして使います。コイルの接続は巻線が一つではなく余分なものがあるので、図3-2-7のように一番巻数の多いコイルの両端を使います。

セラミックイヤホンも先端にヘッダピンを接続して使います。

●図3-2-7 コイルの巻線の接続の仕方

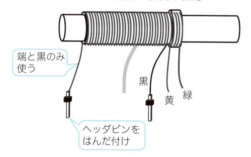

組み立てが完成したゲルマラジオの外観は写真3-2-7のようになります。

●写真3-2-4 完成したゲルマラジオの外観

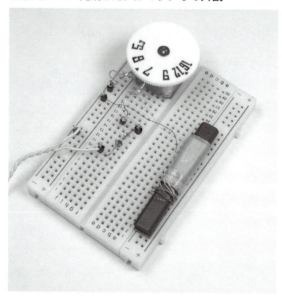

3-2-6 動作テスト

まず配線を確認します。とても簡単な回路なので、まず間違うことはないでしょう。電源を使わないので、間違っていても壊れるものは何もありません。

コイルの巻線は絶縁されているので、先端の絶縁被覆をはがさないと接続できないので注意が必要です（購入時点では絶縁皮膜ははがされてハンダメッキされています）。

まず、バーアンテナだけのアンテナではゲルマラジオでは受信出力が小さすぎて全く受信できません。これに長めのアンテナ線を接続する必要があります（後述）。

アンテナを接続したらバリコンのダイアルをゆっくり回せばどこかで放送が受信できるはずです。高い場所ほど、アンテナ線が長いほど感度が良くなります。

…というはずでしたが、これが実現できるのは放送局に近い場所だけのようです。我が家ではかなり長めのアンテナでも全く受信できませんでした。我が家は谷底にあるような土地ですので、ラジオの電波が弱くゲルマラジオで受信できるレベルには達していないようです。

■動作しないときは

同じようにゲルマラジオで受信できない場合のチェック方法を説明します。

❶セラミックイヤホンの動作確認

セラミックイヤホンのリード線の両端を10円硬貨に接触させます。接触する都度カリカリと音がすればイヤホンは正常です。

❷コイルとバリコンのチェック

コイルは断線のチェックだけですので、テスタで導通テストをして導通していれば正常です。逆にバリコンは内部でのショートの確認だけですので、テスタで導通テストをして導通していなければ正常です。

❸アンテナ

ゲルマラジオの感度はアンテナに左右されます。長いアンテナ線にするほど感度が良くなります。しかし都会の中では非現実的です。ここで長いアンテナの代用として、次のような方法があります。

①アルミ製の物干し竿
②アルミサッシの窓枠、カーテンレール
③電話機のコードや電源コードにアンテナ線を、10回ほど巻きつける
④商用電源コンセントを利用

初心者の方には①〜③がお勧めです。鉄筋コンクリートの建物内では受信しにくいので、ベランダに長いビニール線を渡してみてください。ただし雷が鳴りそうなときはすぐに中止してください。

電源コンセントのアンテナ
コンデンサで低い周波数の商用電源をカットし、高周波だけを通す。

なお商用電源コンセントを利用する方法[*]は、図3-2-8のように50pFから100pF程度のコンデンサを使って商用電源ラインの片側だけに接続する方法です。ここで使うコンデンサは、必ず耐電圧が250V以上のものを使ってください。500Vか1000Vにするとより安全です。ただし商用電源を使うので初心者にはお勧めしません。

●図3-2-8　アンテナの代用方法

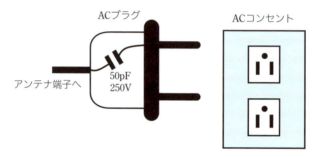

我が家ではACコンセントを利用する方法でも、かろうじて聴けるほどの感度しかありませんでした。結局ゲルマラジオは失敗作という結果になってしまいました。

3-3 ワンチップAMラジオの製作

ゲルマラジオは失敗作で我が家では全く受信できませんでした。現在ではダイオードの代わりにワンチップICを使ってはるかに高感度のラジオができます。そこでもっと高感度のAMラジオ受信機を、ワンチップラジオICを使って製作してみます。

3-3-1 ワンチップAMラジオの全体構成

高周波増幅
電波の搬送波をそのまま増幅すること。

製作するワンチップAMラジオの全体回路構成は図3-3-1のようになります。同調回路、高周波増幅*検波、受話器という3つの部分で構成されていて、ゲルマラジオとほとんど同じような構成ですが、乾電池1個でAMラジオを受信して聴けるという立派なAMラジオです。

●図3-3-1 ワンチップAMラジオの全体構成

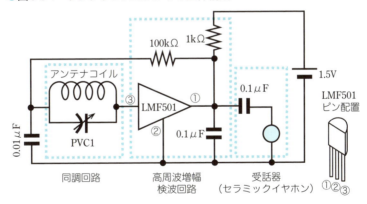

完成したワンチップAMラジオの外観は写真3-3-1のようになります。

●写真3-3-1　完成したワンチップAMラジオの外観

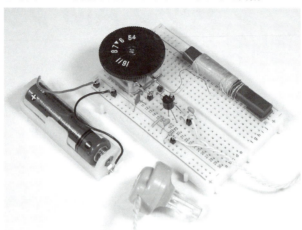

3-3-2 ワンチップラジオICの概要

　同調回路と受話器部はゲルマラジオとまったく同じ構成と動作なので、本項では高周波増幅検波回路として使ったワンチップラジオICの動作について説明します。
　本書で使用したワンチップラジオICはLMF501という型番で、図3-3-2（a）のようにトランジスタと同じ外観をしていて、内部構成は図3-3-2（b）のようになっています。

●図3-3-2　ワンチップラジオICの外観と内部構成と仕様

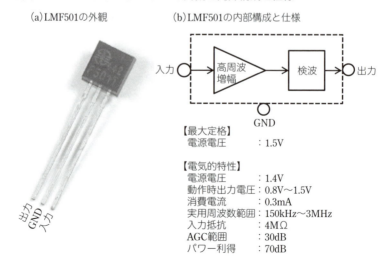

（a）LMF501の外観　　　（b）LMF501の内部構成と仕様

【最大定格】
電源電圧　　　：1.5V

【電気的特性】
電源電圧　　　：1.4V
動作時出力電圧：0.8V～1.5V
消費電流　　　：0.3mA
実用周波数範囲：150kHz～3MHz
入力抵抗　　　：4MΩ
AGC範囲　　　：30dB
パワー利得　　：70dB

このICの動作は、まず同調回路で同調して取り出したラジオの高周波信号を高周波増幅部によりそのまま増幅して大きな電圧とします。次にその信号を検波部で検波して音声信号にします。検波もトランジスタによる回路構成としていて高感度で検波できるようにしています。

電源電圧が最大1.5Vとなっているので乾電池1個で使うことになります。AM放送は1.6MHzまでですが、このICが使える周波数範囲は最大3MHzなので十分使える範囲ということになります。パワー利得が70dBということは、10の7乗倍することになるのでとんでもなく増幅できることになります。しかも、電波の強さが変わっても出力電圧が一定になるように増幅率を自動調整するAGC*という機能までついています。

AGC
Auto Gain Controlの略。自動増幅率調整。

3-3-3 製作

ワンチップAMラジオの製作に必要な部品は表3-3-1となります。

▼表3-3-1 ワンチップAMラジオ用部品一覧

記号	品名	値・型名	数量
IC1	AMラジオIC	LMF501相当	1
L1	AMラジオ用コイル	SL-55GT相当	1
PVC1	ポリバリコン	ストレートラジオ用	1
	セラミックイヤホン	セラミックイヤホン	1
R1	抵抗	100kΩ 1/6W	1
R2	抵抗	1kΩ 1/6W	1
C1	セラミックコンデンサ	0.01μF	1
C2、C3	積層セラミックコンデンサ	0.1μF	2
その他	ブレッドボード	EIC-801	1
その他	ジャンパワイヤ	EIC-J-L	1
その他	ヘッダピン	40ピンヘッダピン	1
その他	バッテリ	単3または単4×1本	1
その他	電池ボックス	単3または単4×1本（ビニール線付き）	1

組み立てはちょっと面倒ですが、ブレッドボードに実装しました。

ポリバリコンとアンテナコイルはゲルマラジオに使ったものと同じですので、ゲルマラジオのブレッドボードをそのまま流用して製作することもできます。

電池もイヤホンと同じように電池ボックスのビニール線の先端にヘッダピンをハンダ付けして使います。

組み立てが完了したところが写真3-3-2となります。100kΩの抵抗が実装しにくいですが、ピンの間を通して実装しています。

●写真3-3-2　組み立て完了したワンチップAMラジオ

3-3-4　動作テストとトラブル対策

　配線を確認したら電池を電池ボックスに入れて動作を開始させます。バリコンのダイアルをゆっくり回せばどこかで放送が受信できるはずです。
　ゲルマラジオでは全く受信できなかった我が家でも結構高感度で受信でき、アンテナ線なしでも十分の音の大きさで受信できました。
　窓際に近く寄せると感度が良くなります。アンテナは要りませんが、バーアンテナの向きを変えると感度が変わるので最大感度になる向きに合わせます。

■動作しないときは
　ここで正常に動作しない場合の対策方法を説明します。

❶セラミックイヤホンの動作確認
　セラミックイヤホンのリード線の両端を10円硬貨に接触させます。接触する都度カリカリと音がすればイヤホンは正常です。

❷コイルとバリコンのチェック

　コイルは断線のチェックだけですので、テスタで導通テストをして導通していれば正常です。逆にバリコンは内部でのショートの確認だけですので、テスタで導通テストをして導通していなければ正常です。コイルの巻線は絶縁されているので、先端の絶縁被覆をはがさないと導通テストも接続もできないので注意が必要です（購入時点では絶縁皮膜をはがしてハンダメッキされています）。

❸電池電圧のチェック

　これはテスタでブレッドボードの電源とグランド間を計測します。1.2V以上あれば問題ありません。これで電池とブレッドボード間の接続もチェックできます。

❹配線の確認

　AMラジオICの周囲の配線を中心にチェックします。ICの向きが合っているか、特に出力側の配線を重点的に確認します。またアンテナコイルの取り出し線の確認と接続のチェックもしましょう。

　以上を確認すれば、まず動作するはずです。しばらくラジオを楽しんでください。

3-4 FMステレオラジオの製作

FM
Frequency Modulation（周波数変調）。電波の周波数を音に応じて変化させる方式。振れ幅は一定。

　簡単なワンチップAMラジオの次は本格的なFM*ステレオラジオを製作してみましょう。本格的といってもやはりワンチップICを使って組み立てます。しかもブレッドボードを使うので間違ってもすぐ修正ができます。ワンチップICのお陰で調整も不要で組み立ても簡単です。ヘッドフォンで聴いたり、ステレオアンプに接続して聴いたりすることができます。

3-4-1　FMステレオラジオの全体構成

　製作するFMステレオラジオの全体構成は図3-4-1のようになります。すべてがワンチップICで構成できてしまいます。完成した状態が写真3-4-1のようになります。無調整ですので、ブレッドボードに組み立てたらすぐ動かすことができます。電池を接続してステレオジャックにヘッドフォンかイヤホンを接続し、ボリュームを回して選局することでステレオのFM放送を聴くことができます。

●図3-4-1　FMステレオラジオの全体構成

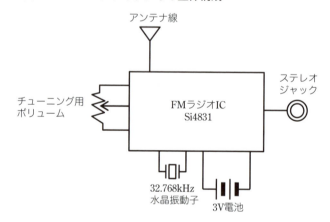

3-4 FMステレオラジオの製作

●写真3-4-1 完成したFMステレオラジオ

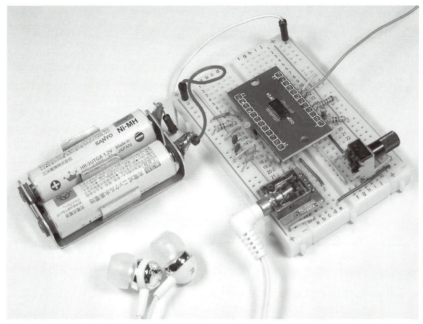

3-4-2 FMラジオICの仕組み

DSP
Digital Signal Processor。アナログ信号をデジタル化したデータの処理演算を高速に実行できるマイコンの一種。

プロセッサ
機能を実行する処理装置の総称で、主にプログラムで機能動作を実現する。

デジタル選局
デジタル数値で選択する局がプログラムで決められている方法。

変換基板
表面実装用の細かな部品を扱いやすくするために、ピンのピッチや形状を変換できるようにした基板。

　使用したFMラジオICはシリコンラボラトリー社製の「Si4831」というもので、DSP*というアナログ信号をデジタル演算で扱うことができるプロセッサ*のプログラム処理で作られたFMラジオICです。
　このICはFMラジオを受信するために必要なすべての機能を内蔵しているので、アンテナを接続するだけで、ステレオのオーディオ信号として出力が得られます。
　これと同じような他の多くのFMラジオICはマイコンを接続してデジタル的に選局*したりするのですが、本章で使ったFMラジオICはマイコンを使わず、外部から電圧だけを加えることで選局できるようになっています。したがって選局は単純に可変抵抗器でできます。
　FMステレオラジオICの外観と仕様は図3-4-2のようになっています。この外観はICを変換基板*に実装したときのものです。
　電源が2Vから3.6Vと電圧範囲が広く、消費電流も21mA程度なので電池で十分動作させることができます。

● 図3-4-2　FMステレオラジオICの外観と仕様

【最大定格】
　電源電圧　　　　　：5.8V

【電気的特性】　FMの場合
　電源電圧　　　　　：2V～3.6V
　消費電流　　　　　：21mA（FM時）
　入力周波数範囲　　：64MHz～109MHz
　オーディオ出力　　：80mV
　オーディオ負荷抵抗：最小10kΩ
　クロック用クリスタル：32.768kHz±100ppm

■ Si4831の動作

　この高機能なSi4831の内部構成は図3-4-3のようになっています。この図で動作を説明します。

● 図3-4-3　FMステレオラジオIC（Si4831）の内部構成

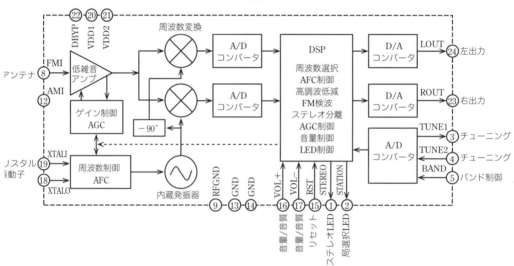

❶ 増幅

　まず、アンテナで受信される電波信号を低雑音アンプ*で増幅します。ここではすべての電波を受けて増幅しています。増幅する際、強い電波と弱い電波があるので、選択された放送の出力オーディオ信号のレベルがちょうど適当な大きさになるようにDSPから増幅ゲインを調整制御します（AGC：Auto Gain Controlと呼ばれる）。これで電波がある一定以上の強さがあれば、オーディオ出力が一定の音量となります。

低雑音アンプ
内部で発生する雑音が特別に少なくなっている増幅器。

❷ 周波数変換

　このあと、受信した電波を直接A/Dコンバータ*でデジタル信号に変換しようとするとFM信号の100MHz近辺という高周波信号を変換しなければならなくなってA/Dコンバータの変換速度が追い付かなくなります。このため、周波数変換*部（ミキサともよぶ）で内蔵発振器の周波数と混合して周波数の低い信号に変換します。

　この周波数変換部で混合すると、内蔵発振器の周波数と受信信号の周波数を足し算した周波数の信号と、引き算した周波数の信号が生成されます。ここでは、低くなった側の周波数の信号を取り出してA/Dコンバータでデジタル信号に変換してDSPに入力します。

　しかし、この周波数変換では少し困ったことが起きます。それはイメージ混信*と呼ばれるもので、目的の周波数に近い周波数の別の放送局があると混信が起きるという現象です。例えば、70MHzの内蔵発振器とすると、71MHzの信号と69MHzの信号を周波数変換すると両方とも1MHzの信号が生成されてしまいます。これがイメージ混信です。

　このイメージ混信を避けることが必要です。このために周波数変換部が2系統の構成となっていて、片方には内蔵発振器の信号の正弦波の位相を90度分だけずらした信号を使って周波数変換した信号を生成し、同じようにA/D変換でデジタル信号に変換してDSPに入力します。DSPのソフトウェア処理でこの二つのデジタル信号を乗算すると、イメージ信号を消し去ることができます。このような周波数変換部のことを直交ミキサ*と呼んでいます。

❸ 同調・検波・チャネルの振り分け

　こうして必要な信号だけをデジタル信号とし、DSPのデジタルフィルタ*機能により余分な信号を削除して目的の信号だけを取り出します。ここが同調回路の機能に相当します。このあとFM検波*してデジタルのオーディオ信号に変換します。さらにステレオの場合には左右チャネルの信号に振り分けます。これらをすべてDSP内のプログラムで実行してしまいます。

❹ チューニング・バンド指定

　内蔵発振器の周波数が安定な周波数となるように、クリスタル発振子で安定な周波数を生成するようにしていますが、さらにチューニング周波数がずれた場合には、DSPから内蔵発振器の周波数を微調整するように制御して常に最適なチューニング状態になるようにしています（これをAFC：Auto Frequency Controlと呼ぶ）。

　バンド指定とチューニングは外部から電圧で与えるようになっていて、A/Dコンバータでデジタル値に変換し、DSP内のデジタルフィルタプログラムにより、指定された周波数のみ取り出してFM検波し、オーディオ信号を取

A/Dコンバータ
アナログの電圧をデジタルの数値に変換する機能モジュール。

周波数変換
2つの周波数の信号を混合すると周波数を加算した周波数と減算した周波数の信号が生成される。

イメージ混信
中心周波数を中心とした目的の周波数と対称の周波数の電波が混信すること。

直交ミキサ
位相が90度ずれた周波数を混合する機能。

デジタルフィルタ
DSPのプログラムでフィルタ機能を実現したもの。特性のよいフィルタが容易にできる。

FM検波
この周波数変化から音声信号を取り出すこと。

D/Aコンバータ
デジタル数値をアナログ電圧信号に変換する。

り出すようにしています。しかし、ここで取り出したオーディオ信号は、まだデジタル信号のままなので、これをD/Aコンバータ*に出力してアナログ信号に変換して聴ける音として出力します。

このように受信する周波数をDSP内のプログラムで決めているので、受信する周波数範囲は自由に決められます。したがって、このICは中波、短波、FMとあらゆる範囲の放送電波を受信することができます。

3-4-3　FMラジオの回路と定数の決め方

製作するFMラジオの基本構成の回路図は、データシートの標準回路を元にすると図3-4-4のようになります。V_{DD}と記号が入っている部分は電源つまり電池のプラス側に接続します。また三角記号の部分はですべてグランドつまり電池のマイナス側に接続します。電源はこのICの動作範囲が2.0Vから3.6Vとなっているので、単3か単4電池を2本直列接続して3Vとして供給します。

●図3-4-4　FMステレオラジオの回路図

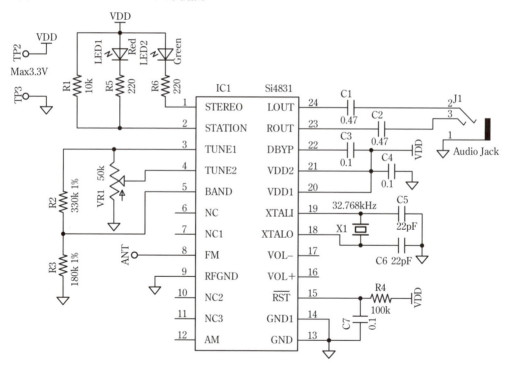

ここでR2とR3の抵抗の役割は受信バンドを指定することです。このICは非常に広い範囲の周波数を受信できます。このため、どの範囲の受信をするかというバンド指定を外部から電圧で与えてやる必要があります。この電圧は抵抗で分圧して生成するようになっていて、図3-4-4のR2とR3が対応します。この2個の抵抗でバンドを決めたあと、その近傍の周波数変更はVR1の可変抵抗で行います。つまり局選択は可変抵抗で行うことになります。

R2とR3の抵抗値とそれで指定されるバンドの対応は、日本のFM放送のバンド（76MHzから90MHz）とAM放送のバンドだけ取り出すと表3-4-1のようになっています。そうです、このICではFMだけでなくAM放送も受信できるようになっているのです。

▼表3-4-1　バンド幅と設定抵抗値

バンドNo	バンド名	周波数範囲	ディエンファシス	ステレオLED検出レベル	抵抗値R3（注）
Band13	FM4	76〜90MHz	50μs	6dB	167kΩ
Band14			50μs	12dB	177kΩ
Band15			75μs	6dB	187kΩ
Band16			75μs	12dB	197kΩ
Band21	AM1	520〜1710kHz			247kΩ
Band22	AM2	522〜1620kHz			257kΩ
Band23	AM3	504〜1665kHz			267kΩ
Band24	AM4	520〜1730kHz			277kΩ
Band25	AM5	510〜1750kHz			287kΩ

（注）R2の値は $R_2 = 500\text{k}\Omega - R_3$ となる

ディエンファシス
de-emphasis。出力電圧が周波数に逆比例する処理をほどこし、高域が強調された信号を元に戻してフラットにする。

高音の強調
FM変調では高音域ほどノイズが増えるので、送信側であらかじめ高音域を強調するプリエンファシスを行い、受信側で元に戻してノイズを減らしている。

時定数
信号が変化するときの速さを規定する。

ここでディエンファシス*というのは、FM放送の送信側で音声の高音を強調*しているものを元に戻すことをいいます。このディエンファシス処理もDSPのプログラムで実行しています。表3-4-1のディエンファシス値は時定数*を示していて、日本のFM放送は50μs、アナログTV放送では75μsとなっています。したがってFM放送で選択すべきはBand13か14ということになります。

ステレオLED検出レベルというのは、このICではステレオを検出するとLED点灯出力が出るようになっていて、その検出レベルが2段階になっているということです。12dBのBand14とするとより確実にステレオを検知して表示するようになります。図3-4-4の回路図の値はこのBand14になるようにしています。180kΩと少し表の値と異なっていますが、大丈夫です。可変抵抗で選択できる範囲がわずかにずれるだけです。

$R_2 = R_3 = 500\text{k}\Omega$とするように指定されているので、$R_2$は$500\text{k}\Omega - 180\text{k}\Omega = 320\text{k}\Omega$となりますが、抵抗の標準値の330kΩとします。

3-4-4　FMラジオを組み立てる

　図3-4-4の回路図を元にブレッドボードに組み立てます。本章のFMステレオラジオ組み立てに必要な部品は表3-4-2となります。

　FMラジオICは小さなパッケージなので、そのままではブレッドボードには使えません。そこで変換基板*に実装した状態で使います。

> **変換基板**
> 実装については、p.160の表面実装ICのハンダ付けノウハウを参照のこと。

▼表3-4-2　FMラジオの部品表

記号	品名	値・型名	数量
IC1	FMラジオIC	Si4831-B30	1
IC1用	変換基板	QSOP（0.635ピッチ）24ピン用	1
（変換基板実装済FMラジオIC）		M-4831B30（アイテンドー）	1
LED1	発光ダイオード	3φ　赤	1
LED2	発光ダイオード	3φ　緑	1
VR1	可変抵抗	小型　RA091N-H	1
X1	クリスタル振動子	32.768kHz　3φ円筒型	1
R1	抵抗	10kΩ　1/4W	1
R2	抵抗	330kΩ　誤差1%　1/4W	1
R3	抵抗	180kΩ　誤差1%　1/4W	1
R4	抵抗	100kΩ　1/4W	1
R5、R6	抵抗	220Ω　1/4W	2
C1、C2	積層セラミックコン	0.1μF～0.47uF　50V	2
C3、C4、C7	積層セラミックコン	0.1uF　50V	3
C5、C6	セラミックコンデンサ	22pF	2
J1	ステレオジャック	ミニジャックDIP化キット	1
その他	ブレッドボード	EIC-801	1
	ジャンパワイヤ	EIC-J-L	1
	ビニール線または単線	0.5φ　50cm程度	1
	バッテリ	単3または単4×2本	1
	電池ボックス	単3または単4×2本（ビニール線付き）	1
	ヘッドフォンまたはイヤホン		任意

　ブレッドボードでの組み立ての手順は次のようにします。

　手順にしたがって大型部品以外の基本的な配線をすませたところが写真3-4-2となります。まずここまでの組み立てを行います。途中で部品実装ができなくなったら、最初の配置を見直してやり直すことになります。

●写真3-4-2　FMラジオの組み立て

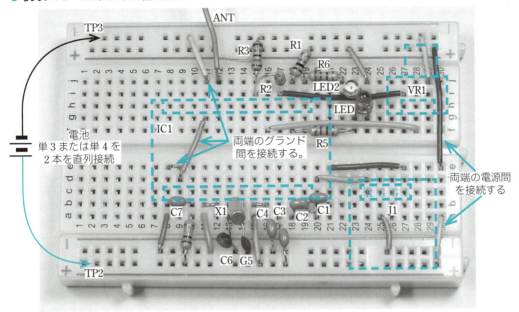

❶ 大型部品を実装する場所を決める

最初にIC、可変抵抗、ステレオジャックという大物部品の配置を決めます。回路図を見ながら周囲に必要な部品の数を意識して実際に配置して位置を決めます。位置を決めたらいったん取り除きます。位置がわかるように油性ペンなどで印を付けておくと間違いなくできます。

❷ ICの1ピン側から順番に配線と部品を実装する

大型部品は実装しない状態でICの1ピンから配線を進めます。ブレッドボードの両端の青と赤の2列は列ごとにすべて内部でつながっているので、これを電源とグランド用に使って配線します。さらに両端の列間を接続することで両方が同じ電源とグランドの供給ラインとなります。隣接するグランドや電源配線を被覆なしの単線で接続しているので見難いですが、忘れないようにしてください。

クリスタル振動子はできるだけICの近くに配置し、コンデンサC5、C6も近くに配置するようにします。

ステレオジャックは写真3-4-3のように変換基板に組み立て済みのものを使いました。この変換基板に4ピンの接続ピンが出ていて、それぞれにR、G、G、Lと記号が印刷されているので間違えないように接続します。二つのGは片方だけ接続すれば大丈夫です。

VR1の可変抵抗の配線は3ピンの中央のピンをICの4ピンに接続し、両端は

どちら側をグランドに接続しても問題はなく、右回りと左回りで周波数のアップダウンが逆になるだけです。好みの向きにあとから変更すれば問題ないでしょう。

チューニング用LED1（赤色LEDを使う）は、可変抵抗を回してFM局が受信できると光るようになっています。さらに受信したFM局がステレオ状態のときにはステレオインジケータLED2（緑色LEDを使う）が光ります。この配線では、LEDの極性を間違えないようにする必要があります。足の長いほうがV_{DD}側となります。R5はIC1の下側を通すようにしました。

● **写真3-4-3　部品の詳細**

❸ 大型部品の実装

可変抵抗は写真3-4-3のようにピンを伸ばして横向きに実装できるようにします。ステレオジャックの実装位置は間違いやすいので注意しましょう。また、ICの実装は向きを間違えないように注意してください。

❹ アンテナ線を接続

50cm程度の単線かビニール線をアンテナとして接続します。

こうしてすべての部品実装を完了したところが写真3-4-4となります。

●写真3-4-4　組み立て完了したところ

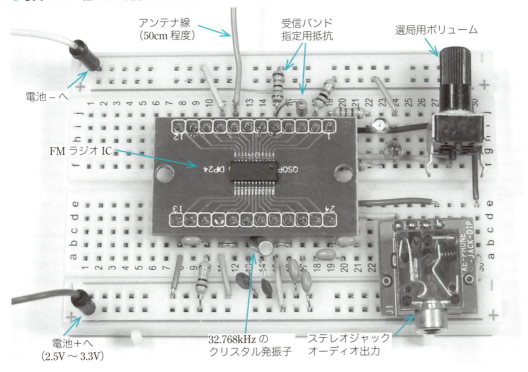

3-4-5　動作テストとトラブル対策

　組み立てが完了したら、ステレオジャックにヘッドフォンか、イヤホン、またはステレオアンプなどを接続します。

　単3か単4の2本の電池ホルダで接続します。プラスとマイナスを間違えないように接続します。マイナス側がグランドになります。

　これで可変抵抗を回せばどこかでFM放送が聴こえてくるはずです。電波が弱い地域では、窓際に近いところに置くか、アンテナ線を長くすれば感度が上がります。

■動作しないときは

放送が受信できないときは次のような手順でチェックしてください。

❶電池の実装確認

　電池ボックスの配線の確認と電池の実装向きの確認、テスタがあれば電池の電圧の確認をして2V以上であれば大丈夫です。電池を入れるときにイヤホンでカリカリと音がすればイヤホンも正常です。

❷受信動作の確認

　チューニング用ボリュームを回して赤いLEDが点灯するところがあれば受信は正常にできています。赤LEDが点灯しない場合は、次を確認してください。

・LEDの向きが逆になっていないか

　アンテナをしっかり接続したか、接続ピンが間違っていないか確認しましょう。アンテナの長さは50cm程度あったほうが感度よく受信できます。また、窓際に近いところで動作確認をしてください。

・クリスタル発振子の確認

　接続ピンの確認と、C5とC6の2個のコンデンサの実装位置を確認してください。

❸赤LEDは点灯するが音が出ない場合

　ステレオジャックの実装位置の確認と、配線の確認をしてください。特にステレオジャックのGNDピンが2本あるので、配線がずれていないかどうかを確認してください。

❹緑LEDが点灯しない場合

　ステレオ放送でも緑LEDが点灯しない場合には、次のことを試してみてください。

・LEDが逆に接続されていないか確認する
・アンテナを長くするか、窓際に寄って受信感度を上げる
・インジケータの感度を上げる

　表3-4-1のBand13に変更するため、R2を167kΩに近い値に、R3を500kΩ－R_2の値に変更します。これでステレオインジケータの感度を敏感にできます。

　以上でまず動作すると思います。適当な長さのアンテナを接続してしばらくFM放送を楽しみましょう。我が家では、このFMラジオをステレオに接続して楽しんでいます。FMラジオのステレオジャックとステレオの入力ジャックの間を、ステレオ用のオーディオケーブルで接続するだけで聴くことができます。

コラム　ブレッドボードの使い方

ブレッドボード
Breadboard。電子回路の試作実験用のハンダ付け不要の基板。Solderless Breadboardともいう。

プリント基板
エッチングで銅箔を溶かして配線パターンを作成した基板。

最近、実験でちょっと試してみたいというような場合にブレッドボード*と呼ばれるものがよく使われるようになってきました。

結構便利に使えるので、このような試作の場合だけではなく、初心者でハンダ付けはちょっと苦手という方や、プリント基板*はできないという方々が電子回路の組み立て用の基板として使うようになってきました。

これに合わせて、これまでの電子部品をブレッドボードに実装しやすいようにするための変換基板が用意されたりして、より一層ブレッドボードが使いやすくなってきています。ここではこのブレッドボードに電子回路を組み立てる仕方を説明します。

■ブレッドボードの種類と構造

現在市販されていて入手しやすい代表的なブレッドボードには、表3-C1-1のようなものがあります。これ以外にも多くの製品が販売されていて、種類は多くなっています。

▼表3-C1-1　ブレッドボードの種類

型　番	ボードサイズ	穴数	電源系統	備　考
EIC-801	84×54×8.5	400	青×2、赤×2	
EIC-102BJ	165×54×8.5	830	青×2、赤×2	プレート付
EIC-106J	165×175×8.5	1390	青×4、赤×4	線材付
EIC-108J	185×195×8.5	3220	青×5、赤×5	

ブレッドボードの内部構造は、例えばEIC-801のブレッドボードを写真3-C1-1のように縦にしてみた場合、中央の縦溝を境に穴が左右5個ずつ30列並んでいます。その5個ずつの1列が内部で金属端子により接続されています。さらに左右両端の縦2列は、列ごとにすべて接続された状態になっていて、赤と青の線で色分けされています。通常はこの赤線の列を電源のプラスに、青線の列を電源のマイナス側つまりグランド側として使います。

●写真3-C1-1　ブレッドボードの外観

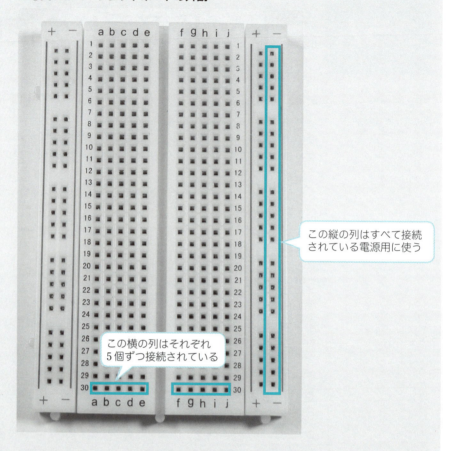

この縦の列はすべて接続されている電源用に使う

この横の列はそれぞれ5個ずつ接続されている

両面接着テープ
薄膜の両面に接着剤を塗布しその表面に剥離紙を取り付けて帯状にした文房具だったが、最近は電子機器の固定ようにも使われている。

　このブレッドボードの裏側は両面接着テープ*で固定されています。その接着テープをはがすと写真3-C1-2（a）のように金属端子が埋め込まれていて、その端子は写真3-C1-2（b）のような形状をしています。表の穴から部品のリード線を挿入すると、端子のばねの間に入り込んで接触するようになっています。写真3-C1-1の横列の5穴は接続されているので、ここに部品を差し込めば互いに接続したことになります。

> コラム　ブレッドボードの使い方

●写真3-C1-2　ブレッドボードの構造
(a) 裏面の両面接着テープをはがしたところ　　(b) 金属端子の外観

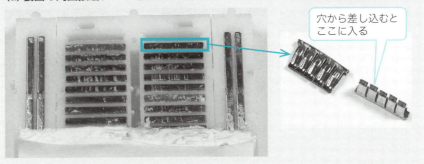

穴から差し込むとここに入る

■ブレッドボードへの部品実装の仕方

　ブレッドボードに部品を実装し配線する場合には、写真3-C1-3のようにします。

　DIP*型のICは写真3-C1-3（a）のように中央の溝をまたぐように配置します。これでICのピンごとに4つの穴が接続可能な状態になります。

　抵抗やコンデンサなどの部品は、写真3-C1-3（b）のように穴の間隔に合わせてリード線を直角に折り曲げ1cm程度の長さで切断します。リード線を長いままにしておくと、隣接した部品と接触したりしてトラブルのもとになります。

　配線用リード線は、あらかじめ写真3-C1-3（b）のように穴の間隔に合わせて折り曲げてあるものが何種類か用意されているので、これを使います。

　挿入する場合には手でもよいのですが、狭くなるとやりにくくなるので、ラジオペンチを使います。挿入には意外と力が必要なのでピンセットでは無理でしょう。

DIP
Dual In-Line Packageの略で、0.1インチピッチで足が2列に平行に出ているICパッケージのこと。

●写真3-C1-3　ブレッドボードの使い方
(a) ICの実装　　(b) 抵抗、コンデンサと配線用線材

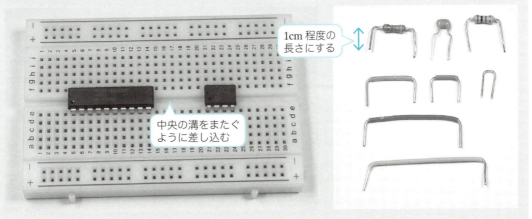

1cm程度の長さにする

中央の溝をまたぐように差し込む

配線用リード線は写真3-C1-4のような各種長さを用意したセットが販売されているので、これを使うと便利です。このセットには緑と黄色の長いものがあるのですが、これを使うことはまずないので、使いやすい長さに切断して短いものを増やしたほうが使い勝手が良くなります。

●写真3-C1-4　線材セット

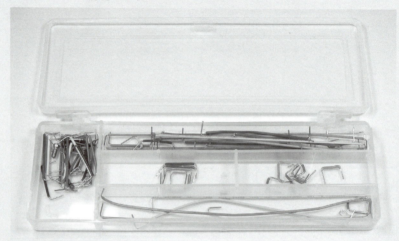

最近では、これまでの電子部品でブレッドボードに実装しにくいものに、変換基板を用意して実装しやすくするものが市販されています。「DIP化キット」というような名称で写真3-C1-5のようなものが市販されているので、これらを使うとさらに便利になります。この実装だけにはハンダ付けが必要ですが、わずかなピンのハンダ付けだけなので何とかなるでしょう。

●写真3-C1-5　DIP化キットの例

SOIC
Small Outline Integrated Circuit。小型の表面実装タイプのパッケージのこと。

TQFP
Thin Quad Flat Package。正方形の薄型パッケージで4方向に足が出ている。

さらにSOIC*やTQFP*という表面実装タイプのICの場合には、写真3-C1-6のように変換基板が用意されているので、これを使ってDIP型に変換して使います。このICのハンダ付けはテクニックが必要になりますが、5章の章末のハンダ付けのコラムを参照してください。

● 写真3-C1-6　表面実装型ICの実装方法

　これ以外に、もともとリード線がなくブレッドボードには実装しにくいものがあります。このような場合には、写真3-C1-7のようにシリアルピンヘッダ（通常40ピンのものが市販されている）を1ピンか2ピンにカットして使います。
　写真3-C1-7の例はセラミックイヤホンの接続線をヘッダピンにからげてハンダ付けしたものです。

● 写真3-C1-7　ピンヘッダを使う

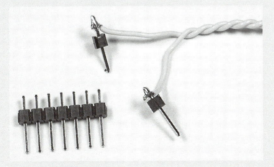

第4章
自動点灯LED照明の製作

　本章では、電池でLEDを点灯させるために必要な電池の知識について調べることにします。
　さらに、LEDの特性や照明用LEDの使い方、明るさセンサの使い方を学び、センサの情報で制御をするという制御方法を実際に試してみます。
　こうして明るさを検知するセンサと照明用LEDを組み合わせて、暗くなったらLED照明を自動点灯させ、明るくなったら消灯するという自動点灯照明を製作します。

4-1 電池の実験

自動点灯照明装置を製作するに当たり、電源として電池が使えるかどうかを確認するため、まず電池の特性を調べてみましょう。

■電池は200年以上前から使われている

Alessandro Giuseppe
Antonio Volta
1745-1827
イタリアの自然哲学者、物理学者。

もともと電池は1800年にボルタ*が発明したものですが、現在でも小学校や中学校の実験で同じ構造のボルタ電池の実験が行われています。ボルタの発見のあと、電池の研究は急速に進歩し、1896年には現在と同じ構造の乾電池が製造され実用化されています。実に200年以上前から電池が使われていることになります。ここでは電池の使い方に関する実験をします。

4-1-1 電池の種類と使い方

現在、電子工作でよく使われる電池には表4-1-1のような種類があります。それぞれに特徴があり、用途に応じて使い分けられています。ここではそれらの特徴についてもう少し詳しくみてみます。

▼表4-1-1 電池の種類と使い分け（ボタン電池以外の電池容量は単3型の場合）

電池種類	電圧	容量	特徴	用途と使い方
ボタン電池（CR2032）	3.0V	220mAh	小型だが容量は少ない。一定の電圧を保つ	特に低消費電力の機器で小型にしたい場合に使う
マンガン乾電池	1.5V	700〜1000mAh	安価、流せる電流は少ない。放電時に電圧が下がる	時計やリモコンなど負荷電流が少ないものに使う
アルカリ乾電池	1.5V	2000〜2700mAh	流せる電流が多く大容量。一定の電圧を長時間保つ	一定の電圧を必要とする電子機器や、電流を必要とする小型モータ用に使う
充電式ニッケル水素電池（eneloop）	1.2V	1900〜2500mAh	流せる電流が多く大容量。充放電を多数回繰り返せる	大電流を必要とするモータ用に使うことが多い
リチウムイオン電池	3.0V	1200〜2400mAh	流せる電流が多く大容量。一定電圧を長時間保つ。小型で軽い。	一定の電圧を必要とし小型軽量化して長時間動作させたい電子機器に多く使われる
充電式リチウムイオン電池	3.7V	500〜6000mAh	小型から大型まで種類が多い	

4-1 電池の実験

mAh
ミリアンペアアワーと読む。

表4-1-1で電池容量に**mAh***という単位が使われています。この意味は、例えば1000mAhなら「1000mAの電流を1時間流せる容量」という意味になります。したがってこの電池を100mAの電流で使うと10時間使えるということになります。

モータ駆動で大電流を必要とする場合や、時計などの電流は少なくても長時間動作をさせたいような場合には、電池の選択が重要といわれています。ではどうしてこのような選択が必要なのでしょうか。この理由を実験で確かめてみます。

■電池の放電特性

それぞれの電池を図4-1-1のような接続として、電子負荷を使って一定の電流を流し、テスタなどで電池の出力電圧を一定間隔で計測してグラフにします。このような特性グラフを「**放電特性***」と呼んでいます。

放電特性
電池が電気を供給するときの経過時間ごとの電圧をプロットしたもの。

ボタン電池以外はタブレットやパソコンなどの動作に必要な300mA以上という大電流の場合で試しています。計測結果は図4-1-2のようになりました。リチウムイオン電池以外は単三型を2個直列接続しています。

●図4-1-1 電池の電流容量の測定

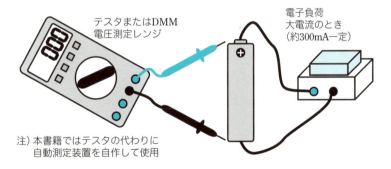

注）本書籍ではテスタの代わりに自動測定装置を自作して使用

この測定結果からすると、マンガン電池で大電流を流すとすぐ電圧が下がり、さらに時間とともに急速に電圧が下がっていきます。したがって**マンガン電池は、このような大電流負荷には向いていない**ということになります。

それ以外の電池はいずれもある期間ほぼ一定の電圧を保っています。電池の出力電圧はできる限り長時間同じ電圧であれば使いやすくなります。特に安定なのが**ニッケル水素電池**（eneloop*）で、モータなどの大電流で使うには最適な電池ということになります。**リチウムイオン電池**は単体で電圧が高くしかも軽量なので、ポータブル電子機器には最適です。

eneloop
三洋電機が開発したニッケル・水素充電池。現在はパナソニックブランドで発売されている。

●図 4-1-2　測定結果

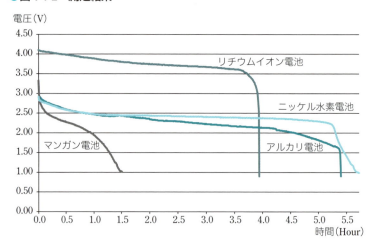

■コイン型電池 — 極小電流で使う

　CR2032などの**コイン型電池**はもともと大電流を流せないので、30mAと50mAで試してみました。測定結果が図4-1-3となります。この特性からすると30mAの場合でも急激に電圧が降下していて、わずか13分ほどで空になってしまっています。220mAhという容量からすると早すぎます。したがって30mAでも多すぎる使い方であることがわかります。

　この結果から、コイン型電池では多めの電流を流そうとすると急激に電圧が下がってしまいますし、容量も小さいのであっという間に電池が空になってしまいます。したがってコイン型電池は、多くの電流を流す用途には基本的に使えず、**1mA以下の極小電流で使うことが前提**ということがわかります。

●図 4-1-3　コイン型電池の放電特性

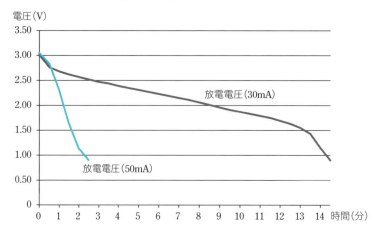

■なぜ出力電圧が下がる？ ― 内部抵抗

図4-1-2でわかるようにマンガン電池では大電流を流すとすぐ電池の出力電圧が下がってしまいます。これはなぜでしょうか？

これは、実は電池自身が持つ「内部抵抗*」という要素が関わっています。実際の電池を回路図で表すと図4-1-4のようになります。このように部品やデバイス内部の要素も含めて表現した回路のことを「等価回路*」と呼んでいます。

ここで現れる抵抗は電池自身が内部で持つ見かけ上の抵抗要素で、**内部抵抗**と呼ばれています。電流が流れるとこの抵抗により電圧降下を引き起こし、接続した時点で電池の出力端子での電圧が下がってしまうことになります。マンガン電池ではこの内部抵抗が大きく、その他の電池では小さいということになります。内部抵抗は電流に関わらずほぼ一定値なので、出力電圧は電流に比例して下がることになります。したがってマンガン電池は電流が少ない用途で使う必要があります。

> **内部抵抗**
> 伝導体自身が持つ抵抗で、ここでは電池の内部素子の抵抗の合成となる。
>
> **等価回路**
> 内部素子の機能や特性を抵抗、コンデンサ、コイルなどの基本素子に置き換えて表現したもの。

●図4-1-4 電池の等価回路

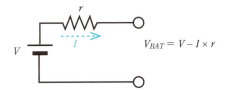

$V_{BAT} = V - I \times r$

4-1-2 直列接続と並列接続

ニッケル水素電池やアルカリ電池などの使い方では直列接続と並列接続があります。これは小学校で習うので、誰でも知っていることかと思います。しかし、実際の使い方で意外に知られていない危険が伴うことがあります。

❶ 4個の直列接続で1個だけ逆向きにすると電池が発熱

図4-1-5のように4個の電池を直列接続するような電池ボックスで、1個だけ逆向きにすると、スイッチをオンにしたとき、全体の電圧は下がりますが機器はふつうに動作するので気が付かないことがあります。この状態で長時間動作させると逆向きの電池が充電される動作になるため、充電電池でなく通常の電池の場合には**発熱して壊れることがあります**。このように4個の電池を直列で使う機器には、懐中電灯やおもちゃなど結構いろいろなものがあるので電池を交換する際には注意が必要です。

●図 4-1-5　4個の直列接続の場合

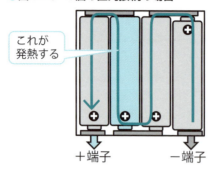

❷4個の電池の直並列接続で1個だけ逆向きにすると危険

　おもちゃなどで図4-1-6のように2個ずつ直列にして、それを2組並列に接続するような構成で使う場合があります。このとき1個だけ電池を逆向きに接続すると、スイッチのオンオフに無関係に常時逆向きの電流が流れ、電池が充電される動作になるため発熱し壊れることがあります。この場合スイッチに関係なく常時現象が継続するため、**かなり危険な状態となります。**

●図 4-1-6　2個ずつの直並列接続の場合

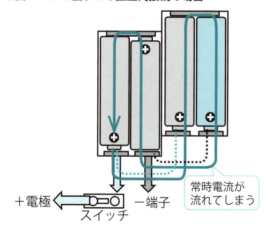

❸2個の並列接続で1個を逆向きに接続すると超危険

　図4-1-7のように2個の電池を並列接続する構成の場合で、電池を逆向きに接続すると2個の電池をショートすることになり、スイッチに関係なく常時大電流が流れるので、短時間で両方の電池がかなり発熱し壊れます。**非常に危険な状態です。**

●図4-1-7　2個の並列接続の場合

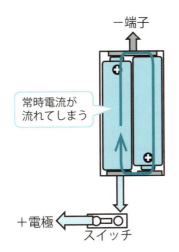

❹**電池を他の電子部品と一緒に保管していると危険**

　電池を他の金属製の電子部品などと一緒に保管していると、金属部品で電池をショートさせてしまって発熱することがあります。ポケットやバッグに鍵などと一緒に持っているときも同じような危険があります。

4-2 LEDの実験

自動点灯照明装置を製作するにあたり、照明として使う予定の発光ダイオード（LED）の特性を調べてみます。まずいくつかの種類の発光ダイオードを使って点灯実験をしてみましょう。

4-2-1 LEDを電池で点灯させる

> **LED**
> Light Emitting Diode。半導体ダイオードの一種で電流を流すと発光する。半導体材料の種類により発光色が異なる

小学校の実験で学んだ実験を基本にして、もう少し進めて、一般的な単3型のアルカリ電池と小型の赤色発光ダイオード（LED*）を使って実験してみます。

まず新品のアルカリ電池1個とLEDを図4-2-1（a）のように接続してみます。結果は点灯しないはずです。さらに図4-2-1（b）のように電池2個を直列に接続してみます。今度はLEDが明るく点灯したはずです。

小学校の実験では、LEDではなく電球で試したはずです。この場合には電池1個の場合でも2個の場合でも点灯し、明るさが変わるだけです。なぜLEDでは電池1個では点灯しないのでしょうか？

● 図4-2-1　電池でLEDを点灯させる実験

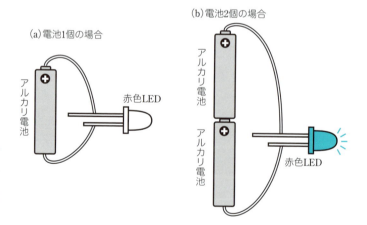

> **順方向電圧**
> ダイオードに電流が流れる方向（順方向という）に電圧を加えた場合、ダイオード自身で起きる電圧降下のこと。

> **データシート**
> 部品の特性と使い方を記述した説明書。各メーカが作成し公開している。

この原因はLEDの順方向電圧*という特性によるものです。LEDのデータシート*によると、LEDに加える電圧と流れる電流の関係は図4-2-2（a）のグラフのようになっています。

図4-2-2(a)の下側の図のようにLEDの順方向に電圧を加えると、図4-2-2(a)で示されたように1.7Vまでは全く電流が流れないのでLEDは点灯しません。電池1個の場合の電圧は1.5Vなので、この条件が当てはまりLEDは点灯しないわけです。

電圧が1.7V以上になると電流が流れはじめるのでLEDは点灯します。電流は電圧が上がると急激に増えます。LEDの明るさは図4-2-2(b)のグラフのように流れる電流に比例して明るくなるので、電圧を上げればどんどん明るくなっていきます。

しかし、ここで問題が発生します。明るくなると同時にLED内部の発熱も増えていきます。発熱量は、LED内部で起きる電圧降下(1.7V)と流れる電流を乗算したワット数になります。

電流が40mA以上の部分は図4-2-2(a)、(b)いずれのグラフも点線になっています。これはこれ以上の電流を流すとLED内部の発熱でLEDが耐えられなくなるので使えないことを示しています。40mAのときは1.7V×40mA＝68mW　の発熱があることになります。

● 図4-2-2　発光ダイオードの特性（東芝TLOU113P（F）データシートより）
(a) 順方向電圧　　　　　　　　(b) 電流と明るさ

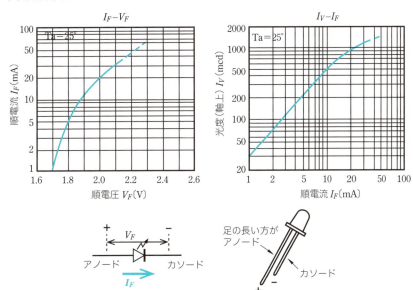

■ LEDは燃えるのか？ ― 燃えることがある

ここで一つ疑問が出ます。図4-2-1(b)の実験では、アルカリ電池2本の直列なので電圧は3Vのはずです。図4-2-2(a)から、3Vを加えたときにはグラフの右端を超えるはずなので、50mA以上流れて壊れてしまいそうです。

実際に接続したときの電圧と電流をテスタで計測してみると、約3Vで80mA程度流れています。しばらくそのままにしていると、電圧と電流はそのままですがLEDのリード線*が徐々に熱くなってきました。やはり発熱していることが確認できます。つまり、3V程度の電圧では発熱はしますが、すぐ壊れるまでには至らないということになります。

今度は実際にLEDを9VのACアダプタ*に直接接続してみました。結果は一瞬パッと光ったあと、すぐ消え、LEDのリード線が持てないほど熱くなり、樹脂が燃える臭いがしてきました。そのあとは光ることなく完全に壊れてしまいました。

このように、半導体部品の多くは「絶対最大定格*」という使用条件が定められていて、これを超えるとすぐ破壊に至ります。しかしそれ以下であれば、動作条件以上の状態としても発熱等の異常状態にはなりますが、すぐに壊れることはありません。

したがって電子工作で楽しんでいる間は、**発熱を感じたらすぐ電源をオフとすれば、多くの場合壊れる前に停めることができる**ので、それほど心配することはありません。原因を探し、直してから再度動作させれば正常に動作させることができます。

しかし、実際には発熱で内部の一部に傷が残り、長時間の動作後突然壊れてしまうということもあり得ます。このため、間違って動作条件を超えてしまう場合を除いて、**通常動作条件を超える使い方は避ける必要があります。**

図4-2-1 (b) の場合には、LEDに直列に100Ω程度の抵抗を挿入してLEDに流れる電流を制限する必要があることになります。

■たくさんのLEDを点灯させたい

次に複数のLEDを点灯させたい場合はどのようにすればよいでしょうか。そのためには、図4-2-3のような2通りの方法があります。

図4-2-3 (a) の方法は、複数のLEDを並列にして電源に接続する方法です。この場合、電流制限抵抗は個々のLEDに直列に挿入する必要があります。これはLEDの順方向電圧にばらつきがあるためで、図4-2-1 (b) のようにLEDだけを並列接続してまとめて1個の抵抗で電流制限しようとすると、順方向電圧のばらつきにより明るさが個々のLEDごとに大きく異なってしまいます。

実は、個々に抵抗を挿入してもわずかに明るさにばらつきが出ます。これが気になる場合は、図4-2-3 (c) のように抵抗の代わりに定電流ダイオードを使って、個々のLEDの電流が同じになるようにします。

この並列接続方法では駆動電圧は5V程度でよいのですが、流れる電流はLEDの個数倍になります。たくさんのLEDを点灯させる場合には大電流が必要になってしまうので、あまり得策の接続方法ではありません。

リード線
電子部品を電気的に接続するための線材部分。

ACアダプタ
ACコンセントに直接接続すると直流電圧が得られる電源装置。

絶対最大定格
これ以上の条件とすると壊れるという規格。

●図4-2-3　複数のLEDの並列接続方法

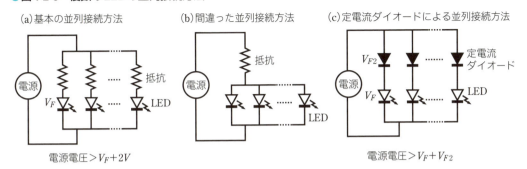

もう一つの接続方法は図4-2-4(a)のように直列に接続する方法です。この場合には抵抗または定電流ダイオードが1個で済むので部品点数は大幅に少なくなります。さらにどのLEDにも同じ電流が流れますから、明るさのばらつきも少なくなります。その代わり、駆動電圧が順方向電圧のLEDの個数倍となるので、高い電圧を必要とすることになります。

並列と直列いずれも一長一短があります。LEDの個数が多い場合には、図4-2-4(b)のように直列と並列両方を組みあわせて、供給可能な電圧と電流に合わせて使います。

●図4-2-4　複数個のLEDの直列接続

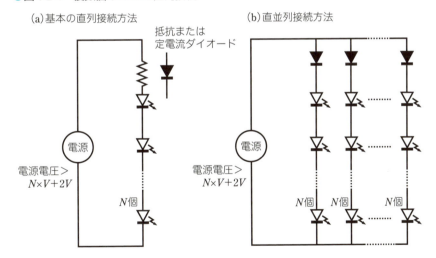

4-2-2　小型LEDと照明用LEDの差異

LEDの基本特性の次は、照明用LEDを調べてみましょう。

図4-2-1で実験したような小型のLEDの場合と、写真4-2-1上側のような照明に使うLEDとは、何が違うのでしょうか。

まず形状が全く異なっています。照明用LEDは大型のアルミ基板[*]に固定されていて、効率的に放熱できるようになっています。

> **アルミ基板**
> 電子部品やプリント基板をアルミ板に絶縁層で絶縁して接着したもの。全体の放熱が直接できるので効率が良い。

● 写真4-2-1　照明用LEDの例

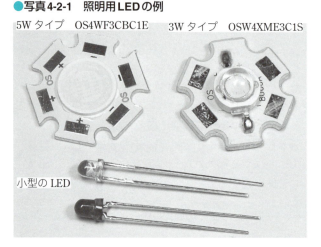

> **データシート**
> メーカが提供する部品の使い方や規格をまとめた文書。

ではなぜ放熱が必要なのでしょうか。それにはデータシート[*]をチェックする必要があります。例えば3Wタイプの白色LEDであるOSW4XME3C15のデータシートを見ると図4-2-5のようになっています。

まず順方向電圧は4V程度になりますが、これは小型の赤色LEDよりは高い電圧ですが、小型の青色や緑色のLEDと比べた場合はやや高いくらいです。しかし特徴的なのは、順方向電流が最大700mAまで流せることです。小型の赤色LEDは数十mAまででした。このような**大電流を流せるところが照明用LEDの大きな特徴**です。LEDの明るさは電流に比例しますから、照明用LEDはこの大電流によって直接見ると危険なほどの明るさで光らせることができるようになります。

しかし、700mAの順方向電流を流したとき順方向電圧が4Vとすると、4V×0.7A＝2.8Wの消費電力ということになり、これがほぼすべて熱になります。第2章の電源のレギュレータの発熱データを参考にすれば、相当の発熱をすることが推測されます。この熱を効率良く放熱するために、写真4-2-1のようなアルミ基板の上に実装されているのです。

> **放熱器**
> 効率良く放熱できるようにフィン形状にしたアルミ材。

また図4-2-5（b）のグラフを見ると、放熱器[*]を付けた場合に使用可能な周囲

温度と電流値が規定されています。これによれば、最も小さな放熱器（30℃/W）の場合に、周囲温度が50℃まで使うとすると約600mAが限度ということになります。

● 図4-2-5　照明用LEDのデータシート例（OptoSupply社資料より）

(a) 電気的規格

絶対最大定格
・順方向電流　：800mA(DC)、1A(パルス)
・逆耐圧　　　：5V
・許容電力　　：3.2W
・動作温度範囲：−30〜+85℃

項目	Min	Typ	Max	条件
順方向電圧	3.0V	3.3V	4.0V	$I_F=350\mathrm{mA}$
	3.5V	3.8V	4.5V	$I_F=700\mathrm{mA}$
明るさ	180 lm	200 lm		$I_F=700\mathrm{mA}$
色温度	5500K	6500K	8000K	$I_F=700\mathrm{mA}$

(b) 順方向電流と消費電力

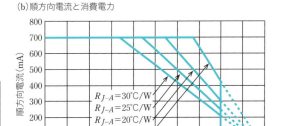

それでは実際に照明用LEDを使ってみましょう。上記のデータシートの3Wタイプの白色LEDを使うことにします。

データシートでは、端子が図4-2-6のように+と−の記号で表記されています。実際のLEDにも写真4-2-1のように小さな文字で表記されているので、これにしたがって電圧を加えます。もちろん電流を制限するための抵抗を直列に挿入する必要があります。

使う電源を5Vとし、流す電流をとりあえず100mAとすると、順方向電圧が最低の3Vの場合、抵抗には5V−3V＝2Vの電圧が加わります。ここに100mAの電流を流すには20Ωの抵抗が必要で、消費電力は2V×0.1A＝0.2Wということになるので、1Wクラスの抵抗を使う必要があります。

● 図4-2-6　白色LEDの端子と駆動回路

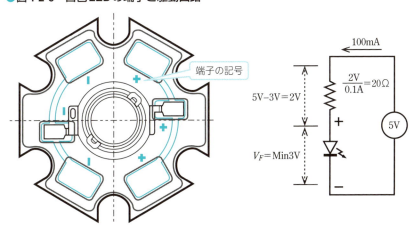

■照明用LEDの電流と発熱の実験

> 第2章の実験用電源
> 3V～10Vで1Aまで出力可能。

　このLEDを第2章で製作した実験用電源*で点灯させた場合の明るさを実際に確認してみました。100mAでも直接見るとしばらく目がくらむ状態になってしまうので、みなさんが実験するときは、**直視しないように気を付けてください**。

　LEDを照明として部屋を照らしたときの明るさを実際に試してみると、電流を100mAから増やすと徐々に明るさが増していきます。しかし400mAほどを超えると、あまり明るさの変化を感じなくなりました。

　次に、放熱器なしでどれくらいの電流まで流せるか実際に計測してみました。放熱器なしの状態で順方向電流を順に増加させ、それぞれの場合の温度上昇を計測してみました。結果が図4-2-7となります。500mAではもう直接触ることはできません。

　この結果からすると、放熱器なしでは、200mAから300mA程度が長時間使う場合の限界かと思われます。

●図4-2-7　照明用LEDの発熱グラフ

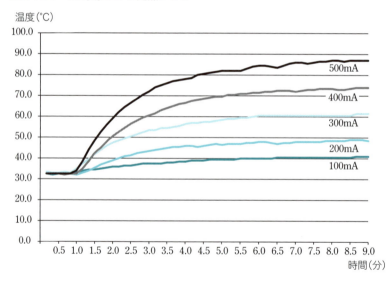

　これで3Wクラスの白色照明用LEDは、電圧は5V以上で、電流は200mAから300mA程度流せば十分明るい照明として放熱器なしでも長時間使えることがわかりました。本章ではこの条件で照明用LEDを使うことにします。

4-3 明るさセンサ（Cds、フォトセンサ）の使い方

Cds
硫化カドミウムセル。
当たる光の量によって
抵抗値（伝導度）が変
化する性質を持つ。

フォトセンサ
光を検出できる半導体
と増幅回路を組み合わ
せた専用IC。

照明用LEDが理解できたところで、次は明るさをどうやって検出し、その結果でどのように照明用LEDを制御するかを考えます。

まず明るさを簡単に検出するセンサとして代表的なものには、Cds*とフォトセンサ*があります。それぞれについて特徴と使い方を調べてみます。

4-3-1 Cds

光電効果
物質に光を当てたとき
中の電子が飛び出てく
る現象のこと。

光導電素子
Photoconductor。光を
当てたとき電気伝導度
が増加する素子のこと。

波長
空間を伝わる波（波動）
が持つ周期的な長さの
こと。光も波動とされ
可視光線は380nmか
ら750nmの波長とさ
れている。

Cdsは硫化カドミウムの光電効果*を用いたセンサで、光の明るさにより電気抵抗が変化する光導電素子*です。もともとは紫外線から赤外線まで広い波長*の範囲の光に反応しますが、センサとしては特に可視光によく反応するように作られています。

最近では半導体のフォトセンサに置き換えられつつありますが、高感度で安価という特徴から、街灯の昼夜判別など多くの製品で現在も使われています。Cdsは応答速度が遅いので、比較的ゆっくり変化する光のセンサとして使われています。

外観は写真4-3-1のようになっていて、大きさもいくつか種類があります。上面に見える曲線状の部分がCdsの素子そのものです。

●写真4-3-1　Cdsの外観

Cdsの特性についてはあまり明確なデータはなく製品によって値は多少変わりますが、1ルックス以下の真っ暗なとき数百kΩ以上、10ルックスで数

十kΩ、100ルックスで数kΩ程度となります。グラフにするとおよそ図4-3-1のようになり、両対数で表すとだいたい比例します。

図中の規格データのように、Cdsの光の波長に対する感度は、最大感度波長が550nm前後となっているので可視光[*]が中心です。また動作の立ち上がり、立ち下がり[*]がいずれも数十msecという時間がかかるため、反応としては遅いものとなります。

> **可視光**
> 光の波長が380nmから750nmの範囲で、目で見える光として定義された光。
>
> **立ち上がり・立ち下がり**
> 通常信号のLowからHighを立ち上がり、HighからLowを立ち下がりと呼ぶが、ここでは抵抗値変化のことを示す。

●図4-3-1 Cdsセンサの特性

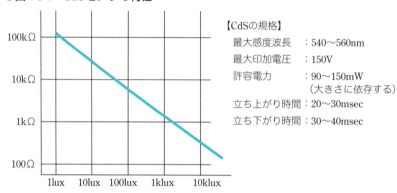

【CdSの規格】
最大感度波長　：540〜560nm
最大印加電圧　：150V
許容電力　　　：90〜150mW
　　　　　　　（大きさに依存する）
立ち上がり時間：20〜30msec
立ち下がり時間：30〜40msec

Cdsの実際の使い方は、図4-3-2のように分圧抵抗として使います。つまり電源とグランドとの間に抵抗RとCdsを直列に接続し、Cdsと抵抗の接続部から出力電圧として取り出します。このときの出力電圧は、図4-3-2のグラフのように照度に反比例した値となります。このようにCdsは抵抗と同じなので、高い電圧を加えて大電流を流さなければ壊れる心配がないので安心して使えます。コンデンサCの役割は、信号に含まれるノイズの低減をすることです。

●図4-3-2 Cdsの接続例

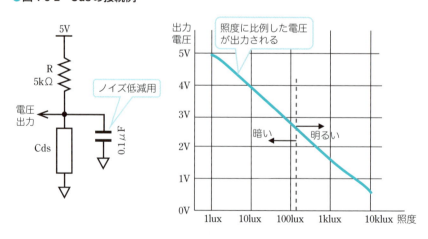

4-3-2 フォトセンサ

フォトダイオード
ダイオードのジャンクション部に光を当てると電流特性が変わることを利用している。

Cdsは古くから使われている光センサですが、最近は半導体を使ったフォトセンサに置き換わっています。感度もよく高速応答できます。

フォトセンサの例として、浜松フォトニクス社製のフォトダイオード* 「S9648-100」という素子があります。名前のとおり光を検知するダイオードを使ったもので、内部には増幅器も一緒に集積されているICです。

このS9648-100の外観と内部構成、仕様は図4-3-3のようになっています。外観は透明なLEDと同じ形状ですが、内部構成からわかるようにセンサと一緒に分光特性*の補正用のセンサと出力アンプも内蔵されていて、出力特性を補正しています。

分光特性
光の波長により特性が異なること。

●図4-3-3 S9648-100の外観と仕様（データシートより）

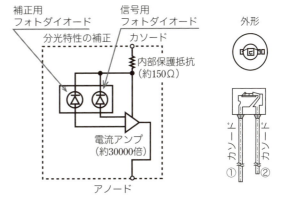

【電気的仕様】
絶対最大定格
・順方向電流　　：5mA
・逆耐圧　　　　：12V
・許容電力　　　：250mW
・動作温度範囲　：−30〜+80℃
動作定格
・感度波長範囲　：300〜820nm
・最大感度波長　：560nm
・光電流　　　　：Typ. 0.26mA
・上昇応答時間　：6msec
・下降応答時間　：2.5msec

光電流
光の強さに依存する電流のこと。

このセンサの明るさと光電流*の関係は、内部補正回路のおかげで図4-3-4のように両対数できれいに比例しています。Cdsではだいたいの明るさを検知することしかできませんが、このフォトセンサを使えば確実に明るさを計測できます。

このフォトダイオードを実際に使う場合には、出力が電流なので図4-3-5に示したように直列に抵抗を挿入して電源に接続するだけです。Cdsとほぼ同じ回路構成となります。

この回路で図4-3-4の特性表から出力電圧が直接得られます。つまり明るさによりフォトダイオードに流れる電流が変化しますから、抵抗での電圧降下がその電流で変化することになります。例えば抵抗を3.3kΩとすれば、図3-4-5のグラフのような特性が得られることになります。片対数グラフですので曲線になっています。この電圧は抵抗の値で上下に可変できますから、明るいか暗いかの判定場所の電圧を抵抗で制御できます。ここでコンデンサが追加されていますが、このコンデンサの役割は出力のノイズを低減することです。

フォトダイオードは一般のダイオードと同様に向きがあります。逆向きに接続すると熱くなるので注意してください。12V以上の電圧でなければ壊れることはありません。

● 図4-3-4　S9648-100の入出力特性（データシートより）

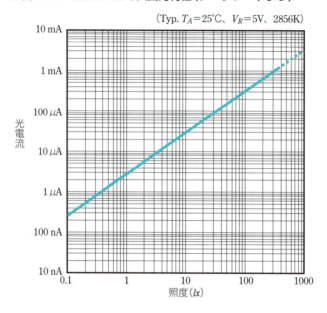

● 図4-3-5　S9648-100の使い方と特性

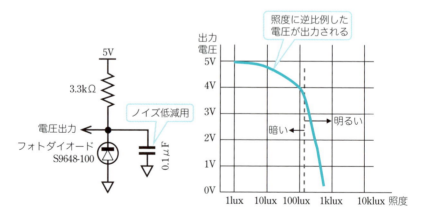

　Cdsもフォトセンサもいずれもその特性から、単純に電圧を計測すれば暗いか明るいかの判定が簡単にできる便利なセンサということになります。
　この特性を使えば電圧で制御をすることを考えればよくなるので、電子回路だけで制御は何とかなりそうです。

4-4 制御回路の設計と組み立て

照明用LEDとフォトセンサの特性が理解できたところで、これらを組み合わせて実際の照明制御を行う回路を考え組み立ててみます。この方法には多くの方法があるので、実際に試しながら進めます。

照明用LEDをオンオフ制御するための素子を考えてみます。照明用LEDの制御に必要なのは、数Vで数百mA程度の直流電気をオンオフすることです。このような電気を制御できる素子として、リレー*とトランジスタがあります。またトランジスタには接合型トランジスタ*とMOSFETトランジスタ*があります。

この3種類の制御素子で実際に回路を考えてみます。

リレー
電磁石とメカニカルスイッチを組み合わせたスイッチの一種。

接合型トランジスタ
NPNまたはPNPの半導体の接合を使ったトランジスタのこと。

MOSFETトランジスタ
MOS構造の電界効果トランジスタ(FET)。

4-4-1 リレーによる制御回路

まずリレーからです。リレーとは、図4-4-1左側のような構造で、電磁石用コイルと接点で構成されています。接点は復帰ばねで引っ張られていて常時離れています。コイルに電気を流すと電磁石となり、接点の鉄片が電磁石に吸い寄せられるため接点が接触し接点が通電するという動作となります。コイルの電気がなくなれば、接点は復帰ばねでもとに戻るので離れて通電は解除されます。

●図4-4-1 リレーの原理図(OMRONテクニカルガイドより)

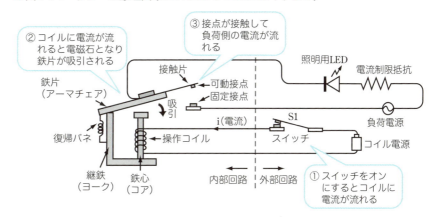

許容電流
流してもよい電流の最大値。

このようなリレーには、コイルの定格電圧や接点の許容電流*などによって非常に多くの種類があります。今回必要なリレーの選択条件は、制御用電源5Vで動作し0.3A以上の直流の切り替えができて小型であるということになります。接点の許容電流は余裕を持たせないとオンオフを繰り返している間に接点が劣化してしまうので、1A以上のものを選択します。

これらの条件で選択したリレーは、図4-4-2のようなOMRON社製の小型のもので型番がG5V-2というものです。図のようにc接点*が2回路入っていて最大DC30Vで2Aのオンオフができます。

c接点
オンする接点とオフする接点が対になっている接点のこと。

●図4-4-2　G5V-2リレーの外観と仕様（データシートより）

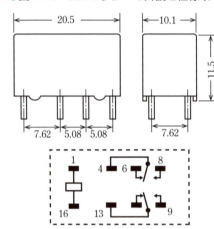

コイル定格
・定格電圧　　：5V
・定格電流　　：100mA
　　　　　　　（コイル抵抗 50Ω）
接点定格
・定格負荷　　：AC125V 0.5A
　　　　　　　DC30V 2A
・電圧最大値　：AC125V、DC125V
・最大電流　　：2A
・構成　　　　：2c（2回路）

ここで検討課題があります。このリレーを動かすためにはコイルに5Vで100mAを流す必要があります。この値は照明用LEDと大して変わりがありません。照明用LEDを制御するためにこのリレーを間に挿入するのは無駄になるだけです。したがって今回はリレーを使わないことにします。

このようなリレーを使うのが便利なのは、制御回路と大きく異なる電圧をオンオフする必要がある場合などです。例えば照明用LEDをDC24Vで駆動しなければならないようなとき、5Vで動作する制御回路から制御する場合には便利に使えます。

4-4-2　接合型トランジスタによる制御

NPN型
N型半導体とP型半導体の組み合わせがNPNの順になっている半導体のこと。

次にトランジスタで制御する方法を考えてみます。まず接合型トランジスタの場合です。使うのはNPN型*の2SDタイプか2SCタイプとなります。この場合図4-4-3のようにトランジスタのベースに電流（I_B）を流すとコレクタ、エミッタ間にコレクタ電流（I_C）が流れ、その電流の大きさは、トランジスタ

の電流増幅率*(h_{FE})倍された値となります。一般的なトランジスタで電流増幅率は100倍以上あるので、例えば300mAのコレクタ電流を流すためには、ベース電流を3mA以上流せばよいことになります。

電流増幅率
トランジスタの特性を表す指標で、ベース電流で制御できるコレクタ電流の倍率を表す。

● 図4-4-3　トランジスタの基本動作

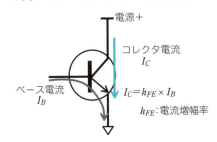

トランジスタにも非常に多くの種類がありますが、低周波増幅用で1A以上のコレクタ電流を流せるものという条件で選択します。今回選んだのは、2SD1828というトランジスタで、外観と仕様は図4-4-4のようになっています。このトランジスタはダーリントン接続*といって図4-4-4の内部構成図のように2個のトランジスタの2段の増幅回路で構成されています。このため電流増幅率は標準で4000倍という非常に大きな値となっています。このため、ほんのわずかなベース電流で大きなコレクタ電流を制御できます。

ダーリントン接続
複数のトランジスタのコレクタ同士を接続し、1段目のエミッタと2段目のベースを接続したもの。電流増幅率が2個のトランジスタの電流増幅率を乗算した値になるため非常に大きな電流増幅率となる。

● 図4-4-4　トランジスタ 2SD1828の外観と仕様（データシートより）

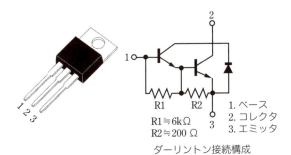

このトランジスタを使えば、単純にベース飽和電圧*である2.0V以上の電圧で$300mA \div 4000 \fallingdotseq 0.8\mu A$以上のベース電流を流せば、300mAのコレクタ電流を制御できることになります。

実際に照明用LEDを制御するためには、図4-4-5のように接続すればよいことになります。このときの各部の電圧を確認すると、2SD1828の飽和コレクタ電圧*がTyp* 0.9V、照明用LEDの順方向電圧が300mAの順方向電流のときTyp 3.3Vとなります。

ベース飽和電圧
確実にトランジスタをオンにできる電圧のこと。

飽和コレクタ電圧
オンになった場合の最低電圧のこと。

Typ
typical。標準値。

この条件で電流制限用抵抗の値を決めます。電源として5Vを使うことにすると、(5V−3.3V−0.9V)÷0.3A≒3Ωですので、3Ωを使います。抵抗の消費電力は(5V−3.3V−0.9V)×0.3A＝0.24Wとなるので、余裕をみて1Wか2Wの抵抗を使います。

●図4-4-5　照明用LEDの制御回路

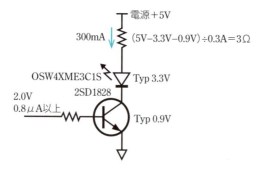

■自動点灯の回路

次に自動点灯のための回路を考えると、一番簡単で動きそうな回路が図4-4-6となります。この回路でのCdsの出力電圧A点の電圧は前章の図4-3-2のようになるはずなので、暗いとき2V以上になり、トランジスタをオンにすることができるはずです。つまり、暗くなってフォトセンサの抵抗が大きくなり、ベース電圧が2.0V以上になればベースに電流が流れてトランジスタがオンになり点灯するはずです。

ここで10kΩの抵抗はベースに流れる電流を制限するものです。ベースとエミッタ間は単純なダイオードと同じなので、この抵抗がないといくらでも電流が流れ、A点の電圧が変化しなくなってしまいます。このため10kΩの抵抗で電流を制限します。

●図4-4-6　接合型トランジスタによる自動点灯回路

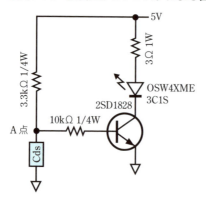

4-4 制御回路の設計と組み立て

■接合型トランジスタによる試作実験

　実際にブレッドボードに組み立てて実験してみました。電源には第2章で製作した実験用電源を使います。組み立て実験中の状態が写真4-4-1となります。

●写真4-4-1　組み立て実験中の状態

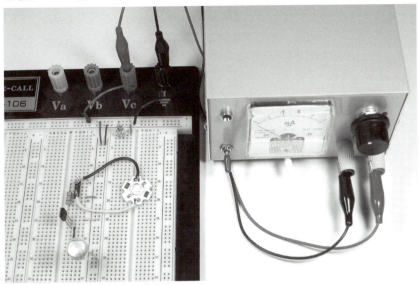

　この実験の動作結果は、暗くなると確かに点灯しますが、オンオフ動作にはならず、暗さに応じて連続的にLEDの明るさが変化する動作になってしまいました。
　この原因はトランジスタのベース電流が3.3kΩの抵抗経由で流れることによってCdsの電圧が変化してしまうためです。つまり暗くなってA点の電圧が上がるとベース電流が増えて、A点の電圧を下げてしまうという逆の動作になり、どこかでバランスが取れて安定するという動作になってしまうためです。したがってこれでは当初のオンオフ動作はできず、失敗ということになってしまいました。
　この回路にはもう一つ問題があります。それはトランジスタの発熱の問題です。このトランジスタがオンの状態では$0.9V \times 0.3A = 0.27W$の発熱となります。トランジスタ単体ではこの発熱量ではかなり熱くなってしまうので放熱が必要になります。

4-4-3 MOSFETによる制御回路

接合型トランジスタではベース電流が流れて邪魔されるため、動作が期待通りのオンオフ動作にはできませんでした。ではFETを使えばゲートは電圧だけで制御できますから、うまくいくのではないでしょうか。

FETの中でスイッチ用として使われるものに**MOSFETトランジスタ**があります。特徴はオン抵抗が低いことと、ゲートに加える電圧だけでドレイン電流が制御できることです。代表的なMOSFETトランジスタに「2SK2796」があります。このMOSFETの仕様と特性は図4-4-7のようになっています。

●図4-4-7　2SK2796の特性（データシートより）

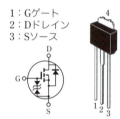
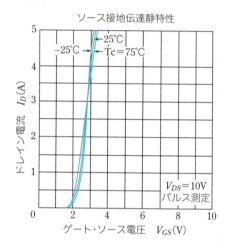

1：Gゲート
2：Dドレイン
3：Sソース

最大定格
・ドレインソース間電圧　：60V
・ドレイン電流　　　　　：20A
・全損失　　　　　　　　：20W

動作定格
・ゲートソース遮断電圧　：1.0V～2.0V
・ドレインソースオン抵抗：Typ 0.12Ω
・ターンオン時間　　　　：9nsec

図4-4-7の特性図を見ると、ゲート・ソース間電圧が2V以下ではドレイン電流はほぼゼロとなっていますが、2Vを超えると急激にドレイン電流が流れるようになります。この特性を使えばうまくオンオフ制御ができるのではないでしょうか。実際に図4-4-8の回路で試してみました。

回路中の固定抵抗は、オンオフする明るさを調整できるようにするために可変抵抗に置き換えました。これでA点の電圧を調整して、点灯する明るさを可変することができるはずです。

またMOSFETのオン抵抗が0.12Ωなので、300mA流れたとき0.036Vの電圧降下になります。したがって抵抗には（5V−3.3V−0.036V）の電圧が加わることになるので、抵抗値は（5V−3.3V−0.036）÷0.3A ≒ 6Ωとなり標準抵抗値の5Ωとすればよいことになります。抵抗での発熱は1.7V×0.3A = 0.5Wとなるので余裕を見て2Wの抵抗を使います。逆にMOSFETでの消費電力は、0.036V×0.3A = 0.01WなのでMOSFETが発熱することはありません。

● 図4-4-8　MOSFETの実験回路

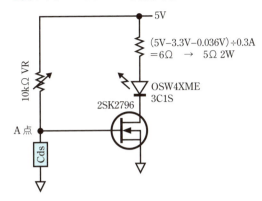

　この実験の結果は良好で、期待通り周囲が暗くなると急に明るく点灯し、周囲が明るくなると完全に消灯します。それでも、この明るさの変化の中間のときわずかに光る状態となります。つまり一点で切り替わる完全なオンオフにはなりませんでした。とはいえ可変抵抗で切り替わる明るさを調整すれば、これでも十分実用になります。

　一つだけ注意することがあります。それは暗くなって照明用LEDが点灯したとき周囲が明るくなるので、これでCdsが反応しないようにLEDの光を遮る必要があります。LEDが点灯したときCdsが明るさを検知してしまうと照明用LEDが完全には点灯せず、中途半端な光り方になってしまいます。

4-4-4　コンパレータを追加する

コンパレータ
2つの入力の電圧差で出力のHigh/Lowが切り替わるアナログ素子。

論理
この場合、デジタル回路の0と1またはHighとLowのこと。

　MOSFETでも完全なオンオフ動作にはならなかったので、これを何とかしましょう。これにはコンパレータ*を追加すると簡単にできます。コンパレータは二つのアナログ信号入力の電圧を比較して、＋側の入力電圧のほうが高い場合には出力がHighとなり、低い場合はLowとなる動作をします。

　図4-4-8のMOSFETの回路にコンパレータを追加して図4-4-9の回路とします。コンパレータにより論理*が反転するので、Cdsと抵抗の位置が入れ替わっています。ここでの可変抵抗も、明るさを検知するレベルを可変にしてオンオフが切り替わる明るさを調整できるようにしています。

　この回路の動作結果は期待通りで、調整で決めた1点でオンとオフが切り替わります。しかし、これが1点であるため、暗くなって照明用LEDが点灯した直後に周囲の明るさが明るくなるためすぐオフになってしまいます。このため、点灯と消灯をチカチカと繰り返してしまいます。

●図4-4-9 コンパレータを追加した回路

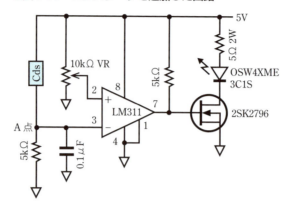

■改良実験

　このような明暗の判定を安定に行うためには、図4-4-10のように照明の点灯時と消灯時で判定の境界（**スレッショルド**＊）を変える必要があります。いったん暗と判定し照明を点灯したら、スレッショルドを明るい方に少しずらします。逆にLEDを消灯したらスレッショルドを元に戻します。こうすれば判定がバタつく心配はなくなります。このようにスレッショルドを移動させることを、**ヒステリシス**＊を持たせるといいます。

　このスレッショルド値は設置場所によって異なるので、可変できるようにして場所ごとに調整できるようにする必要があります。

●図4-4-10 スレッショルドの変更による判定の安定化

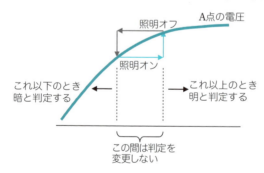

　図4-4-9のコンパレータ回路にヒステリシス特性を加えた回路が図4-4-11となります。10kΩの抵抗を1本追加しただけです。このようにコンパレータの出力を＋入力に**正帰還**＊すると、暗くなったとき出力が5Vでトランジスタをオンとしています。このときコンパレータの＋ピンに5Vの電圧が一部加えられてスレッショルドがより高くなるので、明るさの検出がより明るい方向に

> **スレッショルド**
> High、Lowの判定などの境目となる閾値のこと。

> **ヒステリシス**
> オンオフの判定などの閾値に幅を持たせること。

> **正帰還**
> 入力と同じ極性の出力を加えること。入力と出力の比が1以上になると発振する。

なります。これで照明点灯により周囲が明るくなっても明るいとは判定しにくくなります。

　照明がオフのときにはコンパレータの出力が0Vなので、これが＋ピンに一部加えられてスレッショルドが下がり、元に戻ります。ここを明るさ判定の基準とします。

　これでヒステリシス特性を持たせることができます。どれくらいのヒステリシス電圧かは、10kΩの抵抗と可変抵抗で決まります。したがって、スレッショルド電圧を変えるとヒステリシス電圧も変わることになりますが、動作上は特に問題にはならないでしょう。

● 図4-4-11　ヒステリシスを加えた回路

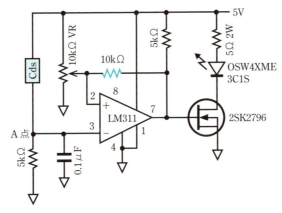

　実際に実験してみました。今度はきれいにオンオフ動作し、LED照明が点灯しても直接Cdsに光が当たらなければ消灯することもなく、安定な動作となることが確認できました。またフォトダイオードでも同じ回路で正常に動作します。フォトダイオードの方は透明樹脂製になっているので、LEDの光の遮光がより重要です。

4-5 調整方法とトラブルと対策

これで、明るさセンサを使った自動点灯照明装置の回路が完成したことになります。実際にはこれをケース*に実装したりして組み込むことになります。ケースに組み込む場合には、直接LED照明の光がCdsに当たると正常動作しなかったり、LED照明が暗くなったりすることがあるので何らかの遮光が必要です。

図4-4-11の回路の調整は次の手順で行います。

①電源をオンにしてからフォトセンサに光を当て、LEDが消灯するようにします。
②フォトセンサを影にして暗くし、LEDが完全に点灯するように調整します。この場合電源の電流計で電流を計測して300mA程度流れることを確認します。電流が少ない場合は、フォトセンサに光が漏れている可能性があります。

これを数回繰り返してちょうどきれいにオンオフが切り替わるようにします。フォトセンサに当てる光の強さは、実際に設置する場所で試すと確実です。

この調整はCdsのほうが確実にできます。CdsはLEDと向きを反対にするだけで遮光ができますが、フォトダイオードは透明樹脂製のせいで光が漏れてしまうためと思われます。対策としては黒い収縮チューブ*などでフォトダイオードの周囲を覆えば遮光ができますし、指向性*も出るので調整がしやすくなります。

■動作しないときは

図4-4-11の回路で動作しない場合の原因追究と対策は次のようにします。チェックの最初にテスタで電源を確認しておきます。

❶トランジスタの不具合

MOSFETの場合、配線が正しければ、ゲートピンに2V以上の電圧を加えれば点灯します。これで点灯しない場合はMOSFETが壊れています。

❷フォトセンサの不具合

フォトセンサの代わりに20kΩ以上の抵抗を接続すれば点灯するはずです。抵抗で点灯してフォトセンサで点灯しない場合には、フォトセンサが壊れています。またフォトダイオードの場合には逆向きになっている可能性があります。

ケース
この装置のケースには遮光性のあるものが適している。

収縮チューブ
熱を加えると縮む特性を持った樹脂でできたチューブで、ここでは熱を加えないで使う。

指向性
特定の方向からの光だけに反応すること。

❸ コンパレータの不具合

　①のチェックで点灯し、②のチェックで点灯しない場合には、コンパレータ周りの動作が正常ではない可能性があります。配線を確認し、正常である場合にはテスタで電圧を計測します。

　まず電源ピンとグランドピンの電圧を確認します。電源とグランドを逆に接続するとコンパレータは壊れるので要注意です。

　＋入力ピンは可変抵抗を回したとき電圧が変化すれば正常です。

　−入力ピンはフォトセンサに光を当てたり影にしたりしたとき電圧が変化すれば正常です。

　出力ピンは②の状態で可変抵抗を回したときどこかで変化すれば正常です。

　これらの動作確認をすれば間違いなく動作するはずです。

第5章
ステレオアンプの製作

　本章では、スピーカを駆動できるステレオアンプを製作します。第3章で製作したAMラジオやFMラジオを、スピーカで聴くことができるようにします。
　この中で電力増幅の方法を学習します。
　組み立てはユニバーサル基板でハンダ付けにより行います。部品点数が少ないので、初めての方でも組み立てできると思います。

5-1 ステレオアンプの概要

本章ではスピーカを鳴らせるステレオアンプを製作します。第3章で製作したAMラジオやFMラジオはイヤホンまでは鳴らせますが、スピーカを接続しても音が小さ過ぎて実用にはなりません。

そこでスピーカアンプ用に作られたオーディオアンプICを使い、ラジオの出力を大電力の出力に増幅してスピーカを駆動します。簡単な回路ですが、単3電池4本かACアダプタで結構大きな音で聴くことができます。今回はユニバーサル基板*を使ってハンダ付けで作ります。写真5-1-1が完成したステレオアンプの外観です。

ユニバーサル基板
穴があらかじめ等間隔で開けられている基板で、穴の周りに銅箔があって部品をハンダ付けできるようになっている。

●写真5-1-1　ステレオアンプの完成写真

5-1-1　電力増幅とは

音を鳴らせる機器に必要な電力を調べてみましょう。代表的なものは表5-1-1のようになっています。

音圧レベル*というのは、スピーカの場合は1Wで駆動したときのスピーカの前面から1m離れた位置の音圧値で、ヘッドフォンの場合は耳に密着した状態で、1mWで駆動したときの音圧値です。一般的に80dB*以上あればうるさいくらいの音と感じられるので、80dB以上あれば十分の音量といえます。

音圧レベル
音が空気を押す力で、デシベルで表現する。騒音計などで計測できる。

デシベル
最小の音圧を20μPa（パスカル）と決めて、その倍数xをデシベル（20logx）で表現する。80dBのときのxは10000。

▼表5-1-1　音響機器の駆動電力

機器名	ヘッドフォン	スピーカ
音圧レベル	100dB以上（1mW）	80dB以上（1W）
実用的な駆動電力	1mWで十分な音量	1Wで十分な音量
インピーダンス	16Ω、32Ω、47Ω、75Ω	4Ω、8Ω、16Ω
駆動電圧（$E=\sqrt{W*R}$）	$\sqrt{1mW \times 32\Omega} = 0.18V$	$\sqrt{1W \times 8\Omega} = 2.8V$
駆動電流	1mW ÷ 0.18V = 5.6mA	1W ÷ 2.8V = 357mA

　この表から、ヘッドフォンを駆動するためには1mW、スピーカを駆動するためには1W程度の電力が必要です。1Wで駆動するために必要な電流と電圧はどの程度になるかを考えてみます。

　表5-1-1のように通常のスピーカの内部抵抗は4Ωから16Ω程度となっているので、例えば8Ωのスピーカを1Wで駆動するのに必要な電圧は、オームの法則を使って、$W = IE = E^2/R$から$E = \sqrt{W \times R}$なので、電圧$E = \sqrt{1W \times 8\Omega} = 2.8V$となり、電流は、$I = W/E$なので、電流$I$ = 1W÷2.8V = 357mAとなります。

　図3-4-2のFMラジオのデータシートを見てみると、オーディオ出力は負荷抵抗が10kΩ以上で80mVとなっています。これをオームの法則から電力に変換すると$W = E^2/R = (0.08 \times 0.08) ÷ 10k\Omega = 0.064mW$　となります。1mWからはかなり小さな値ですが、イヤホンでは十分聴けました。

　このようにスピーカを駆動するためには、電圧と電流の両方を増幅する必要があります。電圧と電流の両方つまり電力を大きくすることを「電力増幅」するといいます。この電力増幅機能をもつ使いやすい素子にオーディオアンプICがあるので、これを使ってスピーカ用の電力増幅器（アンプ）を作ります。今回はFMステレオが聴けるようステレオアンプとして製作します。

5-1-2　オーディオアンプICの概要

　オーディオアンプICの内部はもちろんトランジスタで構成されていますが、出力トランジスタが大電流を駆動できるようになっています。

　またオーディオアンプには、回路方式によりアナログ方式とデジタル方式（Dクラス*ともいう）があります。今回の製作ではデジタル方式を使うと、出力のデジタルパルスによりFMラジオに大きなノイズがのってラジオが聴けなくなることがあるので、アナログ方式のアンプを使うことにしました。

　このような目的に使用可能なアナログ方式のオーディオアンプICには多くの種類があり、出力可能な電力にも数Wから数十Wと幅広い範囲のものがあります。

　今回はあまり大きな電力のものを使うと電源も大きなものが必要になって

Dクラス
デジタル信号のパルス幅で音声信号とする方法。出力にローパスフィルタが必要。

しまうので、数W以下のものを使うことにします。このような条件で選択すると、多くのICが8ピンから20ピンという小さなものとなります。

これらの中からもっとも簡単な回路で構成できるものを選択しました。選択したのは、旧Phillips Semiconductors製の「TDA7052B」というもので、用途は「Mono BTL audio amplifier with DC volume control」となっています。つまり、モノラル用の直接スピーカ駆動（BTL*）のオーディオアンプで、DC信号で音量制御ができ、テレビやパソコン用モニタ、ポータブルラジオなどの1Wの音声出力用となっています。

このICは8ピンでピン配置とピンの機能は図5-1-1のようになっています。8ピンのDIP*タイプのパッケージですので小型です。

> **BTL**
> Bridged Transformer Less。スピーカを直結でき出力コンデンサが不要にできる回路構成のこと。
>
> **DIP**
> Duial In-Line。0.1インチ間隔でピンが並び、それが2列になっているパッケージの形状のこと。

● 図5-1-1　TDA7052Bの外観とピン配置（データシートより）

記号	ピンNo	信号機能
V_P	1	電源
IN+	2	信号入力+
GND1	3	信号グランド
VC	4	音量調整入力（DC）
OUT+	5	スピーカ出力+
GND2	6	電源グランド
n.c.	7	未接続
OUT−	8	スピーカ出力−

さらに電気的特性は図5-1-2となっています。この図の表から電源は4.5Vから18Vまで使えますが、グラフから電圧が低いと最大出力電力が制限されることがわかります。8Ωのスピーカが一般的ですが、このスピーカで1Wの出力を得るためには電源電圧は最低でも6V必要であることがわかります。したがって電源には6V以上を使うことにします。アルカリ電池4本で6Vなので、長時間は使えませんが電池でも大丈夫です。

● 図5-1-2　電気的特性

項目	Min	Typ	Max	単位	備考
電源電圧	4.5		18	V	
消費電流		9.2	13	mA	負荷なし
出力電力	0.9	1.0		W	
歪率		0.3	1	%	出力0.5W
電圧増幅率	39.5	40.5	41.5	dB	
バンド幅		20〜300k		Hz	−1dB
入力インピーダンス	15	20	25	kΩ	
出力直流オフセット		0	200	mV	

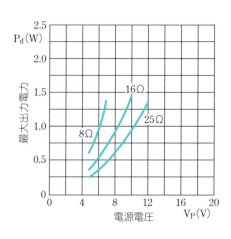

5-1 ステレオアンプの概要

次に、このオーディオアンプICの内部構成と基本接続回路は、データシートでは図5-1-3のようになっています。入力にはコンデンサ0.47μFを挿入して直流を遮断し、交流だけつまりオーディオ信号だけ通過させるようにしています。こうして入力されたオーディオ信号は、初段のアンプで音量制御されたあと**差動信号***に変換され、2系統の出力アンプで電力増幅されてスピーカのプラス側とマイナス側の**プッシュプル出力***となります。この二つの出力ピンに8Ωのスピーカを直接接続するだけでアンプとして動作するようになっています。

差動信号
通常の信号と波形が逆向きの信号をペアで扱うこと。

プッシュプル出力
通常の信号と波形が逆向きの信号をペアで出力する方式。無信号時には0Vの出力となるので直接スピーカが接続できる。

●図5-1-3 アンプICの内部構成と基本接続回路（データシートより）

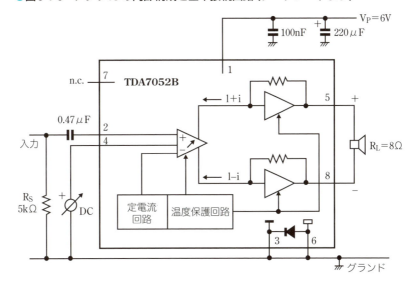

ショート保護回路
音が出力されているとき出力ピンがショート状態だと大電流が流れてしまう。これを防止する保護のこと。

IC内部の温度異常の保護回路や、出力ピンのショート保護回路*も内蔵されているので、電源を逆向きに加えなければ、まず壊れることはありません。安心して使うことができます。

■BTL接続とは？ — 出力コンデンサが不要

このアンプは出力がプラスとマイナスのプッシュプルで出力されていて、無音状態では両方の出力が0Vとなるので、直接スピーカに接続しても問題ないようになっています。このような接続方法を**BTL**（Bridged Transformer Less）と呼んでいます。

BTL接続でない場合のスピーカの接続は図5-1-4のようになります。この場合には、出力に電源電圧の1/2の直流電圧が常時出力されることになるので、そのままスピーカに接続すると大電流がスピーカに流れてしまいます。これを避けるため、スピーカに直流電圧を加えないように出力にコンデンサを挿

ハイパスフィルタ
低音を抑制し高音を通過させるフィルタ。
$f=1/2\pi\sqrt{LC}$ 以上の周波数を通過させる。

入しなければなりません。このコンデンサとスピーカのインピーダンスで<u>ハイパスフィルタ</u>*を構成することになって低音が制限されてしまいます。

　しかもスピーカのインピーダンスが8Ωと小さいので、低音を十分出力するためには大容量のコンデンサが必要となってしまいます。さらに、フィルタとなることにより高域で発振する可能性があるため、それを防止する回路も必要となってしまいます。

　BTL接続ではこのような余分な部品が必要ないので、簡単な回路で広帯域のオーディオ信号を安定に出力することができます。

●図5-1-4　BTLでない場合のスピーカの接続

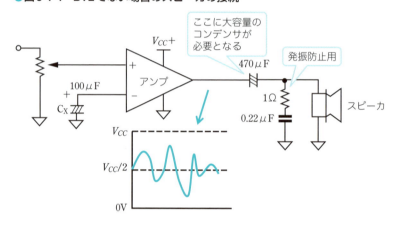

5-2 回路設計と組み立て

　基本回路を基にして作成したステレオアンプの回路図が図5-2-1となります。ほぼ基本回路そのままですが、ステレオにするためアンプICを2個使います。音量調整はもともとICに組み込まれている機能で、4ピンに加える直流電圧を可変することで音量調整ができます。このほうが入力信号に余計な負荷をかけずに調整できるので、音質に影響を与えずに音量調整ができます。この可変にはステレオで左右同時に音量調整できるように2連ボリューム*が適していますが、入手が難しいのとユニバーサル基板の配線が難しいので、基板用の通常の可変抵抗を2個使って独立に調整することにしました。

2連ボリューム
一つの軸に2個の可変抵抗が構成されていて同時に回転するようになっているもの。

● 図5-2-1　ステレオアンプの回路図

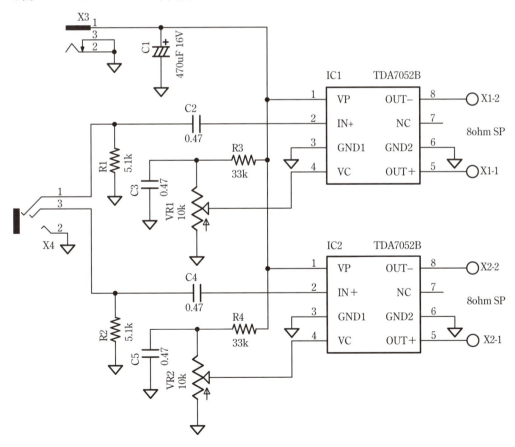

端子台
配線をねじで固定するための電子部品。

　スピーカ出力には端子台*を使って、ねじ止めでスピーカの配線の取り外しや接続が簡単にできるようにしました。
　電源には、小型基板用のDCジャックを使って、電池ホルダからの直接供給だけでなく、DC5Vから9V程度のACアダプタなどからも供給できるようにしました。
　このステレオアンプの組み立てに必要な部品は表5-2-1のようになります。スピーカはこの表にあるものである必要はなく、任意のものが使えます。

▼表5-2-1　ヘッドフォンアンプ部品表

記号	品名	値・型名	数量
VR1、VR2	可変抵抗	つまみつき基板用抵抗　10kΩ	2
IC1、IC2	オーディオアンプ	TDA7052B　DIPタイプ	2
C1	電解コンデンサ	220uF〜470uF　16V	1
C2、C3、C4、C5	積層フィルムコンデンサ	0.47μF〜1uF　16V以上	4
R1、R2	抵抗	5.1kΩ　1/4W	2
R3、R4	抵抗	33kΩ　1/4W	2
X1、X2	スピーカ端子	ターミナルブロック　2ピン	2
X3	DCジャック	1.2φ　DCジャック	1
X4	ステレオジャック	超小型ミニステレオジャック	1
	ICソケット	8ピン	2
	ユニバーサル基板	小型DIP用	1
	ゴム足	小型両面接着テープ付き	4
外付け	電池	単3型電池。電池はDC5V〜9VのACアダプタでも可	4
	電池ホルダ	単3　4本用ホルダ　ビニール線付き	1
	スピーカ	8Ω　10W　広帯域型　F77G98-6	2

ユニバーサル基板
穴が等間隔に開けられ、ハンダ付け用のランド（銅箔）が用意されているプリント基板。詳しくは章末のコラムを参照。

ICソケット
DIP形式のICの足を挿入できるようになっていて、ICを交換できる。

ECAD
電気系の設計ツールで回路図やパターン図の作成をパソコンでできるソフトウェア。フリーのものも多く存在する。

錫メッキ線
銅線に錫をメッキした銀色の線材で、直接ハンダ付けができる。太さも各種用意されている。

　これらの部品をユニバーサル基板*に組み立てていきます。ICはICソケット*を使って実装します。回路図から直接組み立てることもできますが、配置と配線はECAD*であらかじめ作成しておくとやりやすくなります。今回のステレオアンプの配置配線は図5-2-2のようにしました。必ずしもこの通りである必要はなく自由ですが、できるだけビニール線による配線が少なくなるようにしたほうがやりやすくなります。特にグランドの配線は多くの部品間を接続するため長くなるので、錫メッキ線*で全体を接続するとやりやすくなります。

5-2 回路設計と組み立て

●図5-2-2 ステレオアンプの配置配線図

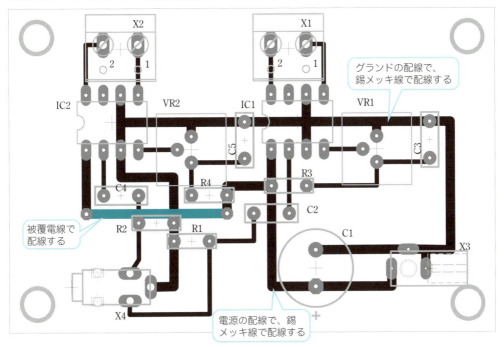

配線の際には端子台などの大型部品は位置だけを決めておき、配線が完了してから実装します。組み立てが完了した状態が写真5-2-1と写真5-2-2なります。

●写真5-2-1 完成したステレオアンプ基板（部品面）

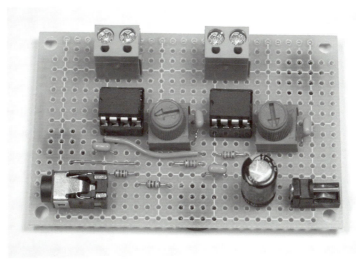

ハンダ面側でほとんどの配線が完了しています。中央の横に長く配線されているのがグランドの配線です。

　多くの配線を抵抗とコンデンサのリード線をそのまま使って行っています。

　ゴム足は、机の上などに置いたとき机に傷がつかないように浮かしておくためのものです。

●写真5-2-1　完成したステレオアンプ基板（ハンダ面）

5-3 動作確認方法

完成したら動作試験をしておきます。
スピーカ用端子台に写真5-3-1のようにスピーカを接続しますが、今回使ったスピーカはスピーカ単体の状態のものなので、ビニール線をハンダ付けする必要があります。
スピーカの接続では、スピーカのプラス側をオーディオICのプラス側出力に接続するようにします。逆に接続しても壊れることはありませんが、左右のスピーカの片方のプラスマイナスが逆になっていると、ステレオを聴いたとき音が中心に集まらず、ステレオ感*がなくなってしまいます。

> **ステレオ感**
> 音が左右に広がり実際の位置にあるように聴こえる感じのこと。

● 写真5-3-1 スピーカの接続

最後に電池かACアダプタをDCジャックに接続します。これで、入力ジャックのLピンかRピンに指を触れるとブーンという音が聞こえ、ボリュームを回すと音量が変化すれば正常に動作しています。
これで全く音が出ないときは配線が間違っている可能性が大ですので、入念にチェックしましょう。
まずテスタで電源を確認します。アンプICの電源とグランドピンの間で電圧を確認し、確かに電圧が加わっているかを確認します。

正常動作が確認できたら、早速実際のFMラジオで動作テストをしてみましょう。第3章で製作済みのFMラジオのステレオジャックとアンプの入力ジャック間をステレオプラグケーブルで接続すれば、スピーカで聴くことができます。FM放送がステレオになっていれば、きれいにステレオで聴くことができます。
ただし、スピーカ単体のままではなぜか音が小さく、低音もあまり出ていない状態となってしまいます。この対策を次に考えます。

5-4 スピーカ

アンプができてステレオで聴くことができても、スピーカ単体では音が小さく低音も出ません。この原因を考えてみましょう。

図5-4-1のようにスピーカは前側だけでなく後ろ側にも音が出ます。しかし、スピーカの前側の音と後ろ側の音では空気の振動が逆向きになっています（これを位相*が180度ずれているといいます）。つまり、裸のスピーカでは、後ろ側の音がすぐ前側に回り込んで来て空気の振動が逆向きで重なり、音を打ち消してしまうため音が小さくなってしまうのが原因です。特に低音の波形が重なりやすいため、低音が小さくなってしまいます。

> **位相**
> 波形の時間的なずれのこと。

●図5-4-1　裸のスピーカの音の出方

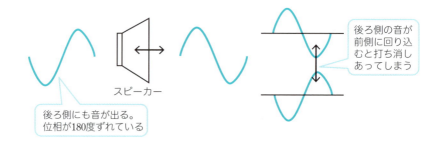

後ろ側にも音が出る。位相が180度ずれている

後ろ側の音が前側に回り込むと打ち消しあってしまう

これを避けるには、スピーカの後ろ側の音が前に回り込まないように、**壁のような広い板に丸穴を開けてスピーカを取り付ければよい**ことになります。このような板をバッフル板*といいます。実際にバッフル板を取り付けてみました。これが写真5-4-1となります。これだけでもしっかりとした音で聴くことができるようになります。

> **バッフル**
> baffle。水流、気流などの方向を変えること。

バッフル板は大きければ大きいほどよいのですが、実際には限度があるので、箱にして閉じ込めてしまいます。これがスピーカボックスで、通常「**エンクロージャ***」と呼んでいます。閉じ込めれば後ろ側の音は出てこなくなるので打ち消されることはなくなり、本来のスピーカの前に出ている音を聴くことができます。

> **エンクロージャ**
> 閉じ込めるという意味だが、スピーカボックスのことを意味する。

●写真5-4-1　バッフル板をつけたスピーカ

エンクロージャの基本構造には、図5-4-2のような種類があります。図5-4-2 (a)のように単純に閉じ込めるだけのものを**密閉型エンクロージャ**といいます。閉じ込めた音が箱の中で暴れないように、吸音材を敷き詰めて音を消すようにします。

これに対して図5-4-2 (b) のようにスピーカの箱の前に穴を開け、さらにここにパイプを取り付けた形状のエンクロージャがあります。このような形状のものを**バスレフ型エンクロージャ**と呼んでいます。穴の大きさとパイプの長さを調整して、スピーカの後ろ側から出た音の位相が180度反転してから外に出るようにします。こうするとスピーカの後ろ側から出た音が加算されて聴こえることになり低音がより強く聴こえるようになります。この後側の音が通る通路を中に作りこんだ形状のものもあります。

● 図5-4-2　エンクロージャの種類

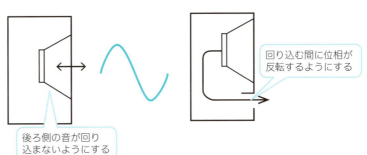

スピーカやエンクロージャにより音の聴こえ方は大きく変わります。多くの種類のスピーカが市販されていますし、エンクロージャを自作することも可能です。

しかし、エンクロージャの自作には、スピーカのサイズに合わせた最適な箱の大きさや、バスレフ型のパイプや穴の大きさの設計が必要となります。

これらの設計が簡単にできる設計ツールがフリーで提供されており、製作方法も下記のようなサイトで公開されているので、木工工作になりますが、スピーカのエンクロージャの自作にもチャレンジしてみてください。

「自作スピーカ設計プログラム」
　　　http://www.asahi-net.or.jp/~ab6s-med/NORTH/SP/index.htm
「エンクロージャ設計支援」
　　　http://webcache.googleusercontent.com/search?q=cache:
　　　http://www7b.biglobe.ne.jp/~yakushi/
「自作スピーカー・ギャラリー」
　　　http://www.dokidoki.ne.jp/home2/yh1305/

コラム　ハンダ付けのノウハウ

　電子工作に必ず必要となるのが「ハンダ付け」です。このハンダ付けの善し悪し、上手下手で電子工作の成功、不成功が左右されます。何と電子工作の動作不良の90%がハンダ付け不良だといわれています。ハンダ付けが上手にできるようになれば、電子工作もまた楽しいものとなってきます。上手くなるにはとにかく練習です。繰り返しやってみることです。

■ハンダ付けに使う道具

　ハンダ付けに使う道具には表5-C1-1のようなものがあります。ハンダ付けの対象によって方法が異なり、また道具も異なってきますが、電子工作用には表にあるもので十分でしょう。ここで一つ問題があります。それはハンダの種類で、最近は「鉛フリー*」というハンダが環境に配慮して推奨されています。しかし、このハンダは融点が高くハンダごてではなかなか溶けず扱いにくくなります。そこであえて本書では従来の鉛入りのフラックス入りハンダを使うことにします。

> **鉛フリー**
> 鉛を含まないという意味。

▼表5-C1-1　ハンダ付けの道具

名　称	外　観	用途・選び方
ハンダごて		熱の強さで2種類あると便利。15W～20Wが基板用で、30W程度が太い配線用。とりあえずは基板用があれば大丈夫。温度調整付きがお勧め
ハンダ吸取り		失敗部品を取り外すときに溶けたハンダを吸い取るために使う。大き目のほうが吸引力が強く使いやすいが、小型基板には小型のほうが扱いやすい
ハンダ吸い取り線		銅の網線の毛細管現象で溶けたハンダを吸い取る。失敗部品を取り外すときに使う

コラム　ハンダ付けのノウハウ

名　称	外　観	用途・選び方
ハンダ		0.8mmφ程度の細めのヤニ入りで基板用と配線用は同じもので可。鉛フリーが主だが、工作用には鉛ありのほうが扱いやすい。フラットパッケージ基板用には0.6mmφの細目が扱いやすい
こて台		重量のあるもののほうが安定感があって安全。こて先清掃用のスポンジがついているものを選ぶ。このスポンジには水を含ませて、ときどきこて先をクリーニングしながら使う
ピンセット		表面実装部品など特に小型の部品をつかむのに使う

■ハンダ付けの基本

ハンダ付けの基本は、次のことを守っていれば上手くできます。

❶ハンダ付けの面がきれいで油や錆が付いていないこと

ハンダは油面や錆ではじかれてしまい、付きが悪くなります。特に自作プリント基板の銅箔面は、仕上げフラックス*がされていないと酸化してハンダ付けがしにくくなってしまうので、必ずプリント基板作成のときには仕上げ用のフラックスを塗布しておきます。

❷ハンダ付けするものに予備ハンダ付けをしておくこと

あらかじめ端子や線材にハンダを付けておくと、ハンダが流れやすくなって上手に付けられます。ただし、プリント基板は予備ハンダをすると穴がふさがってしまうので避けたほうがよいでしょう。

❸こての先を常にきれいにすること

ハンダごては先端が常にハンダメッキされた状態にします。こて先はフラックス入りハンダを使うためフラックスで汚れてくるので、こて台についているスポンジ等に水を含ませて、ときどきこて先を拭き取ってきれいにしながら使います。

フラックス
溶剤。銅箔の上に膜を形成し空気に直接触れないようにする。ハンダ付けのハンダを溶けやすくする効果もある。

❹ **ハンダが十分溶けるまでこてを当てたままにしておくこと**

　数秒の間、こてを当ててハンダが溶けるように両者を熱し、そこに糸ハンダを当てて溶かし込むようにします。そしてさらに数秒そのままとすると、溶けたハンダが部品の間に溶けこんでなじむようになるので、そこで完了です。この間こてを動かさないようにするのがコツです。こてをちょこちょこ動かすとうまくハンダが溶けません。

　特に基板のときには、スルーホールやランド*にハンダが溶けて広がるようになるまでこてを動かさずに待ってからこてを離します。この待つ時間は慣れるに従って短くなってくるので、最初はあせらずじっくりハンダを溶かし込むのがコツです。

> **スルーホール、ランド**
> 穴部の基板の裏表を導通するようにした銅箔がスルーホール。基板の穴の周囲に配置した銅箔パターンがランド。

■線材のハンダ付けノウハウ

　線材を使って配線するときのハンダ付けの方法です。このときのハンダ付けの手順は図5-C1-1のようにします。

● 図5-C1-1　配線のハンダ付け方法

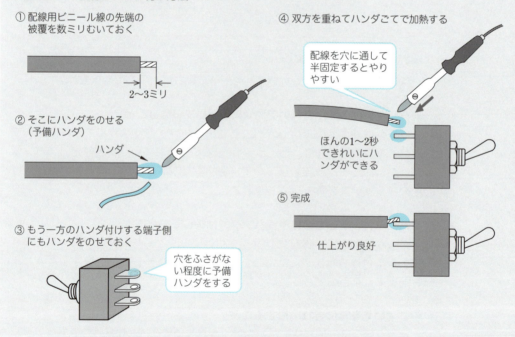

❶ **線材の被覆をむき、芯線を撚る**

　線材が太いときは撚り合わせたほうがまとまりますが、細いときはそのまま予備ハンダをしたほうがきれいにまとまります。

❷「予備ハンダ」ということで線材の先をハンダ付けする

　線材の先をハンダ付けしてまとめてしまいます。こうすると穴に挿入するときなど、芯線がばらばらにならずスムースに入れられます。またハンダ付けも手早く行うことができます。

❸端子の穴に線材を通し半固定して、こてをそこに当てて熱する

　このあとは抵抗などの部品と同じ扱いになりますが、手で持っていると動いてしまって、ハンダ付けがきれいにできないので、芯線を端子の穴に通して半固定しそのあとでこてを当てます。

❹糸ハンダをさらに当てて十分溶かし込む

　こてを当てたまま熱した部分に糸ハンダを当てればすぐ溶けて流れ込んで行きます。ハンダが水のように流れて周りに行き渡るまでこてを当てておきます。

❺ハンダが行き渡ったらこてをはずす

　ハンダが線材と穴の隙間に流れ込んでいったらそこでこてをはずします。しばらくしてハンダが固まったら手を離して完了です。

■プリント基板のハンダ付けノウハウ

　プリント基板に部品を取り付けるためのハンダ付けは、下記の手順で行います。

❶部品の挿入

> **リード線**
> 部品の取り付け用の線材部分。

　背の低いものから順番に取り付けていきます。部品のリード線[*]を取り付け穴の間隔に合わせて折り曲げます。このとき、曲げる場所が部品の根元に近すぎると部品の特性が変わってしまうこともあるので、1〜2mm程度の余裕を持って曲げるようにします。

　リードを穴に通し裏向けて部品が外れないように押さえながらハンダ付けします。マスキングテープなどで半固定すればやりやすくなります。リード線はまっすぐ伸ばしたままで曲げないようにします。曲げると隣接するパターンに接触してしまうことがあるためです。

　この際、部品の極性のあるものに注意して挿入します。極性のある部品には、電解コンデンサ、ダイオード、トランジスタ、IC（ICソケット）、発光ダイオードなどがあります

❷ハンダ付けをする

　ハンダごての先を部品とパターンの両方に接するように当てて、リードとパターンを熱します。ハンダごてを当てたまま、熱した部分に糸ハンダを当

てれば自然に溶けますが、あまりたくさんのハンダを溶かさないようにします。ハンダが水を流したように溶け、周りに行き渡ったらこてを離し、ちょっと待ってハンダが固まったら終了です。

❸ リード線の余分をニッパで切断する

抵抗やコンデンサなどのリード線はハンダ付けをしながら、一つずつ、付けては余分なリードをニッパで切断するということを繰り返します。余りリードは長くせず、短め（1mm程度）に切断します。

❹ 実装内容のチェック

ハンダ付けが完了したら、組み立て図や回路図と照らし合わせながら確認して行きます。

❺ ハンダ付けのやり直し

間違って部品を取り付けたような場合には、ハンダ吸い取り器を使って次の手順で交換します。

ハンダごてを取り外す部品の基板上のハンダ部分に当てて、ハンダを十分溶けた状態にします。こてを当てたままで、吸い取り器を当てがい、ハンダごてを離した直後に吸い取ります。すべてのリードの吸い取りが完了したら、部品をペンチなどで挟んで引っ張ってとりはずします。抜いた後の基板の穴が完全に開いていないときは、再度こてを当てて溶かしたあともう一度吸い取って穴を開けます。

ハンダ吸い取り器の代わりに、ハンダ吸い取り線を使って部品を取り外すこともできます。吸い取り線を取り除きたい部品のランドの上におき、ハンダごてをその上から当ててハンダを溶かせば、吸い取り線に溶けたハンダが吸い取られ部品がはずれるようになります。

■表面実装ICのハンダ付けノウハウ

最近は、ICや部品も表面実装*のものが多くなり、高機能で便利で使いたいなと思うものほど表面実装になっています。そこでこれらの表面実装部品のハンダ付けの方法を説明します。

表面実装のICをハンダ付けするときの作業手順は下記のようにします。周囲の他の部品を取り付ける前に作業したほうが、フラックスの洗浄が楽にできます。

❶ ICの位置を合わせ仮止めする

ICの向きを間違えないようにしてランド位置にぴったり合うように配置し、端の1ピンをハンダ付けして仮止めします。仮止めは、こてを軽くピンに載せて押すだけでできます。この状態ではまだ簡単にIC位置を変更できるので、

> **表面実装**
> 部品のリード線がなくスルーホールを必要とせず、銅箔（パッド）にハンダ付けして固定する方法で基板の片側だけで実装できる。

> **コラム　ハンダ付けのノウハウ**

> **ルーペ**
> 拡大鏡。写真ネガチェック用が拡大率が大きくて使いやすい。

ルーペ*で拡大しながら位置の確認と修正ができます。位置の確認修正ができたら、対角にある端のピンをハンダ付けします。これで写真5-C1-1のようにICの位置が固定できます。

ここでさらにもう一度ルーペで見ながら位置の再確認をし、全体の位置が正確にパターンの中心付近にあることを確認します。

●写真5-C1--1

❷フラックスを塗布後全ピンハンダ付け

ICの位置を固定できたら、この状態でフラックスを全ピンに塗布します。軽く塗布すれば、ピンとパターンの隙間に入り込むので十分です。フラックスを塗布したら、細めのヤニ入りハンダをピンに当てて、こてでハンダを溶かし込んでいきます（0.6φ程度のハンダがよいでしょう）。ハンダブリッジ*はさせないほうがよいですが、今は写真5-C1-2のようにブリッジしても構わないので、ハンダを溶かしながらハンダ付けします。ブリッジはあとで修正します。こての先で1本ずつハンダ付けしていけば、フラックスの効果でブリッジし難くなります。

> **ハンダブリッジ**
> 隣接するピン間をハンダで接続してしまった状態のこと。

●写真5-C1-2

❸**ブリッジの修正等と確認**

　全ピンのハンダ付けが完了したら、基板を縦にして、ピン側を下にしながら再度ハンダを溶かしなおして余分なハンダを取り除きます。このとき、もう一度フラックスを塗布し、こて先をこて台のスポンジできれいにしながら行うと、溶けたハンダがこて先に移ってピン間のブリッジが自然に溶けてなくなります。何度かルーペで拡大してブリッジや、接続状態の確認をします。

　どうしてもブリッジが取れない場合は、ハンダ吸い取りで余分なハンダを吸い取ってから再度フラックスを塗布して上記作業を繰り返します。

❹**フラックスの洗浄除去**

　ハンダ付けが完了したらフラックスを洗浄して除去します。洗浄剤を刷毛で十分塗ったあと、写真5-C1-3のように綿棒でこすり落とします。綿棒側に洗浄剤を染み込ませて拭い取る方法もベターです。周囲の部品を取り付けてからだと作業し難いので、表面実装部品は一番先に取り付けたほうがよいでしょう。

●**写真5-C1-3**

❺**変換基板の利用**

　TQFPパッケージ*など0.5mmピッチのピン数の多いICは、写真5-C1-4のような市販の変換基板を使うと比較的容易に取り付けができます。この取り付け方も上記手順と同じ方法で行います。こちらの基板にはレジスト*があるのでハンダブリッジが起きにくくなります。

●**写真5-C1-4　TQFP用変換基板**

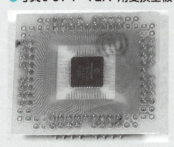

TQFP
Thin Quad Falt Pacage。4方向に端子が出ている薄型ICパッケージのこと。

レジスト
プリント基板の銅箔保護膜のことで緑、白など数種の色がある。ピン間にレジストがあるとハンダがはじかれるのでブリッジしにくい。

コラム　ハンダ付けのノウハウ

■チップ部品の取り付け方

チップサイズの抵抗やコンデンサ、ダイオードなどは、下記の手順でハンダ付けすると、取り付けやすいと思います。

❶取り付けるパッド*の片側に予備ハンダをする

最初に部品を仮固定するため、写真5-C1-5左下のようにまずパッドの片側にハンダメッキをします。このときあまりハンダが少ないと固定しにくいので、すこし盛り上がるくらいにします。

> **パッド**
> 表面実装部品を取り付けるための銅箔パターンのこと。

●写真5-C1-5

❷部品の仮固定

写真5-C1-6のように部品をピンセットで挟みながら、予備ハンダしたパッドに付けます。動かない程度に仮付けすればOKです。仮付けしたとき、部品が浮き上がっていたら、今度は、ピンセットか指の爪で上から部品を押さえて再度付け直します。この段階では何度でもやり直しできるので、ぴったりとなるように調整しながら仮止めします。

●写真5-C1-6

❸反対側のハンダ付け

仮付けで固定したら、今度は反対側の方をきちんとハンダ付けします。これは一応部品が固定されているので、写真5-C1-7のようにハンダを流し込みながらすれば楽にできると思います。

●写真5-C1-7

❹仮固定を本固定にして完成

　写真5-C1-8のように仮付けした側をきちんとハンダ付けすれば、これで取り付け完了です。

●写真5-C1-8

コラム　ユニバーサル基板の組み立てノウハウ

穴が等間隔に開いていてハンダ付け用のランドが用意されているプリント基板を使う組み立て方法で、線材をハンダ付けすることで配線します。やや複雑な回路まで組み立てられますが、自分で配置と配線を考えて進めなければならないので意外と難しい方法です。

実際のユニバーサル基板*が写真5-C2-1に示すようなもので、多くのものが0.1インチピッチで穴が並んでいます。写真5-C2-1の左側のように穴だけで穴の間はすべて接続されていないものと、右側のように4個とか3個のいくつかがパターンで接続されているものとがあります。また右側のように縦の中央に2本の全部接続したパターンがあるものもあります。

ユニバーサル基板
穴が等間隔に開いていてハンダ付け用のランドが用意されているプリント基板。

●写真5-C2-1　ユニバーサル基板の例

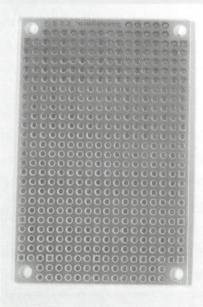 

いずれの場合も、配線をハンダ付けすることで穴の間を接続します。配置は自由ですので自分で配置を考え、配線がうまく重ならないようにする必要があるので、使い方は結構難しくなります。

ユニバーサル基板で配線するときのコツは次のようになります。

❶部品に合わせてユニバーサル基板を選択する

　一番の基本はDIP*タイプのICを使うか使わないかです。DIPタイプのICを使う場合には、写真5-C2-1の右のタイプのように中央に長いパターンがあるものを使うと便利です。これを電源とグランド用のパターンとして使います。

　DIPタイプのICを使わない場合でも、写真5-C2-1の右のタイプを使うと接続パターンのあるところに部品を実装すれば部品間の接続配線を省略できるので使いやすいと思います。写真5-C2-1の左のタイプは完全に自由になるので、ちょっと複雑な配置の部品があるような場合に使います。

❷基板サイズを決める

　始める前に基板サイズも決める必要があります。これには部品のだいたいの配置を考える必要がありますが、ECAD*を使うと便利です。ECADで回路図を描いたあと、パターン図の作成画面で部品の配置ができるので、部品を配置してみれば基板サイズを推定できます。さらにパターン図描画まで実行すれば、ユニバーサル基板での配線図になるので完璧です。

❸部品の足の幅を穴の間隔に合わせる

　多くの部品は0.1インチを基本とした間隔になっているので、そのまま使えますが、抵抗やコンデンサはリード線を曲げて穴の間隔に合わせる必要があります。

　また小型のレギュレータIC*などはピンの間隔が狭いので、ペンチで拡げて足を少し曲げて間隔を穴に合わせます。

❹部品の配置は回路図に合わせる

　部品の配置次第でユニバーサル基板の配線のやりやすさが決まってしまうので重要な要素です。このとき、できるだけ回路図と同じような順序になるように配置するのがコツです。さらにグランド配線が直線的になるように配置します。

　また中心となる部品を最初に決めます。多くの場合にICが中心になるので、まずICを配置します。そのとき周囲に接続される部品の数や大きさを意識して位置を決めます。

❺グランド配線を長めの線材で直線的に接続する

　グランド配線は通常多くの部品間を接続することになるので、できるだけグランド配線が直線的になるように部品を配置し、それらの間を長めの錫メッキ線*で接続します。

　こうすると配線全体が回路図に近くなって配線間違いが減りますし、あと

DIP
Dual In-Line Package。0.1インチ間隔でピンが並び、それが2列になっているパッケージの形状のこと。

ECAD
電気系の設計ツールで回路図やパターン図の作成をパソコンでできるソフトウェア。フリーのものも多く存在する。

レギュレータIC
出力電圧を一定とするICで電源用に使う。足が3本なので3端子レギュレータとも呼ばれる。

錫メッキ線
錫でメッキされた銀色の銅線でハンダ付けしやすい。

でチェックするとき見やすくなるという効果もあります。

❻部品のリード線で配線する

ICソケットを最初に実装したら、続いて背の低い抵抗やコンデンサを実装していきます。このとき抵抗やコンデンサを穴に通して配置したら、その次の配線先までリード線を曲げて接続線として利用します。また、接続が不要で切断したリード線も配線用線材として利用するので、捨てないで残しておきます。

❼距離の長い配線には単線の被覆線を使う

距離が長い部品間の接続には、単線の被覆線を使って配線します。そのとき、配線自身は部品面側に通し、先端を穴に通してハンダ付けします。線材をハンダ面側に通すと、あとの配線で被覆を溶かしてしまってショートさせたり、配線で穴が隠れてハンダ付けしにくくなったりしてしまいます。

ユニバーサル基板を使った製作例が写真5-C2-2となります。この例ではDIPタイプのICですので、中央に2本の全体を接続したパターンがある基板を切断して使っています。これを電源とグランドの配線とすることで全体の配線が楽になります。また電源とグランドやICのピン位置を間違えないように、油性ペンなどで記号を基板上に書いておくと便利です。実際の配線はほとんどが抵抗やコンデンサのリード線だけでできています。

● 写真5-C2-2　ユニバーサル基板の組み立て例

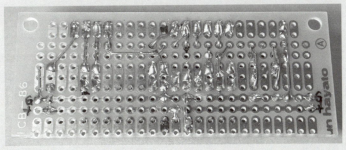

第6章
赤外線リモコン車の製作

　本章では、赤外線通信を使ってリモートコントロールできる車を製作します。大部分受信部の基板とマイコンのプログラムの制作になります。
　プログラムは部分的に動かしながら順に製作する手順で製作していくので、初めての方でも順を追って完成できます。

6-1 赤外線リモコン車の概要

キャタピラ
戦車に使われているベルト式の推進方式。無限軌道、履帯とも呼ばれる。

本章では、赤外線通信を使ってリモートコントロールできる車を製作します。キャタピラ*付きの車の組み立てキットを使い、送信器にも市販の赤外線送信器を使うので、製作は大部分受信部の基板とマイコンのプログラムになります。

受信部の基板にはプリント基板の自作にチャレンジして製作しますが、ユニバーサル基板でも製作可能です。

プログラムは部分的に動かしながら順に製作する手順で製作していくので、初めての方でも順を追って完成できます。

赤外線通信の基本と、それを解読するプログラムの作り方から「ステートマシン*」というプログラムの作り方を説明します。

ステートマシン
ステートという変数を使って、処理をいくつかの段階にまとめて順番に進めていく方法。個々の処理を短くでき、処理が複雑化するのを避けることができる。

さらに、最初はオンオフ制御だけで前後進と左右旋回を実現しますが、そのあとにグレードアップとして可変速制御*ができるようにします。

完成したときの全体の外観は写真6-1-1のようになります。リモコンの送信機には市販のリモコンを使い簡単にしています。さらに車本体にも模型キットを使って駆動部の製作を簡単にしています。

可変速制御
連続的に速度を変える制御。

●写真6-1-1 完成した赤外線リモコン車の全体外観

■マイコンを使う ─ プログラム製作が課題

受信制御部の基板製作が主な製作になりますが、最新のPICマイコンを使ってもっとも簡単な構成で製作します。

このマイコンのおかげで回路もモータの制御も簡単にできますが、一番難しいのは赤外線通信の受信処理をするプログラム製作です。赤外線送信機に市販品を使ったので、それに合わせて受信処理をする必要があり、それをす

6-1 赤外線リモコン車の概要

べてプログラムで行うことにしました。

　プログラム製作では、いきなり最終形態のプログラムを作ろうとすると必ず失敗します。本章では部分ごとに製作して確実に動かしながら完成させる方法で進めていきます。

6-1-1　システム全体構成

　製作する赤外線リモコン車の全体構成は図6-1-1のようにします。送信部は市販製品ですが、図のようにリモコン車を動かすにはちょうどよい配置にボタンが並んでいるので、そのまま使うことにしました。

　駆動部にも市販キットを使いますが、モータとギヤも付属しているので全体の組み立ては簡単にできます。しかし、そのままでは少し物足りないところがあるので追加します。まず、受信制御基板を躯体に載せる必要があります。また全体が少し重くなるので、駆動力の見直しが必要になります。

　リモコンの受信制御基板はPICマイコンを使って製作します。したがって、受信制御基板の製作には、PICマイコンとモータドライバを実装した基板の製作と、それを動かすためのプログラムの製作が必要になります。

●図6-1-1　赤外線リモコン車の全体構成

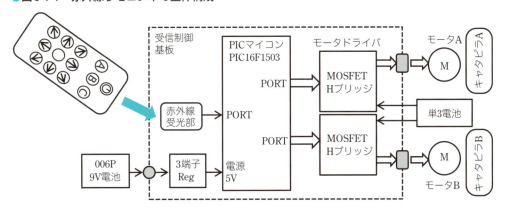

　赤外線の受信部には赤外線通信用の受信モジュールを使います。受信したデータは赤外線通信の専用フォーマットになっているので、これの解読が必要です。この解読はちょっと難しいですが、PICマイコンのプログラムで実行します。

　モータ制御はオンオフ制御ですが、回転方向の制御ができるようにします。オンオフ制御で完成したあと、グレードアップとしてPWM制御*による可変速制御も試してみます。

PWM制御
パルス幅変調制御のこと。モータの可変速制御ができる。

6-2 駆動部の組み立てとモータの制御方法

　まず車を動かすための駆動部を製作します。この駆動部の車体はキットを活用したので製作としては組み立てるだけです。しかし電池などで全体の重量が増えるので、モータの見直しが必要です。この他に受信制御基板や、電池を搭載するための車体上部を製作する必要があります。

6-2-1　車体の組み立て

　リモコン車本体となる車体を組み立てます。この車体には市販のタミヤ製のキットを使うことにしました。このキットは写真6-2-1のようなキャタピラ付きのブルドーザスタイルのもので、中にはツインモータギヤセットが付属しているので、これをそのまま活用することにします。さらにこのキットにはリモコンも付属していますが、こちらは有線式のリモコンですので使いません。また前面に取り付けるようになっているブルドーザブレードも使いません。

●写真6-2-1　活用した市販の車体キット

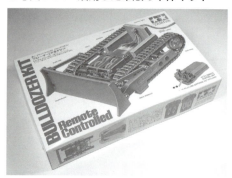

　この車体を組み立てる前に、上部に受信制御基板や電池を載せる必要があるので、木製の車体本体となる部分の上側に出っ張っている部分をのこぎりで切り落として上面を平らにします。これでこの上面にアクリル板を取り付け、その上に受信基板や電池を取り付けます。
　必要最小限でキットの車体を組み立てたところが写真6-2-2となります。ここではまだモータは取り付けていませんが、アクリル板を取り付けるための

木ねじ用の穴を上側の端面に開けています。

●写真6-2-2　キットの駆動部を組み立てたところ

上面のアクリル板の取り付け用ねじ穴

この出っ張り部分をのこぎりで切り落とす

この駆動部の組み立てで失敗の可能性があるのは次のような項目です。これらに注意すれば大丈夫でしょう。

❶ツインギヤボックスの組み立て

　この組み立てが一番複雑ですので、説明書にしたがって組み立てます。まず困るのが、回転軸のすべりをよくするためにハトメ*をたくさん挿入するのですが、裏表に実装しなければならないところがあって、すぐに抜け落ちてしまってなかなかうまく進まないことです。このときのコツは、ハトメにすべてグリスを付けておき、挿入したらくっつくようにすることです。これで抜け落ちることがなくなってスムースに進みます。

　もう一つ間違いやすいものが、歯車の順番です。図面の順番どおりにしないとうまくかみ合わなくなってしまいます。さらに忘れやすいものが「丸ボス」と呼ばれている真鍮でできたスペーサで、これを忘れると歯車が空回りしてしまいます。これをあとから挿入するには片側を分解しなければならなくなってしまうので忘れないように挿入してください。

❷車体の組み立て

　ブルドーザブレード用の部品は取り付け不要ですので省略できます。ホイールの取り付けの際には、しっかりと軸に押し込んで位置が正確になるようにする必要があります。金槌などで上からたたいてしっかりと奥まで挿入します。

ハトメ
金属でできた固定用金具で片方を金づちなどでつぶして固定するのが本来の機能だが、このキットではベアリングの代替えとして使っている。

❸**キャタピラの接続**

　キャタピラは柔らかい樹脂製のものを3つ接続する必要があるのですが、この接続方法がわかりにくいので注意が必要です。もともと3種類のキャタピラがあるのですが、30コマの長いものと10コマの短いものを2個接続します。8コマとなっている一番短いものは使わないので注意してください。

　これらの接続には片方をもう一方の端にある穴を通して接続するのですが、これが通しにくくコツが必要です。小型のドライバなどで端を押し込むとうまく入ります。

6-2-2　モータの組み立て

トルク
まわす力のこと。詳しくは6章末のコラム参照のこと。

　キットに付属のモータはマブチのFA130相当のものです。このモータでもぎりぎり動作はしますが、モータのトルク*がやや不足します。またモータの軸に直接挿入して使う樹脂製の歯車が緩んですぐ使えなくなってしまうので、キットとは別にミニ四駆用の高性能モータに置き換えています。このモータは「ミニ4駆PRO用トルクチューンモータPRO」というもので、写真6-2-3のように、あらかじめ軸の前後に真鍮製の歯車が取り付けられていて、丈夫で緩むこともないので使いやすいモータです。FA130との違いを表6-2-1に示しますが、特別にトルクが大きくなっているので、より重いものでも動かせるようになります。その代わり消費電流が大きくなります。

▼表6-2-1　モータ比較表

型　番	FA130RA	FA130ノーマル	トルクチューンPRO
適正電圧	1.5〜3.0V	1.5〜3.0V	2.4〜3.0V
推奨負荷トルク	6 g·cm	10 g·cm	15.3〜20.4 g·cm
消費電流	0.66A	1.1A	1.3〜1.7A
回転数	6990〜9100rpm	9900〜13800rpm	12000〜14300rpm

●写真6-2-3　トルクチューンPROモータの外観

6-2 駆動部の組み立てとモータの制御方法

モータとモータ用電池には、基板と接続するためのコネクタの接続が必要で図6-2-1のように接続します。コネクタとの接続は専用のコネクタ用圧着端子を使います。圧着工具*がある場合は標準の方法で圧着して接続します。圧着工具がない場合は、線材を端子に挿入してペンチで端子の圧着部を押しつぶして線材を固定してから、ハンダ付けして接続固定します。配線の長さは車体上部に実装される基板まで届く長さとする必要があるので、余裕を見て20cm程度としておきます。

さらにモータ本体には、0.001μF程度のセラミックコンデンサを端子間に直接ハンダ付けします。これでモータからのノイズを抑制します。

配線方法は図6-2-1のようにします。モータの配線を間違ってもモータが壊れることはありませんが、モータの配線が逆になると回転方向が逆になります。その場合には配線を入れ替えるだけで正常に戻るので心配は要りません。

ただし電池のプラスマイナスを逆に接続すると、基板内部のモータ駆動用MOSFETトランジスタが発熱して壊れるので注意してください。この場合もすぐに壊れることはないので、電池を入れたら基板のトランジスタが熱くならないかをチェックしましょう。もしMOSFETトランジスタが熱くなるようなことがあったら、すぐ電池を抜いて配線を確認してください。

> **圧着工具**
> 圧着端子の線材固定部を押しつぶして接続するための道具。

●図6-2-1　モータ周りの配線方法

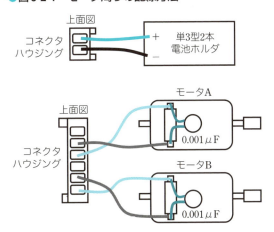

モータを交換し配線が完了した車体が写真6-2-4となります。配線を少し長めにしています。

●写真6-2-4　完成した車体の外観

6-2-3　車体上部の組み立て

　次に、車体上部はアクリル板と市販のアクリル半球で組み立てます。まずアクリル板は車体の木部にねじ止めするので、ねじ位置に3.2φの穴を開けます。
　課題はアクリル半球の固定方法です。当初は図6-2-2（b）のように側面にタップねじ穴を開けたアクリル厚板を接着して固定し、これをベースのアクリル板にねじで固定しようとしましたが、厚板の加工が難しく失敗してしまいました。そこで、代替方法として、図6-2-2（c）のように幅広の輪ゴムで底面のアクリル板と一緒に固定する方法としました。
　次に、この半球の中に受信制御基板も固定するので基板取り付け用の3.2φの穴を開けます。さらに、モータと電池の接続ケーブルを通す穴も開ける必要があります。この穴はコネクタ付きのケーブルが通過できるだけの大きさが必要ですので、大きな丸穴を開けておきます。
　これらのアクリルの穴開けには木工用ドリル*が適しています。大きな穴の場合には、まず2φ程度の小さな穴を開け、そのあとで大きなサイズの穴を開けます。さらに大きな穴はリーマ*で拡げて大きくします。アクリルは割れやすく、力を入れすぎるとヒビが入って割れてしまいます。注意しながら開けてください。
　図6-2-2がアクリル板に開ける穴のおよその位置です。実際には現物合わせで、適切な位置に開ける必要があります。

> **木工用ドリル**
> 穴をくり抜くような刃になっているのでアクリル板が割れにくい。
>
> **リーマ**
> 手で回して穴を広げる道具。

●図6-2-2　アクリル板の穴位置

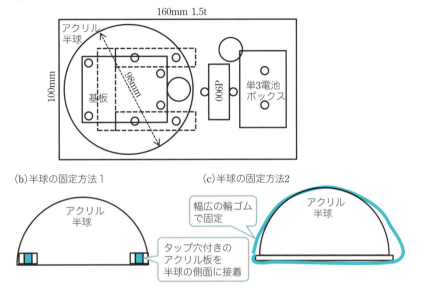

(a) アクリル板の穴あけ

(b) 半球の固定方法1

(c) 半球の固定方法2

こうして上部の部分も組み立てた外観が写真6-2-5となります。まだ受信制御基板は実装していませんが、実装は基板を5mm程度浮かせる必要があるので、ねじタップ付きのスペーサ*を先に取り付け、ねじでアクリル板下側から固定するようにしています。こうすれば受信制御基板を上からねじで固定できるので、アクリル板を固定したあとからでも基板を固定できます。基板を固定するとき、輪ゴムが基板の上側になるように注意する必要があります。

> **スペーサ**
> 内部にねじのタップがあるものが使いやすい。

●写真6-2-5　上部搭載部分を追加した外観

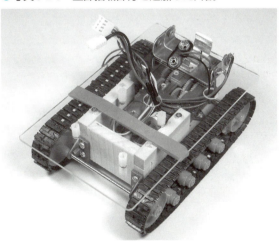

■忘れ物

　ここまで組み立てたとき重大な忘れ物があることに気が付きました。電源のスイッチがありません。毎回電池をはずすのも面倒なので、やはりスイッチを追加することにしました。

●図6-2-3　電池の配線

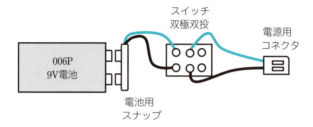

　理由は後述しますが、このリモコン車ではモータ用とマイコン用の電源を分け、2種類使用することにしています。9Vの電池だけオフとすれば単3電池の方の電流は流れないので、9V電池にだけスイッチを追加しました。アクリル板のスペースがある部分に6φの穴を開け双極双投*のスナップスイッチを追加しました。この配線は図6-2-3のようにアクリル板の穴を通過させるとき配線の都合が良いように、プラスとマイナス両方を切り替えることにしました。

> **双極双投**
> オンオフ両方で位置が固定し、両方の端子がある2回路構成のスイッチ。

6-2-4　モータの制御方法

　車体ができあがったところでモータの制御方法について考えてみます。
　モータをマイコンなどで制御するときの基本は、オンオフ制御です。つまり、モータの起動・停止だけで制御します。この起動・停止だけで制御できるものは多く、すべてのモータ制御の基本になります。
　モータをオンオフ制御する回路にはいくつかありますが、基本はトランジスタを使って駆動する方法で、図6-2-4のようにモータを接合型トランジスタのコレクタの負荷として使います。この回路ではトランジスタを完全なオン状態にして駆動できるため、ドライブ能力が大きくロスも少なくできます。しかしそれでも大電流を流すのでかなり発熱し、放熱器が必要になる場合があります。
　これに対しMOSFETトランジスタを使うと、オン抵抗が0.1Ω以下と小さいため、効率良くモータに電力を伝えることができるとともに、トランジスタでの発熱も少なくなり放熱器が不要となります。

● 図6-2-4　トランジスタによる駆動回路

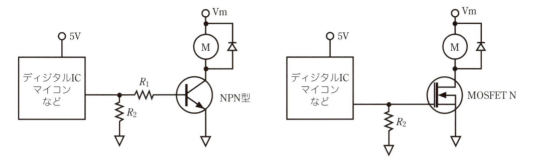

■逆起電圧には要注意

トランジスタによるモータ制御では注意が必要なことがあります。それはモータの逆起電圧*の問題です。

トランジスタがオンとなってモータが回っている間には、モータのコイルにはエネルギーが貯えられています。そしてトランジスタがオフとなると、そのエネルギーを放出しようとするため、モータのコイルの両端には、プラスマイナスが逆向きの逆起電圧が発生します。この電圧は短時間ですが非常に高くなるため、そのままではトランジスタが破壊されてしまうこともあります。

そこで、この対策として、図6-2-4のようにダイオード*を追加して、コイルの逆起電圧をショートさせ、残っているエネルギーを瞬間的に電流として流してしまい、逆起電圧を抑制してしまうようにします。このダイオードは、逆向きの起電圧のみショートさせ、モータを回転させるときの向きの電圧に対しては高抵抗となり何もしないことになります。

■フルブリッジ回路で逆回転

モータのオンオフ制御は図6-2-4の回路で問題なくできます。しかし回転の向きを変えたいときには、どうしたらよいでしょうか。モータに加える電圧のプラスマイナスを逆にすればDCモータは逆転するのですが、図6-2-4の回路ではそれは難しいことです。

そこで、単一の電源でモータに加える電圧の向きを変えられる回路として考案されたのが、「Hブリッジ回路」とか「フルブリッジ回路*」とか呼ばれている回路です。基本構成は図6-2-5のようになっており、H型をしていることからこう呼ばれています。

逆起電圧
電流が変化することによってコイルに生じる電圧のこと。この場合には電流のオンとオフの変化で生じる。

ダイオードの追加
ここでは片方向にだけ電流を流すという特性を利用している。

ブリッジ回路
電流が2つの回路に分かれたあとまた一つに合流する閉回路のこと。

● 図6-2-5　DCモータ制御用フルブリッジ回路

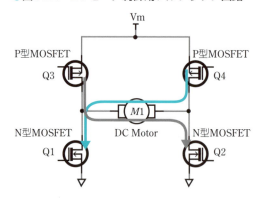

フルブリッジ回路の動作モード				
Q1	Q2	Q3	Q4	モータ制御
Off	Off	Off	Off	停止
Off	On	On	Off	正転（逆転）
On	Off	Off	On	逆転（正転）
On	On	Off	Off	ブレーキ

　このフルブリッジの基本動作ですが、まずQ3とQ2のトランジスタだけを同時にオンとすると、モータへの電流は左から右に流れ、モータは正転（逆転）します。次にQ1とQ4だけをオンとすれば、右から左に電流が流れ、モータは逆転（正転）することになります。さらにQ1とQ2だけを同時にオンとするとモータのコイルをショートすることになりブレーキをかける動作となります。
　この回路の動作で注意することは、Q1とQ3、あるいはQ2とQ4を同時にオンにすると、トランジスタで電源をショートすることになり、大電流*が流れてトランジスタが壊れてしまうことがあることです。したがって、回路方向を切り替えるときには、短時間でよいのですが、**いったん全部オフの停止状態にしてから切り替える**ようにします。
　本章での実際のフルブリッジの回路は図6-2-6のようになります。2組のフルブリッジのトランジスタをそれぞれPICマイコンの出力ピンに接続し、表のような出力にすることで動作を変えることができます。ここで制御を簡単にするため、上側のMOSFETにはP型を、下側のMOSFETにはN型を使っています。したがって、上側のP型MOSFETはゲートをHighとするとオフとなり、下側のN型MOSFETはゲートをHighとするとオンとなります。逆の動作になるので注意が必要です。
　またもう一つの注意として、モータ用電源（図6-2-6のVm）にはPICマイコンの電源電圧以上のものは使えないのでこちらも注意が必要です。
　さらに、モータの逆起電圧対策ですが、この回路の場合は両方向に電圧が加わるので、図6-2-4のようなダイオードは使えません。そこでダイオードの代わりにコンデンサを使います。このコンデンサで逆起電圧を抑制します。このような目的なので、このコンデンサはできるだけモータに近いところに取り付ける必要があります。本書ではモータの端子に直接ハンダ付けしています。

大電流
この場合の電流のことを貫通電流と呼ぶ。

6-2 駆動部の組み立てとモータの制御方法

● 図6-2-6　フルブリッジ制御の実用回路例

(a) モータ1側

制御FET	Q4	Q3	Q2	Q1	モータの状態
制御ピン	RC0	RC2	RA2	RC1	—
停止	H	H	L	L	オフ状態で停止
ブレーキ	H(Off)	H(Off)	H(On)	H(On)	ブレーキ状態で停止
正転	H(Off)	L(On)	H(On)	L(Off)	オンオフ制御で正回転
逆転	L(On)	H(Off)	L(Off)	H(On)	オンオフ制御で逆回転

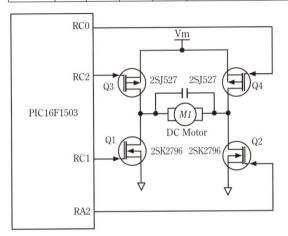

(b) モータ2側

制御FET	Q4	Q3	Q2	Q1	モータの状態
制御ピン	RC4	RA4	RC3	RC5	—
停止	H	H	L	L	オフ状態で停止
ブレーキ	H(Off)	H(Off)	H(On)	H(On)	ブレーキ状態で停止
正転	H(Off)	L(On)	H(On)	L(Off)	オンオフ制御で正回転
逆転	L(On)	H(Off)	L(Off)	H(On)	オンオフ制御で逆回転

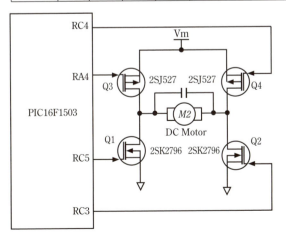

6-3 赤外線による通信

　赤外線は明るい部屋の中でも可視光と区別できますし、煙やほこりのある環境でも通過できるので、通信用にも使われています。ただし遠距離には届かないので、近距離通信用としてリモコン制御によく使われています。
　本章ではリモコン制御に利用するための赤外線リモコン通信の使い方を説明します。

6-3-1 赤外線リモコン通信の方式

　リモコン用の赤外線通信で使われる方式とデータのフォーマットを説明します。
　一般的な赤外線リモコンのデータフォーマットはある程度標準化されており、「家電製品協会*フォーマット」と「NECフォーマット」という2種類があります。いずれの方式も基本部分は同じで、全体のフォーマットにわずかな差異があるだけです。ただし必ずしもすべてのメーカがこれにしたがっているわけではなく、メーカごとに異なっている部分もあります。
　リモコン用の赤外線通信では照明や太陽光による外乱の影響を避けるため、赤外線のオンとオフの区別をするのに変調*を使っています。つまりオンの場合には図6-3-1のように一般的に38kHzで変調された赤外線が出力され、オフの場合には何も出力されないということでオンオフを区別しています。これで38kHzだけを追加させるフィルタ*を通すようにすれば、照明などの連続の赤外線は認識されないので、影響を避けることができます。

家電製品協会
一般財団法人家電製品協会。家電製品に共通する諸問題の解決策の立案と実施をしている。

変調
ある一定の周波数の信号と別の低い周波数の信号を混合すること。

フィルタ
周波数によってゲインが異なるようにした増幅器の一種。ある特定の周波数だけゲインを上げ、他は減衰させるようにすれば、特定の周波数のみ出力に現れることになる。

●図6-3-1　1ビットの標準フォーマット

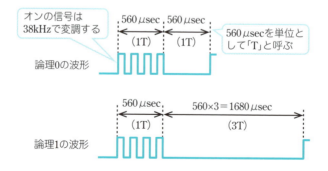

さらに、1ビットの論理0と1を区別する形式を図6-3-1のようにして、赤外線オフ区間の長さにより区別するようにしています。この基本の長さが560μsecで、これを1Tと呼んでいて、論理0の場合は2T、論理1の場合は4Tとなります。つまり1の場合には0の2倍の長さがあることになります。

次にデータの全体（これをフレームと呼んでいる）のフォーマットは図6-3-2のように業界標準の二つの方式により少し異なっています。

● **図6-3-2　業界標準の赤外線通信データフォーマット**

(a) NECフォーマット

(b) 家電製品協会フォーマット

リーダコード	カスタムコード	パリティ	データコード	データ	トレーラ
On8T+Off4T	16ビット	4ビット	4ビット	任意ビット長 Max48ビット	On1T+Off8T以上

このフォーマットの各部は次のような意味を持っています。

❶ リーダコード部

リーダコード部はオンとオフが他より長く継続していて、そのあとのデータ部とは波形（時間）が大きく異なるので容易に識別でき、フォーマットの最初であることが検知できるようになっています。通常はこのパルスの幅を検知することで赤外線受信の開始とするようにします。

❷ カスタムコード部

カスタムコードは16ビット長で、初期のリモコンではカスタムコード自体は8ビットだけで、続く8ビットにはその論理を反転したデータを送信するようになっていましたが、現在では16ビットのカスタムコードとなっています。

❸ データコード部

家電製品協会のフォーマットでは48ビット以内の任意長のデータが送れますが、NECフォーマットでは送信するデータ自体は8ビットで、データの論理を反転したデータを引き続き送信することで合計16ビットとしています。受信の際には、二つの8ビットデータの論理が反転していることを確認することで通信エラーチェックを行うことができます。

フレーム
ひとまとまりの送信データ全体のこと。

パリティ
誤り検出のための信号。本来の信号の1または0の数の個数を付加する。

❹ **ストップビット＋フレームスペースまたはトレーラ部**
1T分のオンと続くオフ期間で、次のフレーム*との休止期間となっています。

❺ **パリティ部**
家電製品協会のフォーマットにはパリティ*の部分がありますが、ここは、カスタムコード部のパリティとなっています。

6-3-2　市販のリモコンのフォーマット

　本書で使う赤外線リモコン送信部には市販のものを使います。外観は写真6-3-1となっていて、ちょうどリモコン車の操作には都合の良さそうなスイッチ構成となっています。コイン電池（CR2025）で動作します。

●写真6-3-1　赤外線リモコン送信機の外観

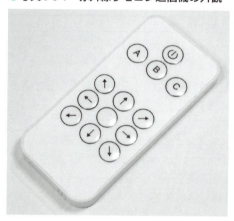

　このリモコンの送信データのフォーマットは図6-3-3 (a) のようになっていて、ほぼNECフォーマットに準拠しています。カスタムコード部はメーカコードとして固定長で、8ビットとそれを反転した合計16ビットとなっています。フレームのデータ部はビットの0か1かにより長さが異なるので可変の長さになります。しかしフレームスペースの長さが自動調整されるようになっていて、一つのフレームが常に108msecで終了するようになっています。

　さらにボタンを押し続けていると図6-3-3 (b) のリピートコードが108msec周期で繰り返されるようになっています。このリピートの場合にはストップビットだけでデータ部は含まれていません。

　ボタンごとのデータ部の値は図6-3-3の表のようになっています。本書ではこのボタンごとに表に示したような機能を割り当てることにします。ただし、速度アップと速度ダウンは最後の章のグレードアップで使います。

このデータコードの16進数部はデータシートに記載されているものとは異なっています。データシートに記載されている16進数の値は右側が上位ビットになっています。データシートのビット順の図は同じなので、これを元にしてビットを逆順に読み直す必要があります。

●図6-3-3 市販リモコンのデータフォーマット

(a)通常のデータフォーマット

リーダコード	リーダコード	00001000	11110111	データコード	データコード	ストップ	フレームスペース
オン16T	オフ8T	8ビット	8ビット	8ビット	8ビット（反転）	オン1T	長さ自動調整

メーカコード / メーカコード(反転)

常に108msec(193T)

(b)リピートコードのデータフォーマット

リーダコード	リーダコード	ストップ	フレームスペース
オン16T	オフ4T	オン1T	

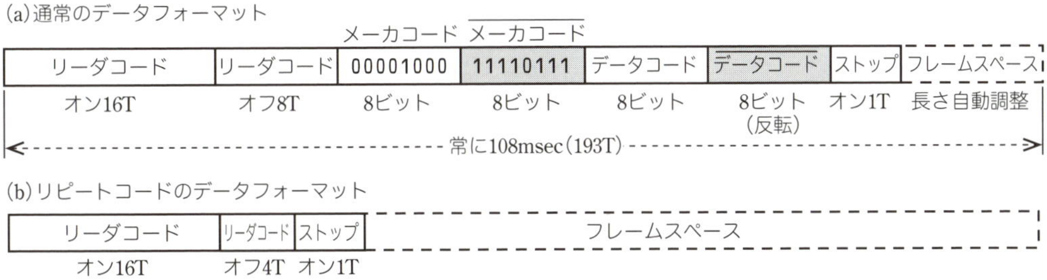

ボタン	データコード部（反転部も含む）		16進数	機能
⏻	00011011	11100100	1B E4	なし
A	00011111	11100000	1F E0	速度アップ
B	00011110	11100001	1E E1	停止
C	00011010	11100101	1A E5	速度ダウン
↑	00000101	11111010	05 FA	前進 直進
↓	00000000	11111111	00 FF	後進 直進
←	00001000	11110111	08 F7	その場で左回転
→	00000001	11111110	01 FE	その場で右回転
無印	00000100	11111011	04 FB	停止
↖	10001101	01110010	8D 72	前進 左旋回
↙	10001000	01110111	88 77	なし
↗	10000100	01111011	84 7B	前進 右旋回
↘	10000001	01111110	81 7E	なし

6-3-3 赤外線受光モジュールの使い方

赤外線リモコン送信機が出力する赤外線を受信するために赤外線受光モジュールと呼ばれる部品があります。

このリモコン用赤外線受光モジュールには多くの種類がありますが、最近では大部分赤外線用フォトダイオード*と制御用の回路が一緒に集積化されたICとなっており、写真6-3-2のような外観をしています。外乱ノイズを低減するために金属のシールド*ケースに実装されたものもありますし、モールドで一体化されたものもあります。

フォトダイオード
光を受けると電流を流す機能のダイオード、高速に反応する。

シールド
外部からの電気的ノイズを避けること。

●写真6-3-2　赤外線受光モジュールの外観

　本書で使用したものは、パラライトエレクトロニクス社の「PL-IRM1261-C438」という受光モジュールで、写真6-3-1の右端にある小型で金属シールドが施されたものです。データシートによれば、このモジュールの外形と規格は図6-3-4のようになっています。

●図6-3-4　赤外線受光モジュールの外形と規格（データシートより）

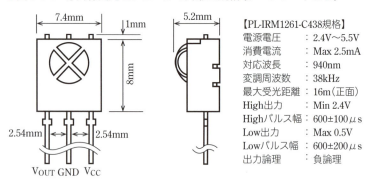

> **変調**
> ある一定の周波数の信号と別の低い周波数の信号を混合すること。

　前述のように、赤外線通信では赤外線を単純にオンオフしているわけではなく、38kHzという周波数で変調*しています。

　つまり、受信モジュールが受信する赤外線の信号は、図6-3-5に示したようにオンの場合には38kHzで点滅を繰り返す600±100μsecの幅の信号で、オフの場合には赤外線がない状態が600±100μsec継続する信号が単位となっています。

　前述の市販の赤外線リモコンのパルス幅は560μsecで、この規格内となっているので正常に受信できます。受信モジュールからの出力は38kHzの変調波を取り除いた560μsec単位の信号で、図6-3-5下側のような論理0と論理1の信号となります。

● 図 6-3-5　受光モジュールの受信信号

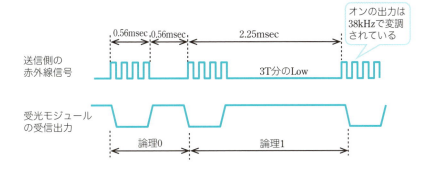

このような信号を照明や太陽光があっても正しく受信できるようにするため、受光モジュールの内部は図6-3-6のような回路が一体化されたICとして組み込まれています。

赤外線を直接受けるのは赤外線フォトダイオードとその入力回路ですが、その後ろに一定の振幅で受信できるようにする自動ゲイン調整（AGC*）付き増幅器があり、さらにその後ろにフィルタと検波回路が付いていて、38kHzで変調された信号しか通過しないようになっています。これで、太陽光や部屋の中の蛍光灯などの外光が入ったとしても、正しくリモコン送信機からの赤外線だけを抽出して受信することができます。

> **AGC**
> Auto Gain Control。常に出力が一定の大きさになるように増幅率を自動調整する機能のこと。

● 図 6-3-6　受光モジュールの内部構成

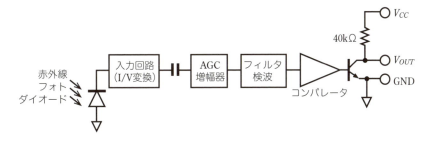

この赤外線受光モジュールを使う場合には、内蔵のAGC増幅器の感度が非常に高いため、特に電源に**リップルノイズ***が含まれているとそのままノイズも増幅して出力にノイズとして現れてしまいます。

したがって、電源には図6-3-7のようにノイズを低減するための抵抗とコンデンサによる**フィルタ回路***を追加して使う必要があります。

さらに、出力ピンには、数kΩの負荷抵抗を接続しておきます。これで直接PICマイコンに入力できるきれいな波形のデジタル信号になります。

> **リップルノイズ**
> 電源の出力に含まれる微小な振動信号やノイズ成分のこと。
>
> **フィルタ回路**
> RCフィルタと呼ぶ、抵抗とコンデンサだけで構成。

●図6-3-7　赤外線受光モジュールの使用回路

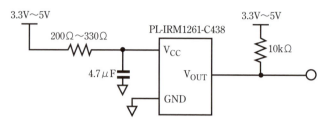

これで実際に受信した波形が図6-3-8となっています。論理0と論理1の波形の例です。

●図6-3-8　赤外線受光モジュールの受信出力例

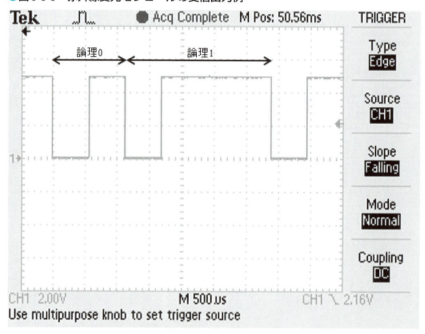

以上で赤外線の送信と受信の回路が決まりました。

6-4 PIC16F1503の使い方とハードウェアの製作

いよいよ受信制御基板の設計と製作に入りましょう。本章で使うPICマイコンはPIC16F1503*という型番です。まずはこのPICマイコンの使い方から説明します。

完成した受信制御基板の外観は写真6-4-1のようになります。

PIC16F1503
F1ファミリと呼ばれる8ビットPICマイコンの最新デバイスのひとつ。

●写真6-4-1 受信制御基板の外観

6-4-1 PIC16F1503の使い方

PIC16F1503は8ビットのPICマイコンの最新製品で、14ピンと小さいですが高機能となっています。

■ピン配置と仕様

PIC16F1503のピン配置とピン機能および基本的な電気的仕様は図6-4-1のようになっています。電源ピンとグランドピン以外はすべて入出力ピンとして使うことができます。さらに内蔵周辺モジュール用のピンとしても使えるようになっていて、ピンには複数の機能が割り当てられています。本章では、14ピンすべてを入出力ピンとして使ってセンサ入力やモータを動かすことになります。

電源は2.3Vから5.5Vと非常に広くなっているので、簡単な電源回路で動かすことができます。例えばバッテリのような徐々に電圧が変化する場合でも直接接続して使うことができます。

PICマイコンを動かすには「クロック*」というペースメーカとなるパルスが必要ですが、このための発振器をPICマイコン自身が内蔵しています。この周波数は最高16MHzでその精度が±2%ですので、この精度で時間などの問題がない場合には内蔵発振器で動かすことができます。もっと精度の高いものが必要な場合には、CLKINとCLKOUTピンにクリスタル発振子*などを接続してクロック信号を生成します。

> **クロック**
> マイコンなどのデジタル回路を動かすための周波数一定の連続パルスのこと。

> **クリスタル発振子**
> 水晶結晶が高精度の一定の周波数で振動することを利用したもので、水晶結晶の厚さで周波数が決まる。

● 図6-4-1　PIC16F1503のピン配置とピン機能

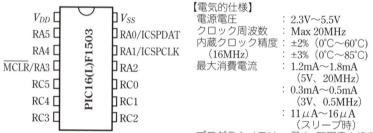

【電気的仕様】
電源電圧　　　　：2.3V〜5.5V
クロック周波数　：Max 20MHz
内蔵クロック精度：±2%（0℃〜60℃）
　（16MHz）　　　±3%（0℃〜85℃）
最大消費電流　　：1.2mA〜1.8mA
　　　　　　　　　（5V、20MHz）
　　　　　　　　：0.3mA〜0.5mA
　　　　　　　　　（3V、0.5MHz）
　　　　　　　　：11μA〜16μA
　　　　　　　　　（スリープ時）
プログラムメモリ：最小1万回書き換え可能
高信頼部メモリ　：最小10万回書き換え可能

No	記号	機能
1	V_{DD}	電源
2	RA5/CLKIN	入出力、クロック発振
3	RA4/CLKOUT/AN3	入出力、クロック発振、アナログ入力
4	RA3/$\overline{MCLR}$	入出力、リセット
5	RC5/PWM1	入出力、PWM出力
6	RC4	入出力
7	RC3/PWM2/AN7	入出力、PWM出力、アナログ入力
8	RC2/AN6	入出力、アナログ入力
9	RC1/PWM4/AN5	入出力、PWM出力、アナログ入力
10	RC0/AN4	入出力、アナログ入力
11	RA2/PWM3/AN2	入出力、PWM出力、アナログ入力
12	RA1/ICSPDAT/AN1	入出力、書き込みデータ、アナログ入力
13	RA0/ICSPCLK/AN0	入出力、書き込みクロック、アナログ入力
14	V_{SS}	グランド

■ プログラムの書き込み

このように、電源とクロックさえ供給すればPICマイコンのプログラムは動作します。PICマイコンのプログラムメモリはフラッシュメモリ*で構成されているので、プログラムを一度書き込めば電源オフでも消えることはありません。

> **フラッシュメモリ**
> データの消去、書き込みが自由にでき、電源を切っても内容が消えない半導体メモリの一種。

ICSP
ICSP:In-Circuit Serial Programming。基板にマイコンを実装したままプログラムを書き込む方法のこと。

ヘッダピン
一定間隔でピンが出ている接続用端子。

外部からこのフラッシュメモリにプログラムを書き込む必要があるので、そのために必要なピンと道具が用意されています。書き込みはICSP*という方法で、基板に実装したままで書き換えができます。この書き換えは1万回以上可能なので、気にしないでプログラムを書き換えることができます。

ICSPに必要な回路は図6-4-2のようになり、あらかじめこの回路を組み込んでおけば、基板に実装したあとからでも自由にプログラムの書き換えができるようになります。回路といっても抵抗と接続用ヘッダピン*だけです。

●図6-4-2　ICSPの回路

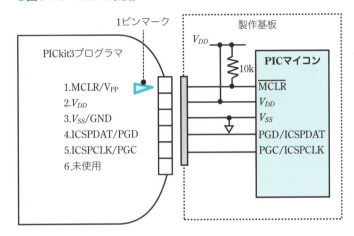

この書き込みには写真6-4-2のようなPICkit3という道具を使ってパソコンとUSBで接続します。このPICkit3の先端が写真のようなコネクタになっていて図6-4-2の接続ができるようになっています。

●写真6-4-2　書き込み用道具例　PICkit3

■内部構成

このPIC16F1503の内部構成は図6-4-3のようになっています。
基本となる汎用入出力ピン（I/Oピン）はピンごとに入力か出力かが設定でき、1ピン当たり25mAの電流を駆動できます。このためLEDレベルであれば

数mAなので直接駆動できます。本章ではこの入出力ピンを使って2組のHブリッジのMOSFETトランジスタのオンオフ制御を行い、リモコン車のモータを動かします。

その他、タイマやA/Dコンバータ、シリアル通信用モジュール（MSSP）などの便利な周辺モジュールが実装されています。

特にこのPICマイコンには、コアインデペンドモジュール* という名称で、一度設定すればプログラムとは独立に動作継続する周辺モジュールがいくつか実装されています。その中でも、PWMモジュールというパルス幅変調モジュールが4組実装されているのが特徴です。これだけで2個のモータの速度を可変制御できるので、本章では最後のグレードアップでこの周辺モジュールを使ってモータの可変速制御を実現します。

> **コアインディペンデントモジュール**
> マイコンのプログラム実行に無関係に独立に動作する内蔵周辺モジュールのこと。

● 図6-4-3　PIC16F1503の内部構成

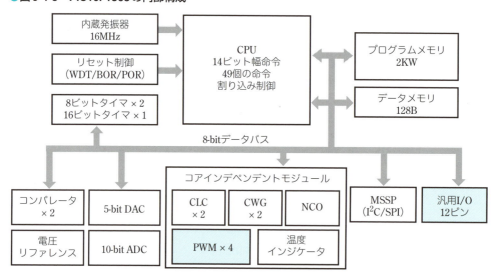

6-4-2　受信制御基板のハードウェア設計

これでPICマイコンの基本的な使い方もわかったので、モータ制御用ドライバも含めた受信制御基板全体の回路を考えます。もとになるのは図6-1-1の全体構成です。まず新規に考えなければならないのは、電源の供給方法です。

モータ用には3Vで最大1.3A程度が必要で、PICマイコン関連は5V* で動作させることにします。このときの消費電流は1.5mA程度とわずかです。

このようにモータには大電流が流れるので、この影響がPICマイコンに電源変動として現れるとPICマイコンが誤動作する可能性が大きいため、今回はモータ用とマイコン用の電源を分けることにしました。

> **5V**
> 半導体の電源は、3.3Vや5Vが主流となっている。PICマイコンはどちらも使える。

6-4 PIC16F1503の使い方とハードウェアの製作

　検討した結果、モータ用は単3電池2個で、PICマイコン用には006Pという9Vの電池を使って3端子レギュレータで5Vにすることにします。
　こうしてできあがった全体回路が図6-4-4となります。回路図でMOUNTとあるのは基板の四隅の固定用の穴で、グランドに接続しています。

● 図6-4-4　リモコン受信制御基板の回路図

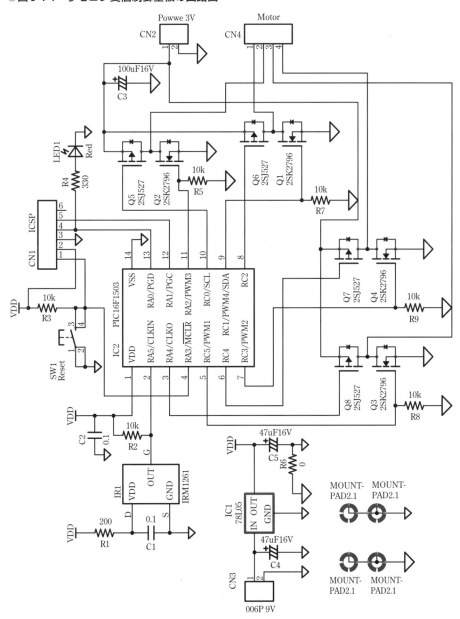

モータ制御用のN型MOSFETトランジスタのゲート端子を10kΩの抵抗でグランドに接続していますが、この抵抗の役割は、PICマイコンの電源がオフの場合や、電源がオンになった直後でPICマイコンから出力が出るまでの間、トランジスタをオフにして、瞬時でも貫通電流が流れないようにすることです。

回路ではモータ用のグランドとマイコン系のグランドを別にしていて、レギュレータのところのR6の1か所で接続しています。R6は0Ωの抵抗、つまりジャンパ線です。こうして基板のグランドパターンを別々にすることで、モータに流れる大電流が直接PIC側のグランドには流れ込まないようにして、大電流の影響がPICマイコンへのノイズとして出ないようにしています。

ICSPコネクタはPICマイコンにプログラムを書き込むときに道具となるPICkit3を接続するコネクタです。

6-4-3　受信制御基板の組み立て

パターン図
本書で使用したパターン図は巻末に記載したURLからダウンロード可能。

ECADのEagleを使って回路図からパターン図[*]を作成します。そのパターン図からプリント基板を自作して組み立てます。プリント基板の自作については、7章末のコラムを参照してください。

組み立てに必要な部品は表6-4-1となります。

▼表6-4-1　受信制御基板に必要な部品表

記　号	品　名	値・型名	数量
IC1	3端子レギュレータ	78L05相当	1
IC2	PICマイコン	PIC16F1503-I/SP	1
Q1、Q2、Q3、Q4	MOSFETトランジスタ	2SK2796	4
Q5、Q6、Q7、Q8	MOSFETトランジスタ	2SJ527	4
IR1	赤外線受光モジュール	PL-IRM1261-C438（秋月電子通商）	1
LED1	発光ダイオード	3φ　赤	1
R1	抵抗	200Ω　1/6W	1
R2、R3、R5、R7、R8、R9	抵抗	10kΩ　1/6W	6
R4	抵抗	330Ω　1/6W	1
R6	ジャンパ	ジャンパ	1
C1、C2	積層セラミック	0.1μF　16Vまたは35V	2
C3	電解コンデンサ	100μF　16V	1
C4、C5	電解コンデンサ	47μF　16V	2
CN1	ピンヘッダ	6ピン	1
CN2、CN3	コネクタ	モレックス2ピン縦型（サトー電気）	2

6-4 PIC16F1503の使い方とハードウェアの製作

記号	品名	値・型名	数量
CN4	コネクタ	モレックス4ピン縦型	1
SW1	タクトスイッチ	小型基板用	1
	ICソケット	14ピン	1
	コネクタハウジング	モレックス　4ピン	1
	コネクタハウジング	モレックス　2ピン	2
	コネクタピン	モレックス用	10
	基板	サンハヤト感光基板P10K	1
	ねじ、ナット、スペーサ、線材		少々

実際の組み立ては図6-4-5の組み立て図に従って行います。太い線はジャンパ線です。

組み立ては背の低いジャンパと抵抗から始めます。次にICソケットを実装し、MOSFETトランジスタは背が高いので最後に実装します。またトランジスタの向きには注意してください。

● 図6-4-5　受信制御基板の組み立て図

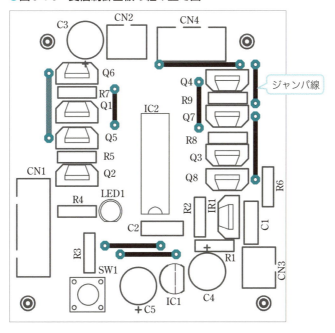

組み立てが完了したリモコン受信制御基板の部品面が写真6-4-3、ハンダ面が写真6-4-4となります。赤外線受光モジュールは実装したとき上側に向くようにしています。これで受信しやすくするようにしています。

●写真6-4-3　完成した受信制御基板の部品面

●写真6-4-4　完成した受信制御基板のハンダ面

6-4-4 受信制御基板の実装

　完成した受信制御基板を車体本体に実装します。車体上部に固定したアクリル板のスペーサに基板をねじで固定します。このときゴムを基板の上側になるようにする必要があります。

　基板や電池など全体を実装完了した外観が写真6-4-5となります。9V電池の手前にあとから追加した電源スイッチがあります。また9V電池は輪ゴムで固定しています。

　電池とモータの配線はアクリル板の穴を通過させて配線するので、穴の大きさはコネクタを通せる大きさが必要です。これで、あとはプログラムを作るだけです。

●写真6-4-5　受信制御基板などすべてを実装完了した外観

6-5 リモコン車のプログラムの製作

ここまででハードウェアが完成し、モータや赤外線受光モジュールの使い方がわかりました。いよいよリモコン車のプログラムを製作します。

初心者の方々がプログラムを作る際に失敗する原因の多くは、最初から全部の機能を盛り込んだものを作ろうとするためです。どんなプロでもいきなり全部を動かすプログラムを作れば正常に動作しないのが普通です。

プログラム製作を失敗しないようにするためには、一つずつの機能を動かす**単純なプログラムで動作を確認しながら積み上げるように作っていきます**。本書では冗長になりますが、そのような積み上げ型でプログラムを製作する方法を説明していきます。

プロの作り方は、このような部分ごとのプログラムを使いまわしができる**汎用の関数**として作り、そのまま最終的にも使える関数*として作っていくことで、確実なステップを踏むようにしてまとめていきます。このようにして作った関数はあとで別のプログラムを作る際にも利用することができるので、プログラム作成をより効率良くできるようになります。

本書ではプログラムはC言語*を使って作成しています。この言語がマイコンでは最も多く標準的に使われているもので、応用範囲も広いものです。

なお、本書で作成したプログラムは出版社のWebサイトからダウンロードできます。巻末にURLを記載しています。

> **関数**
> ある機能を果たす処理のまとまり。
>
> **C言語**
> 制御システムや組み込みシステムで最もよく使われているプログラミング言語。

6-5-1 プログラム製作用の道具
― 必要なのはパソコンとプログラマだけ

本章で使うPICマイコンのプログラム製作に必要な道具の説明をします。この道具はどのPICマイコンにも共通で使えるので、一式揃えてしまえば今後どのPICマイコンを使う場合でも有効に使えます。

道具一式といっても必要なものは図6-5-1に示したようなものだけです。ものとして揃えなければならないものは、パソコン1台と、最終的にプログラムをPICマイコンに書き込むために必要な「プログラマ*」と呼ばれるものだけです。残りはすべてプログラム製作用のソフトウェアで、これらはすべて無料で入手できます。

> **プログラマ**
> PICマイコンにプログラムを書き込むための道具、本書ではPICkit3を使う。

●図6-5-1　プログラム製作に必要なもの

C言語
1972年にデニス・リッチー等によって開発された英文ライクなプログラミング言語。

組み込みソフトウェア
Embedded Software。産業機器や家電製品などに内蔵される特定の機能を実現するためのコンピュータシステム（組み込みシステム）で動作するソフトウェアのこと。

コンパイラ
人間が理解しやすい言葉で書かれたプログラムを機械が理解できる言葉に変換するソフトウェアのこと。

統合開発環境
プログラムの入力、コンパイル、デバッグの全段階をサポートする開発用の道具。

グローバル変数
プログラム全体で共通に使う変数。

関数のプロトタイピング
コンパイラが間違いを検出できるようにするため、その他関数部で記述される関数の型をあらかじめ宣言しておく。

　本書でのプログラム製作には「**C言語***」と呼ばれるプログラミング言語を使います。C言語はマイコンなどの「**組み込みソフトウェア***」と呼ばれるプログラム開発には古くから使われていて、現在でも最もよく使われている言語です。
　このC言語でプログラムを製作するには、C言語をマイコンが直接実行できる機械語に変換する「**コンパイラ***」と呼ばれるソフトウェアが必要になるのですが、PICマイコン用にはマイクロチップ社が無料で提供しているCコンパイラ「**MPLAB XC8**」があるので、これを使います。
　さらにパソコン上でプログラム製作のすべての面倒を見てくれる「**統合開発環境***」と呼ばれるソフトウェア「**MPLAB X IDE**」も無料提供されているので、この二つをインストールすればあとは必要なものは何もありません。
　パソコンのOSにはWindows 7以降のものを使いますが、LinuxでもMAC OSでも動作するので、こちらを選択しても構いません。パソコンにはUSBのコネクタがあるものが必要で、メモリは4GB以上あったほうが快適に動作します。

■ C言語プログラムの基本構成 ― 3つの部分で構成

　C言語のプログラムの基本構造は図6-5-2のようになっています。つまり全体が「宣言部」と「メイン関数部」と「その他の関数部」の3つの部分から構成されています。
　宣言部にはハードウェアの条件設定を行うコンフィギュレーションやグローバル変数*、関数のプロトタイピング*などを記述します。
　メイン関数部はmainで始まる関数で、C言語プログラムでは必須でしかも一つしか記述できない関数です。プログラムの実行は必ずこのmain関数から始まります。最初の部分は起動時に1回だけ実行する部分で、初期化を実行

します。そのあとのwhile(1)で始まる部分が常時繰り返し実行するプログラム本体で、**メインループ**と呼ばれています。

その他の関数部は、メイン関数部で記述すると全体が長くなってわかりにくくなるような場合、ある機能のまとまりをくくりだして独立の関数として記述したものの集まりになります。したがってこの関数部は多くの関数から構成されているのが一般的です。

プログラムの設計作業はこの関数のくくり方と名前の付け方がポイントで、上手に作るとメイン関数部から呼び出している関数の名前だけを追いかければプログラムの機能が大体理解できるようになります。

●図6-5-2　C言語プログラムの基本的な構成

```
/***********************************
 *   基本のC言語のプログラム記述例
 *   MPLAB XC8 Cを使用
 ***********************************/
#include <xc.h>
（他のインクルードファイル）
/* コンフィギュレーションの設定 */
#pragma config FOSC = INTOSC・・・・・
#pragma config WDTE = OFF ・・・・
― ― ― ― ― ― ―
/* グローバル変数定義 */
int Counter, Flag;
/* 関数プロトタイピング */
void FuncName1(char a, unsigned int b);
```

宣言部

コメント行
/*から*/の間はすべて
コメントと見なされる

関数群で記述する関数の
型部分のみ記述

```
/******** メイン関数 ************/
void main(void)
{
    // 初期設定などの記述

    /***** メインループ ***/
    while(1)
    {
        // 関数機能の記述

    }
}
```

メイン関数部

この間に初期設定関連の
実行文を記述する。スタート時1回だけ実行される

以下の{ }内を永久に繰り返す指定

この間に実際のプログラムの実行文を記述する。永久に繰り返される

```
/***********************************
 * その他関数群
 ***********************************/
void FuncName1(char a, unsigned int b)
{

    // 関数機能の記述

}
```

その他関数部

複数の関数があれば順番にならべて記述する。記述順序は問わない

6-5-2 プログラム製作最初の最初
― コンフィギュレーションとクロック設定

コンフィギュレーション
マイコンのハードウェアの動作条件を設定する機能で、クロック発振の指定やメモリ保護の指定などを設定する。

PICマイコンのプログラムを作成するとき、まず確認すべきことは、コンフィギュレーション*が正しく設定されてクロックが正常に発振しているかどうかです。筆者はこれを常に最初に確認しますが、その方法は単純にLEDをチカチカさせる方法です。このような目的やデバッグ時の目印とするため、**LEDを最低限1個は常に実装するようにしています。**

今回使うPIC16F1503のコンフィギュレーション設定内容は表6-5-1のようにします。多くの選択肢があるので迷うことが多くありますが、通常はこの表の設定で確実に動作します。

▼表6-5-1　コンフィギュレーションの設定方法

項　目	選択肢	意　　味	設　定
FOSC	ECH	外付け発振器　4～20MHzの場合	INTOSC
	ECM	外付け発振器　0.5～4MHzの場合	
	ECL	外付け発振器　0.5MHz以下の場合	
	INTOSC	内蔵発振器（16MHz）	
WDTE	ON/OFF	ウォッチドッグタイマ*　有効/無効	OFF（無効）
PWRTE	ON/OFF	パワーアップタイマ　有効/無効	ON（有効）
MCLRE	ON/OFF	MCLRピン　有効/無効	ON（有効）
CP	ON/OFF	コードプロテクト　有効/無効	OFF（無効）
BOREN	ON/OFF	ブラウンアウトリセット*　有効/無効	ON（有効）
CLKOUTEN	ON/OFF	クロックピン出力　有効/無効	OFF（無効）
WRT	ON/OFF	セルフ書き込み保護　有効/無効	OFF（無効）
STVREN	ON/OFF	スタックオーバーリセット　有効/無効	OFF（無効）
BORV	LO	ブラウンアウトリセット電圧　2.45V	LO
	HI	ブラウンアウトリセット電圧　2.7V	
LVP	ON/OFF	低電圧プログラミング　有効/無効	OFF（無効）

ウォッチドッグタイマ
コンピュータが正常に動作しているか常に監視するタイマ。名前の由来は番犬。

ブラウンアウトリセット
突然電源が切れたり低下したりしたときに誤動作しないように、定電圧以下で確実にリセットをかける電圧監視装置。

レジスタ
マイコンのRAMにあるメモリ。各種設定を保持するための部分（SFR）。汎用レジスタとしてユーザが汎用に使える部分もある。機能に基づいた略称がついている。

PIC16F1503のクロック部の構成は図6-5-3のように少し複雑になっているので、コンフィギュレーションで内蔵クロックを選択した場合には、OSCCONレジスタ*のIRCFビット*で周波数を設定する必要があります。本章では最高速度の16MHzで使うことにします。

OSCCONレジスタの IRCFビット
OSCCON：
Oscillator Control
IRCF：
Internal Oscillator Frequency Select

● 図6-5-3　PIC16F1503のクロック部の構成

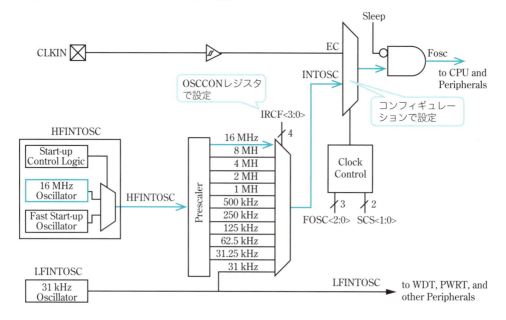

　こうしてRA0に接続されているLEDのチカチカだけをするプログラム「Robot1」がリスト6-5-1となります。このプログラムにより100msec周期でLEDが点滅すればコンフィギュレーションとクロックは期待通りになっていることがわかります。

リスト　リスト6-5-1　基本動作の確認プログラム（Robot1）

```
/*****************************************
 *  赤外線リモコンカー  Robot1.c
 *   ConfigurationとClockの確認
 *
 *****************************************/
#include <xc.h>
/*** コンフィギュレーション設定 ****/
// CONFIG1
#pragma config FOSC = INTOSC     // Oscillator Selection Bits (INTOSC oscillator: I/O function on CLKIN pin)
#pragma config WDTE = OFF        // Watchdog Timer Enable (WDT disabled)
#pragma config PWRTE = ON        // Power-up Timer Enable (PWRT enabled)
#pragma config MCLRE = ON        // MCLR Pin Function Select (MCLR/VPP pin function is MCLR)
#pragma config CP = OFF          // Flash Program Memory Code Protection (Program memory code protection is disabled)
#pragma config BOREN = ON        // Brown-out Reset Enable (Brown-out Reset enabled)
#pragma config CLKOUTEN = OFF    // Clock Out Enable (CLKOUT function is disabled. I/O or oscillator function on the CLKOUT pin)

// CONFIG2
#pragma config WRT = OFF         // Flash Memory Self-Write Protection (Write protection off)
#pragma config STVREN = OFF      // Stack Overflow/Underflow Reset Enable (Stack Overflow or Underflow will not cause a Reset)
#pragma config BORV = LO         // Brown-out Reset Voltage Selection (Brown-out Reset Voltage (Vbor), low trip point selected.)
#pragma config LPBOR = OFF       // Low-Power Brown Out Reset (Low-Power BOR is disabled)
```

```
#pragma config LVP = OFF        // Low-Voltage Programming Enable (High-voltage on MCLR/VPP must be used for programming)

/** クロック周波数定義 ***/
#define _XTAL_FREQ  16000000    // クロック周波数設定

/******* メイン関数   ********************/
int main(void) {
    /* クロック周波数設定 */
    OSCCONbits.IRCF = 15;       // 16MHz
    /* 入出力モード設定 */
    ANSELA = 0;                 // すべてデジタル
    TRISA = 0;                  // すべて出力
    /******* メインループ **********/
    while(1){
        LATAbits.LATA0 ^= 1;    // LED反転
        __delay_ms(100);        // 100msec
    }
}
```

6-5-3 モータ制御の確認テストプログラム（Robot2）

　次にモータをオンオフ制御するだけのテストプログラム「Robot2」を作ります。これでHブリッジの基本動作を確認します。あとのプログラムでも使えるように、次のような動作ごとの関数として作成します。

　最初は前進だけする関数を作ります。これらの関数をつくるとき注意することは、どの動作に切り替えるときも、**必ずいったん全トランジスタをオフにしてから切り替える**ということです。そうしないと、縦に接続された2個のトランジスタを同時にオンにする瞬間ができて電源をショートする構成となって、貫通電流が流れトランジスタが発熱してしまうことがあるからです。発熱まで行かなくても無駄な電流を消費するので、電池の消耗が早くなってしまいます。

　①Forward　　　：前進関数
　②Backward　　：後進関数
　③TurnRight　　：右曲り
　④TurnLeft　　　：左曲り
　⑤RotateRight　：右回転
　⑥RotateLeft　　：左回転
　⑦BreakStop　　：ブレーキ停止

　実際にすべての動作を2秒間隔で行うだけの確認プログラムがリスト6-5-2となります。さらに各動作を設定する関数がリスト6-5-3となります。この動作設定はHブリッジの各4つの出力を設定しているだけとなっています。これらの関数はそのまま最後まで使えるので、モータ制御用ライブラリ関数の

ような使い方ができます。

例えば前進するための関数はForward()関数で、この関数では、まずブリッジのすべてをオフにしてから、モータ1側のLATC0とLATC1をオンにして正回転とし、続いてLATC3とLATA4をオンにしてモータ2を正回転としています。

実はこの関数を作成したあと、走行方向が逆であることがわかったので、2個のモータの配線をそれぞれ入れ替えています。これでモータの回転が逆になるので、前進と後進が期待通りになりました。

リスト 6-5-2　モータ制御の確認プログラム（Robot2）

```c
/*****************************************
 *   赤外線リモコンカー   Robot2.c
 *   Hブリッジの動作確認
 *****************************************/
#include <xc.h>
/*** コンフィギュレーション設定 ****/
// CONFIG1
（省略）
// CONFIG2
（省略）

/* 関数プロトタイピング */
void BreakStop(void);
void Forward(void);
void Backward(void);
void TurnRight(void);
void TurnLeft(void);
void RotateRight(void);
void RotateLeft(void);

/** クロック周波数定義 ***/
#define _XTAL_FREQ   16000000        // クロック周波数設定

/******* メイン関数  ********************/
int main(void) {
    /* クロック周波数設定 */
    OSCCONbits.IRCF = 15;           // 16MHz
    /* 入出力モード設定 */
    ANSELA = 0;                     // すべてデジタル
    ANSELC = 0;
    TRISA = 0;                      // すべて出力
    TRISC = 0;
    /******* メインループ **********/
    while(1){
        BreakStop();
        __delay_ms(500);
        Forward();
        __delay_ms(2000);
        BreakStop();
        __delay_ms(500);
        Backward();
        __delay_ms(2000);
         BreakStop();
```

```
        __delay_ms(500);
        TurnRight();
        __delay_ms(2000);
        BreakStop();
        __delay_ms(500);
        TurnLeft();
        __delay_ms(2000);
        BreakStop();
        __delay_ms(500);
        RotateRight();
        __delay_ms(2000);
        BreakStop();
        __delay_ms(500);
        RotateLeft();
        __delay_ms(2000);
    }
}
```

リスト 6-5-3　各動作関数（Robot2）

```
/*******************************************
 *  Hブリッジ関数　ブレーキ停止
 *   C0   C2      A4   C4
 *   A2   C1      C5   C3
 *******************************************/
void BreakStop(void){
    LATC = 0b00010101;      // All Off
    LATA = 0b00010000;      // All Off
    LATAbits.LATA2 = 1;     // Motor1 Stop
    LATCbits.LATC1 = 1;
    LATCbits.LATC5 = 1;     // Motor2 Stop
    LATCbits.LATC3 = 1;
}
/*******************************************
 *  Hブリッジ関数　前進
 *   C0   C2      A4   C4
 *   A2   C1      C5   C3
 *******************************************/
void Forward(void){
    LATC = 0b00010101;      // All Off
    LATA = 0b00010000;      // All Off
    LATCbits.LATC1 = 1;     // Motor1 forward
    LATCbits.LATC0 = 0;
    LATCbits.LATC3 = 1;     // Motor2 forward
    LATAbits.LATA4 = 0;
}
/*******************************************
 *  Hブリッジ関数　後進
 *   C0   C2      A4   C4
 *   A2   C1      C5   C3
 *******************************************/
void Backward(void){
    LATC = 0b00010101;      // All Off
    LATA = 0b00010000;      // All Off
    LATAbits.LATA2 = 1;     // Motor1 backward
```

```c
        LATCbits.LATC2 = 0;
        LATCbits.LATC5 = 1;         // Motor2 backward
        LATCbits.LATC4 = 0;
}
/*******************************************
 *   Hブリッジ関数   左旋回
 *   C0   C2        A4   C4
 *   A2   C1        C5   C3
 *******************************************/
void TurnLeft(void){
        LATC = 0b00010101;          // All Off
        LATA = 0b00010000;          // All Off
        LATCbits.LATC1 = 1;         // Motor1 forward
        LATCbits.LATC0 = 0;
}
/*******************************************
 *   Hブリッジ関数   右旋回
 *   C0   C2        A4   C4
 *   A2   C1        C5   C3
 *******************************************/
void TurnRight(void){
        LATC = 0b00010101;          // All Off
        LATA = 0b00010000;          // All Off
        LATCbits.LATC3 = 1;         // Motor2 forward
        LATAbits.LATA4 = 0;
}
/*******************************************
 *   Hブリッジ関数   左回転
 *   C0   C2        A4   C4
 *   A2   C1        C5   C3
 *******************************************/
void RotateLeft(void){
        LATC = 0b00010101;          // All Off
        LATA = 0b00010000;          // All Off
        LATCbits.LATC1 = 1;         // Motor1 forward
        LATCbits.LATC0 = 0;
        LATCbits.LATC5 = 1;         // Motor2 backward
        LATCbits.LATC4 = 0;
}
/*******************************************
 *   Hブリッジ関数   右回転
 *   C0   C2        A4   C4
 *   A2   C1        C5   C3
 *******************************************/
void RotateRight(void){
        LATC = 0b00010101;          // All Off
        LATA = 0b00010000;          // All Off
        LATAbits.LATA2 = 1;         // Motor1 backward
        LATCbits.LATC2 = 0;
        LATCbits.LATC3 = 1;         // Motor2 forward
        LATAbits.LATA4 = 0;
}
```

6-5-4 赤外線フレーム受信動作確認プログラム（Robot3）

次に必要なのは赤外線モジュールの受信処理部です。ここは少し難しいものになります。ここでもいきなり全部のデータを受信するプログラムを作ろうとすると複雑すぎて失敗するので、まず赤外線モジュールのHighとLowを入力して、フレームのリーダコード部の受信だけを確認して、フレームを受信確認できた場合にだけLEDを点滅させるテストプログラム（「Robot3」）を作ります。これで送信機のボタンのどれかを押したときLEDが点滅すれば、少なくとも赤外線による通信の送受信ができていることが確認できます。このプログラムのメイン部のフローチャートが図6-5-4となります。

まず、メインプログラムの初期化でタイマを100μsecごとのインターバルタイマ*として動作させて割り込みを生成するようにします。そして割り込み処理の中で図6-5-2の標準フォーマットの(a)かリピートの(b)のフレームの受信をチェックします。この割り込み処理の中で、いずれかのフレーム受信を確認したらフラグ*のMainStateを1にセットするのでメインループ*でそれを待ちます。

インターバルタイマ
一定周期で割り込みを生成する動作。

フラグ
プログラムで何らかの条件の有無を判定をするために用意する変数のこと。

メインループ
C言語のプログラムでwhile(1)で繰り返される永久ループの部分のこと。

● 図6-5-4 フレーム受信テストメイン部のフローチャート

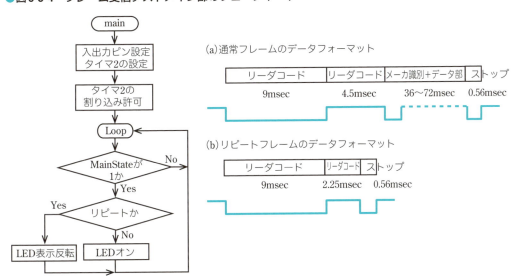

メインループでは、MainStateの1を確認したら、通常フレームの場合にはLEDを点灯させ、リピートフレームの場合にはLED表示を反転させるようにし、毎回最後にMainStateを0に戻します。これで送信機のボタンを押している間

LEDが0.2秒程度の間隔で点滅すれば、正常に送受信ができていることが確認できます。

■ステートマシン

100μsec周期のタイマ2の割り込み処理部のフローチャートが図6-5-5となります。

全体をStateというステート変数を使って**ステートマシン***として構成しています。つまり単純に割り込みごとに処理が進むわけではなく、赤外線パルスの幅を確認するため何回かの割り込みを実行してから次の処理に進む必要があるので、これをState変数で区別し、確認できたらStateをアップして順次処理を進めるようにします。

PICマイコンのポートRA5ピンに受光モジュールの出力が接続されているので、100μsec周期の割込みごとにこのピンの状態を読み込みます。信号がない常時はHighで、フレーム開始時のリーダコード部の最初でLowになります。このHighかLowの幅を確認するためパルス幅カウンタ変数（LowWidthとHighWidth）を使います。

Stateが0のときは、フレームの始まりであるリーダコードを待つステートです。割り込みごとにRA5ピンをチェックし、最初のLowの受信で開始し、割り込みごとにLowだったらLowWidthをカウントアップします。次にHighを入力したとき、それまでのLow受信が80回以上継続していたらリーダコードを受信したことになり、これがフレーム受信の開始になります。このLowの幅を確認したらStateを1に進めます。

Stateが1のときは、続くリーダコード部のHigh期間の幅をカウントすることでフレーム種別を判定します。次にLowを受信したとき、それまでのHigh期間が40回以上継続していたら通常のフレームなので、RptFlagを0にしてStateを3にします。40回より少なく20回より多ければリピートフレームの場合なのでRptFlagを1にしてStateを2にします。20回以下の場合は不正データなのでStateを0にして最初の状態に戻します。

Stateが2のリピートフレームの場合には続くストップビットをスキップしてからStateを0に戻しています。Stateが3の通常フレームの場合には、ここではフレームの確認だけなのでデータ部を無視してすぐStateを0に戻しています。

通常フレーム、リピートフレームいずれの場合も、MainStateフラグを1にしてメインプログラムに受信できたことを通知します。これによりメインプログラムでLED表示が実行されることになります。

ステートマシン
ステートという変数を使って処理をいくつかの段階にまとめて順番に進めていく方法。個々の処理を短くでき、処理が複雑化するのを避けることができる。

● 図6-5-5　フレーム受信テストの割り込み処理関数部のフロー

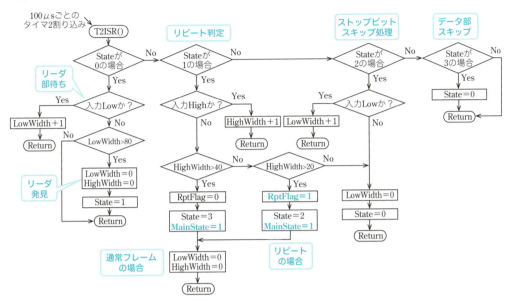

　このフレーム受信テストプログラム（「Robot3」）のメイン部がリスト6-5-4となります。コンフィギュレーション部の詳細はこれまでのプログラムと同じなので省略しました。
　メインループはフローチャート通りの流れで、通常フレームの場合LEDを点灯させ、リピートフレームの場合は反転させています。

リスト　6-5-4　フレーム受信テストメイン処理部詳細（Robot3）

```
/*********************************
 *  赤外線リモコンカー Robot3.c
 *      赤外線受光モジュールの確認
 *      受光モジュールフレーム受信でLED点滅
 *********************************/
#include <xc.h>
/*** コンフィギュレーション設定 ****/
// CONFIG1
  （省略）
// CONFIG2
  （省略）
/* グローバル変数定義 */
unsigned int LowWidth, HighWidth;
unsigned char State, MainState, RptFlag;

/******* メイン関数 *******************/
int main(void) {
    /* クロック周波数設定 */
    OSCCONbits.IRCF = 15;              // 16MHz
    /* 入出力モード設定 */
```

```c
        LATAbits.LATA0 = 0;
        ANSELA = 0;                         // すべてデジタル
        TRISA = 0x20;                       // RA5のみ入力
        /* タイマ2の初期設定 100usec@16MHz */
        T2CON = 0x05;                       // POST=1/1 PRE=1/4
        PR2 = 100;                          // 100us/250nsx4=100
        /* 変数初期化 */
        LowWidth = 0;
        HighWidth = 0;
        State = 0;
        MainState = 0;
        /* 割り込み許可 */
        PIE1bits.TMR2IE = 1;                // 割り込み許可
        INTCONbits.PEIE = 1;
        INTCONbits.GIE = 1;
        /****** メインループ *********/
        while(1){
            if(MainState == 1){             // メインステート1の場合
                if(RptFlag == 1)            // リピートフラグオンの場合
                    LATAbits.LATA0 ^= 1;    // LED表示反転
                else                        // 通常フレームの場合
                    LATAbits.LATA0 = 1;     // LED表示オン
                MainState = 0;              // メインステートリセット
            }
        }
    }
```

　フレーム受信テストプログラム（「Robot3」）のタイマ2の割り込み処理部がリスト6-5-5となります。こちらのプログラムは少し複雑になっていますが、State変数により処理が分岐しています。$100\mu sec$ごとにこの割り込み処理が実行されます。そしてRA5ピンのHighとLowの変わり目が、ステートが変わるタイミングとなります。

　Stateが0のとき、入力がHighの間は何もしません。いったんLowを入力したあとは、その次にHighになるまでのLowのパルス幅をカウントします。次にLowからHighになったとき、Lowのパルス幅をチェックして80カウント以上であればフレームの最初を検出したとしてStateを1に進めます。

　Stateが1のときは、続くHighの間のカウントをします。次にLowになったとき、Highのパルス幅を確認し、それが40より大きければ通常フレームの場合なので、RptFlagを0に、MainStateを1にしてStateを3に進めます。40以下で20より大きい場合にはリピートフレームの場合なので、RptFlagとMainStateを1にしてStateを2に進めます。

　State2ではリピートフレームのストップビットのLowの間だけ待ちHighになったらStateを0にして最初の状態に戻します。

　Stateが3の場合は、データ部をすべて無視してStateを0にして最初の状態に戻します。このあとデータ部の受信が続きますが、次のリーダコード受信までは何もしないことになります。

リスト 6-5-5 フレーム受信テスト割込み処理部詳細（Robot3）

```c
/*************************************
 * タイマ2割り込み処理関数
 * 100usec周期
 *************************************/
void interrupt T2ISR(void){
    switch(State){                          // Stateが0の場合
        case 0:                             // リーダコード発見処理
            if(PORTAbits.RA5 == 0){         // 入力Lowの場合
                LowWidth++;                 // Low幅カウンタアップ
            }
            else{                           // 入力Highの場合
                if(LowWidth > 80){          // リーダコードの場合
                    LowWidth = 0;           // 幅カウンタリセット
                    HighWidth = 0;
                    State = 1;              //ステートアップ
                }
            }
            break;
        case 1:                             // リーダコード後半の処理
            if(PORTAbits.RA5 == 1){         // 入力Highの場合
                HighWidth++;                // High幅カウンタアップ
            }
            else{                           // 入力Lowの場合
                if(HighWidth > 40){         // 通常フレームの場合
                    RptFlag = 0;            // リピートフラグリセット
                    State = 3;              // データ受信処理へ
                    MainState = 1;          // メインステートアップ
                }
                else if(HighWidth > 20){    // リピートフレームの場合
                    RptFlag = 1;            // リピートフラグセット
                    State = 2;              // ストップビットスキップへ
                    MainState = 1;          // メインステートアップ
                }
                else{                       // どちらでもない場合
                    RptFlag = 0;            // フラグクリア
                    State = 0;              // ステート初期化
                }
                LowWidth = 0;               // パルス幅カウンタリセット
                HighWidth = 0;
            }
            break;
        case 2:                             // リピートのストップビットスキップ
            if(PORTAbits.RA5 == 0)          // 入力Lowの場合
                LowWidth++;                 // Low幅カウンタアップ
            else{
                LowWidth = 0;               // ストップビットスキップ
                HighWidth = 0;
                State = 0;                  // 初期ステートへ
            }
            break;
        case 3:                             // データ受信処理
            State = 0;                      // 何もせず初期ステートへ
            break;
    }
    PIR1bits.TMR2IF = 0;                    // 割り込みフラグクリア
}
```

6-5-5 赤外線フレームデータ部受信プログラム（Robot4）

今度はいよいよデータ部の受信処理を追加したテストプログラム（Robot4）を製作します。

データ部の受信には、データの論理1と論理0を判定する処理が必要になります。これには、図6-3-5の条件を使います。いずれの場合もLowの信号が560μsec続くことで始まるので、これを基本にして続くHighの信号の長さが560μsecであれば論理0、Highが1680μsecであれば論理1ということになります。

この1ビットの受信処理は図6-5-6のようにします。Robot3のフレーム処理で通常フレームの場合はStateが3にされるので、これに追加します。State3では、ビットの始まりのLowが560μsec受信されるはずなので、次のHighを受信したとき、LowWidthが4未満の場合には、受信エラーとしてStateを0に戻して最初からやり直します。

このLowが受信できたらStateを4にして続くHighを受信します。次のLowを入力したらHighの期間をチェックし、12より大きければLogicを1に、小さければLogicを0とし、さらに1ビットの受信ができたことを、BitFlagを1にしてメインループに通知します。

●図6-5-6　赤外線受光モジュールのビット受信処理

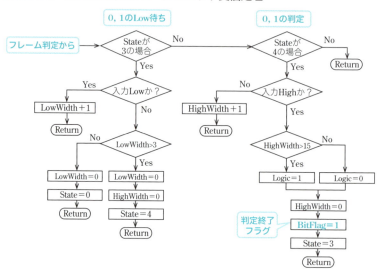

この割り込み処理を加えた割り込み処理の全体がリスト6-5-6となります。割り込み処理部はこれが最終形態で完成になります。

6-5 リモコン車のプログラムの製作

リスト 6-5-6 ビット処理を加えた割り込み処理詳細（Robot4）

```c
/*******************************
 * タイマ2割り込み処理関数
 * 100usec周期
 *******************************/
void interrupt T2ISR(void){
    switch(State){                          // Stateが0の場合
        case 0:                             // リーダコード発見処理
            if(PORTAbits.RA5 == 0){         // 入力Lowの場合
                LowWidth++;                 // Low幅カウンタアップ
            }
            else{                           // 入力Highの場合
                if(LowWidth > 80){          // リーダコードの場合
                    LowWidth = 0;           // 幅カウンタリセット
                    HighWidth = 0;
                    State = 1;              //ステートアップ
                }
            }
            break;
        case 1:                             // リーダコード後半の処理
            if(PORTAbits.RA5 == 1){         // 入力Highの場合
                HighWidth++;                // High幅カウンタアップ
            }
            else{                           // 入力Lowの場合
                if(HighWidth > 40){         // 通常フレームの場合
                    RptFlag = 0;            // リピートフラグリセット
                    State = 3;              // データ受信処理へ
                    MainState = 1;          // メインステートアップ
                }
                else if(HighWidth > 20){    // リピートフレームの場合
                    RptFlag = 1;            // リピートフラグセット
                    State = 2;              // ストップビットスキップへ
                    MainState = 1;          // メインステートアップ
                }
                else{                       // どちらでもない場合
                    RptFlag = 0;            // フラグクリア
                    State = 0;              // ステート初期化
                }
                LowWidth = 0;               // パルス幅カウンタリセット
                HighWidth = 0;
            }
            break;
        case 2:                             // リピートのストップビットスキップ
            if(PORTAbits.RA5 == 0){         // 入力Lowの場合
                LowWidth++;                 // Low幅カウンタアップ
            }
            else{
                LowWidth = 0;               // ストップビットスキップ
                HighWidth = 0;
                State = 0;                  // 初期ステートへ
            }
            break;
        case 3:                             // ビットデータの最初のLowの確認
            if(PORTAbits.RA5 == 0){         // 入力Lowの場合
                LowWidth++;                 // ビット最初のLowを入力
            }
```

```
                    else{                       // 入力Highの場合
                        if(LowWidth > 3)        // Lowビット幅確認できた場合
                            State = 4;          // 0,1判定処理へ
                        else                    // Low幅不足の場合
                            State = 0;          // エラーとして初期化
                        LowWidth = 0;
                        HighWidth = 0;
                    }
                    break;
                case 4:                         // データビットの0,1判定
                    if(PORTAbits.RA5 == 1){     // 入力Highの場合
                        HighWidth++;
                    }
                    else{                       // 入力Lowの場合
                        if(HighWidth > 12)      // High幅が長い場合
                            Logic = 1;          // 論理「1」とする
                        else                    // High幅が短い場合
                            Logic = 0;          // 論理「0」とする
                        HighWidth = 0;          // ビット幅カウントリセット
                        LowWidth = 0;
                        BitFlag = 1;            // ビット受信完了フラグセット
                        State = 3;              // 前のステートへ
                    }
                    break;
            }
            PIR1bits.TMR2IF = 0;                // 割り込みフラグクリア
}
```

次にメイン部を完成させます。

割り込み処理で0か1の1ビットの受信を実行するので、メイン処理ではフレーム全体の受信処理を行います。ここでもフレームの構成に合わせてステートマシンとして処理を行います。ステートの状態をMainState変数とします。

これでステート変数の遷移は図6-5-7のようになることになります。割り込み処理内のステートがState変数で、メインループ内のステート変数がMainState変数になります。

● 図6-5-7　ステート変数の遷移の全体

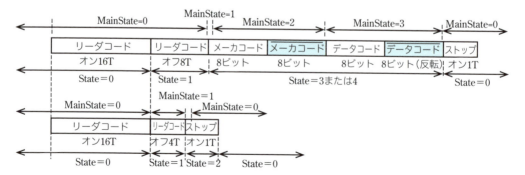

6-5 リモコン車のプログラムの製作

このメイン処理部のフローチャートが図6-5-8となります。

MainStateが1になったらフレームの受信開始なのでまずはこれを待ちます。MainStateが1になったら、RptFlagをチェックしてフレームの種類を判定します。リピートフレームの場合には、繰り返しなので、前回受信したデータでデータ処理関数であるProcess()関数を呼び出します。そしてMainStateを0にして最初に戻ります。

通常フレームの場合は、MainStateを2にして先に進みます。MainStateが2の場合はメーカコードを受信する処理で、まずはBitFlagが1になってビット受信ができるのを待ちます。BitFlagが1になったらLogicが受信したビットの0か1なので、これをMakerCode変数に順番にシフトして入力していきます。

●図6-5-8 テストプログラムRobot4のメイン受信処理フロー

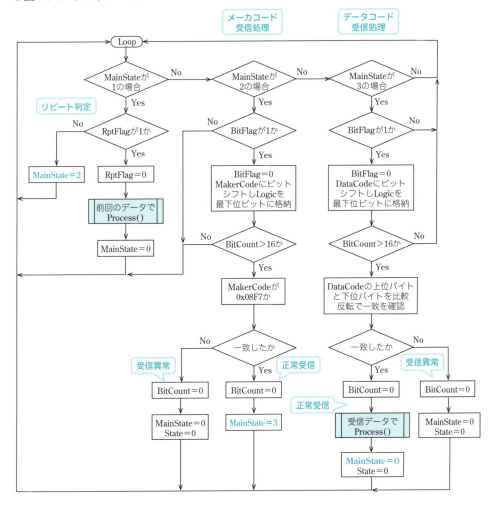

これを16回繰り返したらメーカコードの受信完了なので、メーカコードが0x08F7であることを確認します。一致したらMainStateを3に進めます。一致しなかったら受信エラーなのでMainStateとStateを0にして最初に戻ります。

MainStateが3の場合はデータコード部の受信になります。ここでもBitFlagが1になるのを待ち、1になったらLogicの値を順次DataCode変数にシフトして入力します。これを16回繰り返して16ビット受信が完了したら、データコード部の受信完了なので、受信したDataCodeの上位8ビットと下位8ビットの反転2連送*の比較照合を行います。照合が一致した場合だけ、パラメータをDataCodeにしてデータ処理のProcess()関数を呼び出します。そのあとMainStateを0にして最初に戻ります。

このテストプログラム（Robot4）でのProccess()関数はブレーキ停止の場合だけLEDを消灯し、その他すべてのキーの場合にはLEDを点灯させるようにしています。

これで送信機のいずれかのキーを押せばLEDが点灯し、ブレーキ停止のキーを押せばLEDが消灯するので、送受信の確認ができます。

> **反転2連送**
> 本来のデータと、同じデータの0と1を入れ替えたデータを続けて送ること。転送中の誤りを比較することで判定できる。

■データの見方がデータシートと異なっていた

このテストは難航しました。フレーム受信まではできているのですが全くLEDが点灯しませんでした。しばらく悩みました。オシロスコープでRA5ピンを観測すると、図6-5-9のように確かにデータコード部は受信できています。ビットのパターンもデータシートと合っています。

●図6-5-9 受信した赤外線データの波形

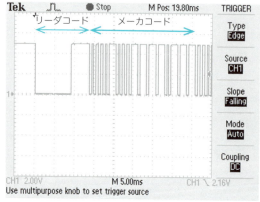
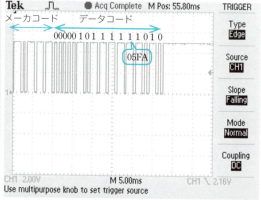

データシートの記述

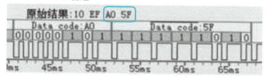

6-5 リモコン車のプログラムの製作

原因はデータシートに記載されている送信機のキーコードの見方が異なっていたためでした。データシートのビット順序の図はオシロスコープでも確認できて同じだったのですが、データシートでビット列の図の上に記載されている16進数の値のビット順が逆に表現されていたのです。右から読んだ値の16進数になっていました。

これを見つけるまで動作が確認できずあれこれ悩みました。オシロスコープでも確認しましたが、結局PICを別のものに取り換えてPICkit3でデバッグしてDataCodeの内容を確認して初めて気が付きました。この16進数の値のビット順を左からにして図6-3-3の表のように修正したら正しく動作するようになりました。

このテストプログラム(Robot4)の最終的なメイン部の詳細がリスト6-5-7になります。MainState変数によるステートマシンとなっているのはRobot3のテストプログラムと同じですが、MainStateの2以降が異なっています。

まずMainStateが2の場合には、リーダコードに続くメーカコードの16ビットを受信します。そして16ビット受信完了したら、メーカコードが0x08F7であることを確認し、一致したらMainStateを3に進めます。

ステート3では続くデータコードの16ビットを受信します。16ビット受信完了したら、上位8ビットを下位8ビットの0、1を反転したものと照合します。これで送受信の誤りをチェックできます。一致したら正常なので受信したDataCodeでProcess()関数を呼び出しています。一致しなかったら受信エラーなので、初期状態に戻します。

これで最終形態のメイン部も完成しました。残りはProcess()関数とモータ制御だけとなります。

リスト 6-5-7 テストプログラムメイン関数部の詳細(Robot4)

```
/******* メインループ **********/
while(1){
    switch(MainState){
        case 1:                              // メインステート1の場合
            if(RptFlag == 1){                // リピートフラグオンの場合
                Process(DataCode);           // 前回のデータで処理実行
                MainState = 0;               // 初期ステートに戻す
            }
            else{                            // 通常フレームの場合
                MainState = 2;               // 次のステートへ
                BitCount = 0;                // ビットカウンタリセット
                MakerCode = 0;
            }
            break;
        case 2:                              // メーカコード受信処理
            if(BitFlag == 1){                // ビット受信完了している場合
                BitFlag = 0;                 // 完了フラグクリア
                MakerCode = MakerCode << 1;  // メーカコードをシフトして格納
```

```
                    MakerCode += (unsigned int)Logic;
                    BitCount++;                    // ビットカウンタ更新
                    if(BitCount >= 16){            // 16ビット受信完了の場合
                        if(MakerCode == 0x08F7){   // 照合一致した場合
                            MainState = 3;         // 次のステートへ
                        }
                        else{                      // 照合不一致の場合
                            MainState = 0;         // エラー、初期状態へ
                            State = 0;
                        }
                        BitCount = 0;
                        DataCode = 0;
                    }
                }
                break;
            case 3:                                // データコード受信処理
                if(BitFlag == 1){                  // ビット受信完了している場合
                    BitFlag = 0;                   // 完了フラグクリア
                    DataCode = DataCode << 1;      // メーカコードをシフトして格納
                    DataCode += (unsigned int)Logic;
                    BitCount++;                    // ビットカウンタ更新
                    if(BitCount >= 16){            // 16ビット受信完了の場合
                        temp = ~DataCode;          // 反転2連送照合
                        temp = temp & DataCode;
                        if(temp == 0){             // 照合一致した場
                            Process(DataCode);     // 受信データ処理
                            MainState = 0;         // ステートを最初に戻す
                            State = 0;
                        }
                        else{                      // 照合不一致の場合
                            MainState = 0;         // エラー、初期状態へ
                            State = 0;
                        }
                    }
                }
                break;
            default :
                break;
        }
    }
}
```

6-5-6 モータ制御を加えた最終形態プログラム（Robot5）

　メイン部も割り込み処理部も最終形態までできましたから、残りはProcess()関数でモータを動かすだけになります。Process()関数から呼び出すモータを動かすための関数は、リスト6-5-3をそのまま使います。

　完成したRobot5の最終的なProcess()関数がリスト6-5-8となります。Process()関数が呼び出されるときは引数としてDataCodeがセットされるので、

図6-3-3のデータコード部の16ビット全体を定数としてswitch文で分岐して、それぞれのモータ制御関数を呼び出しています。これで確実に受信していないとモータ制御は実行されないので、安全確実な動作となります。この16ビットの定数値が赤外線送信機のデータシートとは異なる値になっているので注意してください。

リスト 6-5-8 モータ制御部詳細（Robot5）

```
/*********************************
 *  受信データ処理関数
 *  受信したデータに従ってモータ制御
 *********************************/
void Process(unsigned int data){
    switch(data){
        case 0x05FA:        // Forward
            Forward();
            break;
        case 0x00FF:        // Backward
            Backward();
            break;
        case 0x08F7:        // Rotate Left
            RotateLeft();
            break;
        case 0x01FE:        // Rotate Right
            RotateRight();
            break;
        case 0x04FB:        // Break Stop
            LATAbits.LATA0 = 0;
            BreakStop();
            break;
        case 0x847B:        // TurnRight
            TurnRight();
            break;
        case 0x8D72:        // Turn Left
            TurnLeft();
            break;
        default:
            break;
    }
}
```

これで赤外線リモコンのプログラムが完成となります。部分ごとに動作を確認しながら進めることで、一度に多くの問題が含まれてしまうことがなくなるので問題解決も早くなります。

6-6 動作確認方法とトラブル対策

　動作確認は簡単です。赤外線送信機のボタンを押したとき、期待通りに車が動くかどうかだけになります。
　それでも全く動かなかったりすることもあり得るので、トラブルごとに確認手順を説明します。

❶全く動作しない場合
　6-5節でプログラムを作成するステップの中で順次動作確認しているはずなので、全く動作しないことはないはずですが、それでも動かないときは次のようなことを確認します。

- 電池が十分電流を供給できるものか、特にモータ用電池
- プログラムの書き換えが可能かどうか
  可能であればPIC周りは正常。だめなときは、PIC用の電池が容量不足か、電源スイッチがオフになっている
- 赤外線送信器の電池の容量不足
  コイン電池*のCR2025が使われているので交換する

　これで動作しない場合にはテストプログラムRobot1からRobot4を使って順次動作確認していきます。

❷進行方向、回転方向が期待通りでない場合
　進行方向が逆の場合はプログラムの関数ForwardとBackwardを入れ替えるか、モータの配線の2本を入れ替えます。回転方向の右、左が逆の場合は、関数を入れ替えます。

コイン電池
円形のコイン型の電池で通常3Vとなっている。容量により直径と厚さが数種類ある。

6-7 グレードアップ

可変速制御
PWMでモータ速度を連続的に可変とする。

ここまででオンオフリモコン制御ができました。せっかくですから可変速制御*にもチャレンジしてみましょう。全く同じ回路でプログラムだけ変更すれば可変速制御ができます。

6-7-1 モータの可変速制御

モータの単純なオンオフだけでなく、速度を変える制御はどのようにすればよいのでしょうか。DCモータでは加える電圧を変えれば速度を変えることができます。正確にはDCモータの回転数は電流に比例します。

これを簡単に実現する回路が、図6-7-1となります。この回路では、モータに加わる電圧が一定になるようにするフィードバック*回路構成となっています。つまり、モータに加わる電圧が、制御電圧とオペアンプで比較され、両者が同じになるようにトランジスタでの電圧降下を制御しています。オペアンプの入力はイマジナルショート*で同じ電圧になるようにするので、結果的に電流が一定になるように制御されます。

フィードバック制御
出力のセンサの値を入力に戻して出力を安定化する方式。

イマジナルショート
オペアンプの動作の基本で、プラスとマイナスの入力が同じ電圧になるように動作するためこう呼ばれる。

●図6-7-1 モータの可変速制御回路

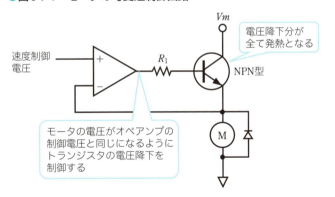

D/A変換
デジタル数値に比例したアナログ信号を出力する変換器。

この回路は簡単な回路で比較的安定な速度制御ができるため、小型モータの制御ではよく使われますが、最大の欠点はトランジスタでの電圧降下分がそのまま発熱になってしまうことです。そのため電流が多く流れるモータの制御には不向きです。また、マイコンなどのデジタル回路で制御するには、制御電圧を生成するためにD/A変換*が必要になってしまうので、ちょっと

パルス幅変調制御
周期一定でオン時間の割合を変えることで平均出力値を可変制御する方式。

扱い難い回路となってしまいます。

　これらの欠点を補うために考え出された方式が**パルス幅変調制御***（**PWM制御**）という方式で、マイコンによるデジタル制御で簡単に速度制御を行うことができます。

　パルス幅制御は、基本の回路はオンオフ制御と同じなのですが、オンオフを高速で繰り返し、さらにオンにする時間割合を変えることでモータに加わる平均エネルギーを可変にして速度を制御する方式です。

　パルス幅変調方式は、結果的には駆動電流を変えているのと同じ効果を出しているのですが、その方法がパルス幅に依っているので、パルス幅変調方式（PWM：Pulse Width Modulation）と呼ばれています。

　基本回路は図6-4-1の単純なオンオフ制御回路と同じで、制御用トランジスタを一定時間間隔でオンオフすると、モータ駆動電源がオンオフされることになります。このパルス状の電圧でDCモータを駆動すると、モータに加わる平均電流はパルス幅に比例することになります。そうすると図6-7-2のように平均電流の大きさに回転数やトルクが比例するので、結局、平均電流がパルス幅によって変化することでモータの回転速度やトルクが変わることになります。

●図6-7-2　PWM制御による速度制御の原理

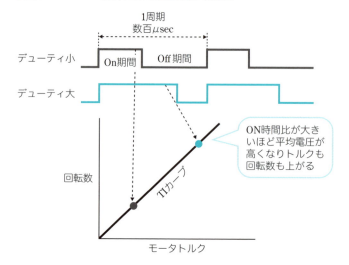

　このようにPWM制御をするための回路は通常のオンオフ回路と全く同じでよいため、簡単な回路で速度のデジタル制御ができる点で優れています。マイコンによる速度制御には、大部分このPWM制御が使われています。回転方向の切り替えもできるように、通常はフルブリッジ回路構成が使われています。

6-7 グレードアップ

ここで注意が必要なことがあります。PWM制御では10kHz以上の高い周波数のパルスを扱うため、モータやドライブ回路の**ノイズ対策を万全にしないと、マイコンが誤動作するなどのトラブル**に悩むことになります。この他に、パルスでの制御でロスをできるだけ少なくしてモータに電力を伝えられるように、トランジスタの選定や制御ドライブ回路の工夫がいろいろなされています。

実際のフルブリッジの回路は図6-7-3のようになります。オンオフ制御で使った回路とまったく同じですが、Q1とQ2のトランジスタの制御をPWM制御するところが異なっています。PICマイコンにはこのようなPWMを自動的に生成するモジュールが内蔵されているので便利に使えます。さらに今回使用したPIC16F1503にはこのPWMパルスを生成するPWMモジュールが4組実装されているので、2台のモータのPWM制御をPICから直接制御することができます。

●図6-7-3　PWM制御の実用回路例

(a)モータ1側

制御FET	Q4	Q3	Q2	Q1	モータの状態
制御ピン	RC0	RC2	RA2 PWM3	RC1 PWM4	—
停止	H	H	L	L	オフ状態で停止
ブレーキ	H(Off)	H(Off)	H(On)	H(On)	ブレーキ状態で停止
正転	H(Off)	L(On)	PWM	L(Off)	PWM制御で正回転
逆転	L(On)	H(Off)	L(Off)	PWM	PWM制御で逆回転

(b)モータ2側

制御FET	Q4	Q3	Q2	Q1	モータの状態
制御ピン	RC4	RA4	RC3 PWM2	RC5 PWM1	—
停止	H	H	L	L	オフ状態で停止
ブレーキ	H(Off)	H(Off)	H(On)	H(On)	ブレーキ状態で停止
正転	H(Off)	L(On)	PWM	L(Off)	PWM制御で正回転
逆転	L(On)	H(Off)	L(Off)	PWM	PWM制御で逆回転

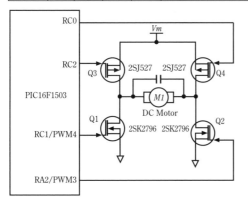
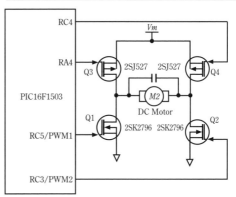

6-7-2 PWMモジュールの使い方

　PWM制御を行うために必要になるのが、PICマイコンに内蔵されているPWMモジュールとなります。このPWMモジュールは図6-7-4のような内部構成をしています。

　タイマ2と連動して動作するようになっていて、PWM信号の周期がタイマ2で決定されます。デューティ比がPWMモジュールのレジスタで制御されるようになっています。デューティ比は10ビットの分解能となっているので1024段階で制御できます。

●図6-7-4　PWMモジュールの内部構成

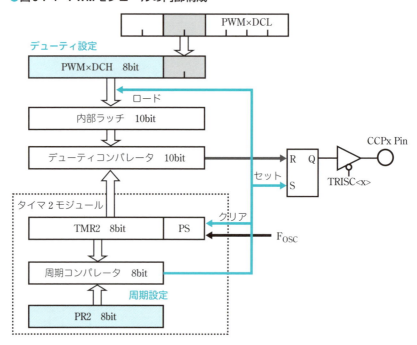

　この周期とデューティ分解能の関係はPICのクロックとタイマ2の設定で決定され、表6-7-1 (a)、(b)、(c) のようになります。モータ制御で周期の周波数を10kHz以上にするとモータ側が追従できず効率が悪くなってしまうため、低めに設定する必要があります。

　また、プログラムで赤外線通信データの解読をする必要があるので、できるだけPICマイコンは高速で動かしたいという要求もあります。したがってクロックを16MHzとするとPWMの周期の周波数は9.80kHzか2.48kHzが設定可能な値ということになりますが、2.48kHzの場合には耳障りな音として聴こえてしまう*ので、9.80kHzの設定で使うことにします。

可聴域
人が音として聞きとれるのはおおむね20Hz〜20,000Hzの範囲。

6-7 グレードアップ

▼表6-7-1 PWMの周期とデューティ分解能

(a) クロック Fosc ＝ 32MHzの場合

周期の周波数	1.24kHz	4.90kHz	19.5kHz	76.9kHz
タイマ2プリスケーラ*	64	16	4	1
PR2設定値	0xFF	0xFF	0xFF	0xFF
分解能	10	10	10	10

(b) クロック Fsoc ＝ 16MHzの場合

周期の周波数	0.64kHz	2.48kHz	9.80kHz	39.0kHz
タイマ2プリスケーラ	64	16	4	1
PR2設定値	0xFF	0xFF	0xFF	0xFF
分解能	10	10	10	10

(c) クロック Fosc ＝ 8MHzの場合

周期の周波数	0.31kHz	1.24kHz	4.90kHz	19.5kHz
タイマ2プリスケーラ	64	16	4	1
PR2設定値	0xFF	0xFF	0xFF	0xFF
分解能	10	10	10	10

> **プリスケーラ（分周期）**
> タイマのカウント値の上限を引き上げるため前段に入れるカウンタ。例えばクロック64回でタイマを1つカウントすれば、上限は64倍になり、周波数は1/64になる。

6-7-3　PWM制御プログラム（Robot6）の製作

PWMモジュールの使い方もわかったので、いよいよPWM制御で可変速制御をできるようにするためのプログラム（Robot6）を製作します。オンオフ制御と異なるところは、速度をアップダウンさせるコマンドを追加しPWMモジュールを動かすところとなります。赤外線送信機のAボタン（加速）とCボタン（減速）を追加します。

Robot5のオンオフプログラムから変更する箇所は、初期設定の部分とモータ制御関数が主要な部分になります。

初期設定部の詳細はリスト6-7-1となります。4つのPWMモジュールの初期設定を行っています。またPWMモジュールでタイマ2を使ってしまうので、100μsecのインターバルタイマをタイマ0に変更しています。

リスト 6-7-1　初期設定部（Robot6）

```
/******* メイン関数　********************/
int main(void) {
    /* クロック周波数設定 */
    OSCCONbits.IRCF = 15;           // 16MHz
    /* 入出力モード設定 */
    ANSELA = 0;                     // すべてデジタル
    ANSELC = 0;
    TRISA = 0x20;                   // RA5のみ入力
```

```
    TRISC = 0;
    /* タイマ0の初期設定  100usec周期 */
    OPTION_REG = 0xC1;                  // PRE=1/4
    TMR0 = 156;
    /* タイマ2の初期設定 PWM 9.8kHz */
    T2CON = 0x05;                       // POST=1/1 PRE=1/4
    PR2 = 0xFF;                         // Duty 10bit
    /* PWMモジュールの初期設定 */
    PWM1CON = 0xC0;
    PWM1DCH = 0;
    PWM1DCL = 0;
    PWM2CON = 0xC0;                     // Fosc PRE=1/4
    PWM2DCH = 0;                        // Duty Reset
    PWM2DCL = 0;
    PWM3CON = 0xC0;
    PWM2DCH = 0;
    PWM3DCL = 0;
    PWM4CON = 0xC0;
    PWM4DCH = 0;
    PWM4DCL = 0;
    BreakStop();                        // 初期停止
    /* 変数初期化 */
    LowWidth = 0;
    HighWidth = 0;
    State = 0;
    MainState = 0;
    Duty = 0;
    /* 割り込み許可 */
    INTCONbits.T0IE = 1;                // 割り込み許可
    INTCONbits.PEIE = 1;
    INTCONbits.GIE = 1;
```

次に大きな変更があるのがモータ制御関数部です。これがリスト6-7-2となります。

ここではオンオフ制御でオンにしていたNチャネル側のトランジスタの出力をPWMに変更します。このとき、最初にいったん全PWMのデューティを0にしてから再度PWMの設定をし直す必要があります。こうしないと貫通電流が流れてトランジスタが発熱してしまいます。

リスト 6-7-2　モータPWM制御関数（Robot6）

```
/******************************************
 *   Hブリッジ関数   ブレーキ停止
 *      C0   C2      A4   C4
 *      A2   C1      C5   C3
 ******************************************/
void BreakStop(void){
    PWM1DCH = 0;
    PWM2DCH = 0;
    PWM3DCH = 0;
    PWM4DCH = 0;
    LATC = 0b00010101;          // All Off
    LATA = 0b00010000;          // All Off
```

```c
        LATAbits.LATA2 = 1;          // Motor1 Stop
        LATCbits.LATC1 = 1;
        LATCbits.LATC5 = 1;          // Motor2 Stop
        LATCbits.LATC3 = 1;
    }
    /*******************************************
     *   Hブリッジ関数  前進
     *     C0   C2        A4   C4
     *     A2   C1        C5   C3
     *******************************************/
    void Forward(void){
        PWM1DCH = 0;
        PWM2DCH = 0;
        PWM3DCH = 0;
        PWM4DCH = 0;
        LATC = 0b00010101;           // All Off
        LATA = 0b00010000;           // All Off
        PWM4DCH = Duty;              // Motor1 forward
        LATCbits.LATC0 = 0;
        PWM2DCH = Duty;              // Motor2 forward
        LATAbits.LATA4 = 0;
    }
    /*******************************************
     *   Hブリッジ関数  後進
     *     C0   C2        A4   C4
     *     A2   C1        C5   C3
     *******************************************/
    void Backward(void){
        PWM1DCH = 0;
        PWM2DCH = 0;
        PWM3DCH = 0;
        PWM4DCH = 0;
        LATC = 0b00010101;           // All Off
        LATA = 0b00010000;           // All Off
        PWM3DCH = Duty;              // Motor1 backward
        LATCbits.LATC2 = 0;
        PWM1DCH = Duty;              // Motor2 backward
        LATCbits.LATC4 = 0;
    }
    /*******************************************
     *   Hブリッジ関数  左旋回
     *     C0   C2        A4   C4
     *     A2   C1        C5   C3
     *******************************************/
    void TurnLeft(void){
        PWM1DCH = 0;
        PWM2DCH = 0;
        PWM3DCH = 0;
        PWM4DCH = 0;
        LATC = 0b00010101;           // All Off
        LATA = 0b00010000;           // All Off
        PWM4DCH = Duty;              // Motor1 forward
        LATCbits.LATC0 = 0;
    }
    /*******************************************
     *   Hブリッジ関数  右旋回
```

```c
 *   C0  C2      A4  C4
 *   A2  C1      C5  C3
 ******************************************/
void TurnRight(void){
    PWM1DCH = 0;
    PWM2DCH = 0;
    PWM3DCH = 0;
    PWM4DCH = 0;
    LATC = 0b00010101;          // All Off
    LATA = 0b00010000;          // All Off
    PWM2DCH = Duty;             // Motor2 forward
    LATAbits.LATA4 = 0;
}
/*******************************************
 *   Hブリッジ関数  左回転
 *   C0  C2      A4  C4
 *   A2  C1      C5  C3
 ******************************************/
void RotateLeft(void){
    PWM1DCH = 0;
    PWM2DCH = 0;
    PWM3DCH = 0;
    PWM4DCH = 0;
    LATC = 0b00010101;          // All Off
    LATA = 0b00010000;          // All Off
    PWM4DCH = Duty;             // Motor1 forward
    LATCbits.LATC0 = 0;
    PWM1DCH = Duty;             // Motor2 backward
    LATCbits.LATC4 = 0;
}
/*******************************************
 *   Hブリッジ関数  右回転
 *   C0  C2      A4  C4
 *   A2  C1      C5  C3
 ******************************************/
void RotateRight(void){
    PWM1DCH = 0;
    PWM2DCH = 0;
    PWM3DCH = 0;
    PWM4DCH = 0;
    LATC = 0b00010101;          // All Off
    LATA = 0b00010000;          // All Off
    PWM3DCH = Duty;             // Motor1 backward
    LATCbits.LATC2 = 0;
    PWM2DCH = Duty;             // Motor2 forward
    LATAbits.LATA4 = 0;
}
```

　次に必要な変更はProcess()関数で、デューティのアップダウンのコマンドの追加が必要です。この追加そのものはcaseを追加するだけなので簡単ですが、実用的には実際に動かしながら速度をアップダウンさせたいので、このための工夫を追加します。

　各制御を実行したとき、Driveという変数に制御した区別番号をセットして

おきます。そして速度アップダウンのコマンドの中でRedrive()関数を呼んで、新しいデューティ値でDriveにセットされている制御を繰り返すことにしました。これで実際に動かしながら速度のアップダウンができるようになります。この部分の詳細がリスト6-7-3となります。

速度アップダウンではデューティを10ステップずつ増減させています。さらに最大値と最小値の制限を加えています。

リスト 6-7-3　Process()関数部の詳細（Robot6）

```
/*********************************
 *   受信データ処理関数
 *   受信したデータに従ってモータ制御
 *********************************/
void Process(unsigned int data){
    switch(data){
        case 0x05FA:            // Forward
            Forward();
            Drive = 1;          // 駆動種別記憶
            break;
        case 0x00FF:            // Backward
            Backward();
            Drive = 2;
            break;
        case 0x08F7:            // Rotate Left
            RotateLeft();
            Drive = 3;
            break;
        case 0x01FE:            // Rotate Right
            RotateRight();
            Drive = 4;
            break;
        case 0x04FB:            // Break Stop
            BreakStop();
            Drive = 5;
            break;
        case 0x847B:            // TurnRight
            TurnRight();
            Drive = 6;
            break;
        case 0x8D72:            // Turn Left
            TurnLeft();
            Drive = 7;
            break;
        case 0x1FE0:            // Duty Up
            if(Duty < 246)
                Duty += 10;
            Redrive(Drive);     // 再制御
            break;
        case 0x1AE5:
            if(Duty > 10)       //  Duty Down
                Duty -= 10;
            Redrive(Drive);     // 再制御
            break;
        default:
```

```
            break;
        }
}
/************************************
 *   速度変更時の再駆動関数
 *   Drive で前回駆動種別を判定
 ************************************/
void Redrive(unsigned char move){
    switch(move){
        case 1: Forward(); break;
        case 2: Backward(); break;
        case 3: RotateLeft(); break;
        case 4: RotateRight(); break;
        case 5: break;
        case 6: TurnRight(); break;
        case 7: TurnLeft(); break;
        default: break;
    }
}
```

これ以外はオンオフ制御のRobot5と同じとなります。
これでPWMによる可変速制御のプログラムの完成です。

コラム　モータとギヤの選択の実際

モータで何かを動かそうとしたときの基本的な考え方を整理しましょう。

■まずはトルクを求める

市販のDCモータの中からどれを使うかという選択の基準は、適正負荷時のトルク*の大きさと回転数がポイントになります。つまりどれぐらいの重さのものを、どれだけ速く動かすかということが、モータを選択するために必要だということです。そこで実際のモータを選ぶために必要なトルクの計算の仕方を考えてみましょう。

> トルク
> 駆動する力のこと。

まず、トルク*とは、回転力とも表現できますが、物体を動かそうとしたときに必要とする力を表現したものです。物体を動かすときに必要なトルクは図6-C1-1のように加速運動期間と等速運動期間で異なっています。

●図6-C1-1　物体を動かすときに必要なトルク

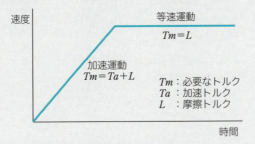

$Tm = L$ （等速運動）
$Tm = Ta + L$ （加速運動）
Tm：必要なトルク
Ta：加速トルク
L：摩擦トルク

このそれぞれを図6-C1-2の様な三輪車を実例として、動輪の軸に必要なトルクを簡易計算で求めてみましょう。

●図6-C1-2　モデルの三輪車外観

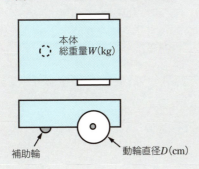

本体 総重量W(kg)
補助輪
動輪直径D(cm)

まず、加速期間に必要なトルクは下記で表されます。

$Tm = Ta + L$

また等速運動期間に必要なトルクは下記で求められます。

$Tm = L$

ただし、

Tm：動輪軸の総トルク
Ta：加速トルク
L　：摩擦負荷トルク

このそれぞれの値について、モデルの三輪車で、細部は省略して、概算で求めるには下記のようにします。総重量を二つの動輪で動かすので、各動輪には$W/2$の重量がかかるものとします。

$$J = \frac{1}{4} \times \frac{W}{2} \times D^2$$

$$Ta = \frac{2\pi NJ}{gt}$$

$$L = \mu \times \frac{W}{2} \times \frac{D}{2}$$

Ta：加速トルク (kg·cm)
J　：負荷慣性モーメント (kg·cm^2)
g　：重力加速度 (980cm/sec^2)
N　：動輪の等速回転速度 (回転/sec)
t　：加速期間の時間 (sec)
W　：車体の全重量 (kg)
μ　：摩擦係数 (0.09)
D　：動輪の直径 (cm)

では、下記の様な具体的な例でモデル三輪車のトルクを計算してみましょう。

W：2kg　　D：5cm　　N：2回転/sec　　t：0.5sec

$J = 2 \times 5 \times 5 \div 8 = 6.25$ (kg·cm^2)
$Ta = (6.28 \times 2 \times 6.25) \div (980 \times 0.5) = 0.16$ (kg·cm)
$L = 0.09 \times 2 \times 5 \div 4 = 0.225$ (kg·cm)

これから加速期間と等速期間のトルクは下記となります。

Tm (加速) $= 0.16 + 0.225 = 385$ (g·cm)
Tm (等速) $= 225$ (g·cm)

この例に適当なモータはどれを選ぶことになるのでしょうか。まず必要な加速期間のトルクつまり起動トルクは、385（g·cm）ですが、安全率を1.5倍くらい見て、600（g·cm）以上とします。等速運転時には225×1.5倍＝338（g·cm）のトルクでよいことになり、これが適正負荷の状態となります。

しかし加速期間の最終段階は、ほぼ適正負荷状態に近くなりますが、このときにも加速期間のトルク600（g·cm）が必要なので、結局余裕を見たら、適正負荷状態でも起動トルクと同じトルクが必要ということになります。

マブチのDCモータのデータから見ると、モータだけで起動トルクが600（g·cm）を超えるのは、RS-380PHとRS-540SHだけです。しかしこれらではモータ自身が大きすぎますし、さらに消費電流が大きいのでバッテリやモータの重量を加味すると2kgの全重量をはるかに超えてしまいます。さて、ではどうすればよいのでしょうか。

そうです、ギヤを使います。動輪軸にギヤを付け、そこで減速してモータを付けます。そうすれば、モータのトルクをギヤ比倍にすることができます。

■ギヤの選択方法

容易に入手できるタミヤのハイパワーギヤセットを使うと、ギヤ比が40：1か65：1にできるので、表6-C1-1のように各モータの能力アップができます。

▼表6-C1-1　ギヤによる能力アップ

モータ型番	ギヤ比	起動トルク （電圧1.5V～3V）	適正負荷トルク （電圧1.5V～3V）	適正負荷回転数 （電圧1.5V～3V）
RE-130RA	40：1	1040～1760	240～340	175～330
	65：1	1690～2860	390～552	107～203
RE-140RA	40：1	1120～2120	260～400	152～355
	65：1	1820～3445	422～650	124～218
RE-260RA	40：1	2000～3600	400～600	125～252
	65：1	3250～5850	650～975	76～155
安全率1.0のとき 必要な値		385以上	385以上 （225以上）	120以上
安全率1.5のとき 必要な値		600以上	600以上 （338以上）	120以上

この表6-C1-1から、安全率1.5倍で必要な値600以上をクリアできるのは、RE-140RAモータで3V駆動しギヤ比65：1という組み合わせか、RE-260RAモータで3V駆動しギヤ比40：1か65：1という組み合わせとなります。バッテリ動作で電圧が徐々に下がることを前提にすると、1.5Vでもクリアできる組み合わせは、RE-260RAでギヤ比65：1の場合だけになります。

しかしギヤを使うと、今度は回転数がギヤ比分の1になってしまうので、

適正負荷状態で動輪が2回転/secつまり120回転/分を確保できるかが問題になります。これを考えるとRE260RAでギヤ比が65：1の場合には、1.5Vのときには回転数不足で、結局約2V以上の電圧でないとトルクと速度の両方がクリアできないことになります。

この関係を図で表したのが図6-C1-3で、三角形の範囲が必要とされるトルクと回転数の範囲となりますが、これがモータの適正負荷直線の範囲内に入っていれば問題なく駆動できることになります。しかしRE-140RAでは適正負荷直線と必要領域がほんのわずかしか重なるところがなく、電圧が約3Vより下がるとすぐ過負荷の状態となってしまうことがわかります。

それに対してRE260RAとギヤ比65：1の場合には、電圧が2Vくらいまでは適正負荷直線上で動かせることがわかります。

● **図6-C1-3　適正領域と必要領域**

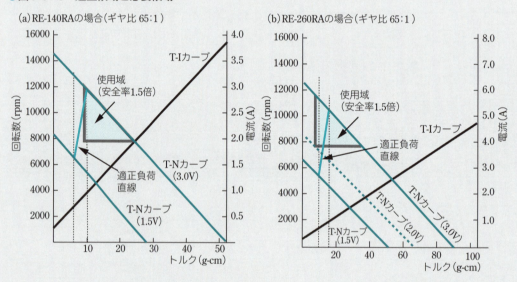

このタミヤの楽しい工作シリーズで用意されているギヤには、表6-C1-2のようなものがあります。

コラム モータとギヤの選択の実際

▼表6-C1-2 タミヤの楽しい工作シリーズのギヤ一覧（写真提供（株）タミヤ）

品　名	外観写真	適用モータ	ギヤ比（トルク）（回転数）
3速クランクギヤーボックス	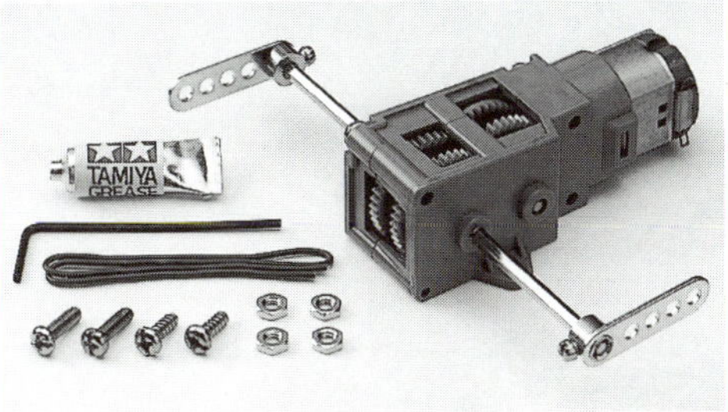	FA-130	16.6 : 1　(122)(795) 58.2 : 1　(419)(227) 203.7 : 1　(1404)(65)
ツインモーターギヤーボックス		FA-130	58.2 : 1　(419)(227) 203.7 : 1　(1404)(65)
ユニバーサルギヤーボックス	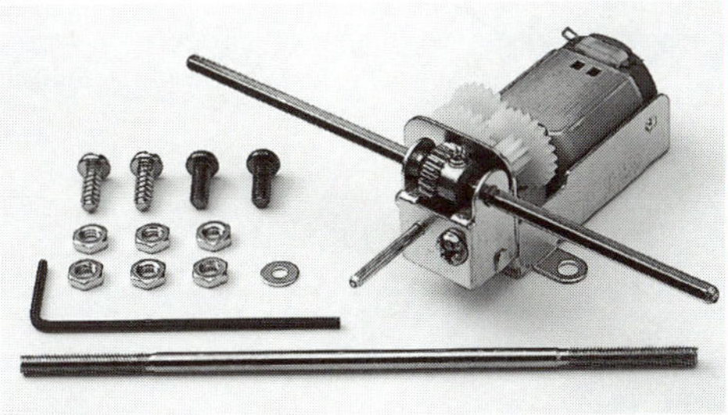	FA130	101 : 1　(130)(131) 269 : 1　(339)(49) 719 : 1　(793)(18)
4速クランクギヤーボックス	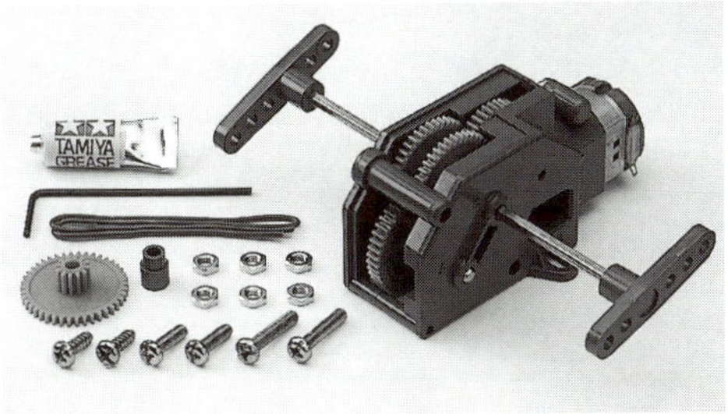	FA130	126 : 1　(585)(105) 441 : 1　(1483)(30) 1543 : 1　(499)(8.5) 5402 : 1　(2020)(2.4)

6　赤外線リモコン車の製作

遊星ギヤーボックス	RC-260	4：1　(50)(2450) 5：1　(58)(1960) 16：1　(136)(612) 20：1　(156)(490) 25：1　(185)(392) 80：1　(516)(124) 100：1　(580)(98) 400：1　(1794)(24)
ハイスピードギヤーボックス	RE-260 (RE-140)	〔RE-260の場合〕 11.6：1　(161)(870) 18：1　(234)(561)
ハイパワーギヤーボックス	RE-260 (RE-140)	〔RE-260の場合〕 41.7：1　(532)(242) 64.8：1　(784)(156)
ウォームギヤーボックス	RE-260 (RE-140)	〔RE-260の場合〕 216：1　(1468)(46) 336：1　(2072)(30)
6速ギヤーWボックス	RE-260 (FA-130) (RE-140)	〔RE-260の場合〕 11.6：1　(161)(870) 29.8：1　(415)(338) 76.5：1　(1032)(132) 196.7：1　(2400)(51.3) 505.9：1　(2306)(19.9) 1300.9：1　(2306)(7.8)

コラム オシロスコープの使い方

　オシロスコープは、目に見えない電気の現象を小型の液晶表示器などに目で見えるようにしてくれる測定器で、電子工作を続けていくときにはぜひ揃えたい測定器です。最近はデジタル方式のものもかなり安価になってきましたし、パソコンを表示器とした安価な「USBオシロスコープ」もあるので機会があればぜひ揃えましょう。どんなものがよいかといえば、上を見ればきりがないのですが、私たちの電子工作用としては下記のようなレベルで選べば十分実用になります。

❶ チャネル数（現象）
　表示器に同時に表示できる波形の数を言います。たくさん表示できるに越したことはありませんが、2チャネル以上であれば問題ないでしょう。

❷ 周波数特性
　どれくらいの周波数まで波形として観測できるかという性能です。これも上をみればきりがないのですが、最近多くなってきたマイコンなどは数十MHz程度で動作するので、この波形の観測ができるものという考え方をすれば、100MHz以上のものにすれば将来も問題なく使えるでしょう。安価なものでは20MHz程度のものがあります。オーディオ関連の信号を扱うだけならこれでも全く問題ありません。

❸ トリガーモード
　表示するタイミングを設定する機能で、これに関連する機能は最近のデジタル方式では非常に優れています。

❹ リードアウト機能
　直接の性能ではないのですが、画面の端に掃引時間や電圧感度、チャネル番号、日付などを数値で表示してくれる機能です。なくても問題は何もないのですが、写真を取って整理しておくことなどを考えると便利な機能です。

■オシロスコープの使い方
　以降は筆者が使っているデジタルオシロスコープを使った例で実際の使い方を説明していきます。
　まず前面パネルを写真6-C2-1に示します。多くのつまみやコネクタがあり

最初の内は戸惑うかもしれませんが、大部分が自動的に設定されますし、慣れてくれば簡単に操作できるようになります。波形が観測できるようにするまでの操作方法を順に説明して行きます。

● 写真6-C2-1　デジタルオシロスコープの例

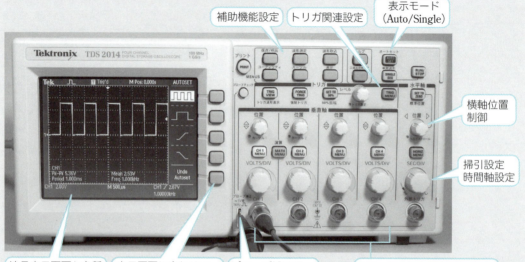

❶電源投入後の最初はプローブの調整

　基本的な動作は大部分自動設定で動作するので、とりあえず波形表示はすぐできます。しかし、測定用プローブにはそれぞれ特性があるので、まずプローブを基準の状態に較正します。この調整用としてオシロスコープには較正用の基準信号が出力されています。

　調整は、使用するチャネルのプローブ先端を較正用パルス出力端子に接続して行います。「オートセット」ボタンを押せば写真6-C2-2のような矩形波が表示されます。表示された矩形波が写真6-C2-2のように矩形波の角が直角でなく、丸くなったり尖ったりして歪んでいる場合はプローブの調整をします。

コラム　オシロスコープの使い方

●写真6-C2-2　テスト矩形波の表示

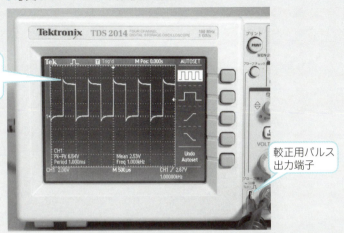

矩形波の角が異常に尖っている

較正用パルス出力端子

　通常のプローブには1倍と1/10倍の切り替えスイッチがあります。特性調整機能は1/10倍の方でしか有効ではないので、プローブは常時1/10倍の方で使います。したがって、入力の電圧は常に1/10倍されてしまいますが、オシロスコープの表示は正常に表示されるようになっています。プローブ特性調整用の機能がBNCコネクタ側に組み込まれていてねじ形式になっているので、調整は写真6-C2-3のように調整用ドライバで回します。

●写真6-C2-3　プローブの調整中

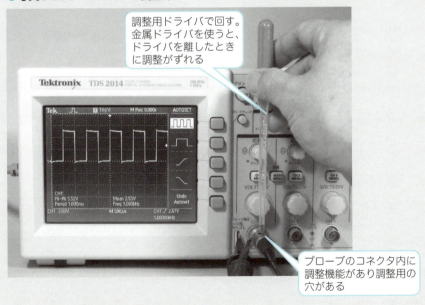

調整用ドライバで回す。金属ドライバを使うと、ドライバを離したときに調整がずれる

プローブのコネクタ内に調整機能があり調整用の穴がある

プローブの調整穴から調整用ドライバを使って調整し、写真6-C2-4のように角がシャープな直角の矩形波になるようにします。これで最初のプローブの較正は終了です。

● 写真6-C2-4　プローブ較正後の波形

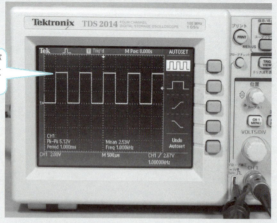

矩形波の角が直角になるようにする

❷ 実際の波形観測−単発現象の表示

　一定周波数の連続信号の表示はオートセットとするだけで簡単に表示されるので簡単ですが、1回だけしか出力されない信号の表示方法です。

　オートセットのままでは一度表示されてもすぐ次のスキャンに入ってしまって消えてしまいます。これでは単発現象を観測できないので、「単発波形ボタン（Single SEQ）を押します。これで信号の入力待ち状態になるので、ここに信号が入ればデータをメモリに保存して表示します。しかし時間幅は適当かどうか決められないので、掃引時間を適当に変えてから再度Singleボタンを押すと再入力待ちになり、もう一度繰り返します。こうして適当な時間軸で表示した例が写真6-C2-5となります。こうして信号が捕まえられたら時間軸を変更して拡大縮小して観測します。

　このようにデジタルオシロスコープは入力した波形を記憶できるので、単発現象を観測するには便利です。

コラム　オシロスコープの使い方

●写真6-C2-5　単発現象の観測

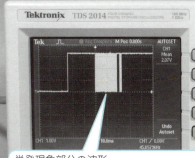
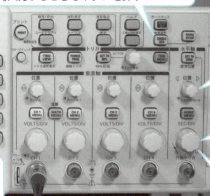

単発波形ボタンを押して信号入力を待つ。再入力するときもボタンを押す

波形位置をずらすのに使う

波形表示が画面に納まらないときは時間を変更して再度やり直す

表示された波形を拡大縮小するときも時間を変える

単発現象部分の波形
拡大するには時間軸を変更する。左右に波形を動かすには位置のダイアルを使う

❸2チャネルによる観測

特にデジタル回路では信号のタイミングが問題になります。そのため複数の信号の前後関係を見たいことが多くなります。このための機能が多チャネル表示です。2チャネルの場合には、CH1とCH2にそれぞれの信号を表示しておき、TRIGボタンを押すと表示されるボタンメニューに従って、トリガをどちらの信号にするかとエッジを選択します。これで、写真6-C2-6のようにトリガをかけた方の信号のエッジを基準にして、もう片方の信号が表示されます。掃引時間がわかっているので、時間的なズレを測定することができます。

●写真6-C2-6　2チャネルの観測例

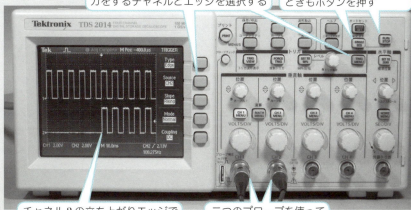

TRIGボタンを押すと画面にボタンメニューが表示されるので、これでトリガをするチャネルとエッジを選択する

単発波形ボタンを押して信号入力を待つ。再入力するときもボタンを押す

チャネル2の立ち上がりエッジでトリガがかかっている

二つのプローブを使って二つの信号を入力

❹**グランドの取り方**

　オシロスコープで常に気をつけなければならないことは、プローブのグランドの取り方です。通常プローブの途中からグランド接続用のクリップが出ていますが、このグランドは、プローブで測定する対象のすぐ近くのグランドピンに接続するようにします。そうしないと、グランドと信号との間が離れてしまい、その間にある回路から余計なノイズ成分を拾ってしまうため、オシロスコープの表示が正しいものでなくなることがあります。特にデジタル回路の場合には注意が必要です。

　また、2チャネル表示の場合には、片方のプローブだけをグランドに接続すれば表示は確かに2チャネルとも表示されるのですが、これも場合によってはノイズなどで正常な表示ではなくなってしまうことがあります。そこで、プローブのグランドは写真6-C2-7のように必ず両方ともグランドピンに接続するようにします。

●**写真6-C2-7　プローブのグランドの取り方**

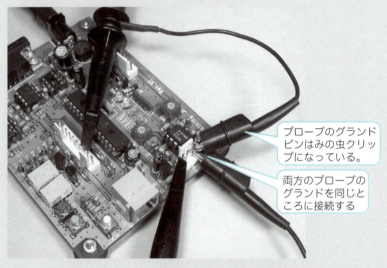

プローブのグランドピンはみの虫クリップになっている。

両方のプローブのグランドを同じところに接続する

第7章
Bluetooth接続のデータロガーの製作

　本章では、PICマイコンを使ったデータ収集ユニット（データロガー）を製作します。
　PICマイコンでアナログデータを収集しフラッシュメモリに保存します。さらに保存したデータをCSV形式として、Bluetoothで送信するという最も基本的なデータロガーを製作します。

7-1 データロガーの概要

本章で製作するデータロガーは、PICマイコンで製作したデータ収集ボードだけで構成します。このデータ収集ボードで複数のアナログデータを一定時間間隔で収集し、フラッシュメモリ*に保存します。そしてBluetooth*モジュールを使ってパソコンと無線通信で通信できるようにし、パソコンからのコマンドで保存したデータを一括で送信したり、フラッシュメモリを消去したりするようにします。

Bluetoothには通信に必要なプログラムや機能がすべて実装されているモジュールを使うのでBluetoothについてはちょっとした設定だけで済みます。

フラッシュメモリには8Mバイト*という大容量のものを使ったので、かなりの長時間のデータを収集保存できます。これで、数十時間以上という長時間の実験データなどを自動で収集保存し、それをあとからパソコンで取り出して保存し、グラフ化したりすることができます。収集中はパソコンが不要で、このデータ収集ボードだけで構成できます。

完成したデータ収集ボードが写真7-1-1となります。

フラッシュメモリ
電気的に消去書き込みが可能で、電気がなくなっても内容が消えない半導体メモリの一種。

Bluetooth
近距離無線のひとつで標準化が進んで使いやすくなっている。

8Mバイト
64Mbitとも呼ばれる。

●写真7-1-1　データ収集ボードの外観

7-1-1 データロガーの全体構成
― 毎秒記録で35時間連続収集可能

製作するデータロガーの全体構成は図7-1-1のようにするものとします。全体をデータ収集ボードとパソコンなどのホストで構成しています。データ収集はすべてデータ収集ボードで行い、一定間隔で計測しフラッシュメモリに保存します。そしてBluetoothでホストと接続されたとき、コマンドに応じて保存しているデータを一括で無線送信します。

PICマイコンには8ビットのPIC16F1783を使います。このPICマイコンには12ビット分解能の高精度A/Dコンバータだけでなく、オペアンプ*が2個内蔵されているので、計測データの増幅を行うこともできます。

1回の計測で時刻とデータで64バイト保存するとすれば、8Mバイトのフラッシュメモリなので、最大12万回程度のデータを保存できることになります。例えば1秒間隔で計測しても約35時間程度のデータを保存できることになります。

ホストにはパソコンを使います。パソコンでTeraTermなどの通信ソフトを使ってデータを受信し、受信結果をCSV*ファイルとして保存します。保存したファイルをExcelで開けば表形式にでき、グラフ化することもできます。

オペアンプ
オペレーショナルアンプの略。非常に高いゲインを持つ増幅用ICで、外付けの抵抗だけで増幅率を決定できるので便利に使える。

CSV
Comma Separated Valueの略。コンマで間を区切った形式のデータでExcelなどで読み込める。

●図7-1-1 データロガーの全体構成

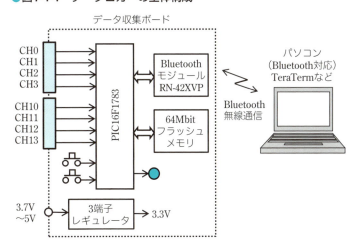

7-1-2 機能仕様

　直接データを計測し保存するデータ収集ボードの機能仕様は、表7-1-1のようにしました。外部入力はアナログ信号のみとし、PICマイコンのA/Dコンバータの入力をそのまま外部への接続端子としています。これにより、12ビット分解能で0Vから2.048Vの電圧を8チャネルまで入力することができます。

　完成後のグレードアップとして、PICマイコンに内蔵のオペアンプを使って、2チャネルだけ入力を10倍程度に感度アップできるようにします。

　電源にはリチウムイオン電池か、5VのACアダプタから3端子レギュレータを通して3.3Vを全体に供給するようにしました。

▼表7-1-1　データロガー本体の仕様

項　目	機　能・仕　様	備　考
電源	リチウムイオン充電池（3.7V）から供給 DC5VのACアダプタ	3端子レギュレータで3.3Vを生成
Bluetoothモジュール	RN-42XVP　Bluetoothモジュール Bluetoothスタック内蔵 外部接続はUARTインターフェース	マイクロチップ社製
計測入力	8チャネル：シングルエンド*入力 入力電圧　：0V〜2.048V 分解能　　：12ビット 変換速度　：最高50ksps 計測周期　：初期値2秒、秒単位で設定変更可能とする	グレードアップでオペアンプによる増幅回路を追加
スイッチ	汎用スイッチ　1個 S1：初期スタート時のRN-42XVPの設定制御用	
表示	LED 1個　　汎用	デバッグ用 ログ周期表示
データ保存	計測の都度外付けフラッシュメモリに保存	最大8Mバイト

シングルエンド
片側が信号でもう一方がグランドという接続方法のこと。対するものは差動入力とかディファレンシャルインプットと呼ぶ。

7-2 PIC16F1783の使い方

本章でデータロガー本体として使うPICマイコンの概要を説明します。使うPICマイコンはPIC16F1783という型番の8ビットの最新デバイスで、特にアナログ関連モジュールが強化されたものです。F1ファミリという最新シリーズに属しています。

7-2-1 PIC16F1783のピン配置とピン機能、電気的仕様

本章で使うPICマイコン、PIC16F1783のピン配置とピン機能および基本的な電気的仕様は、図7-2-1のようになっています。

● 図7-2-1　PIC16F1783のピン配置とピン機能

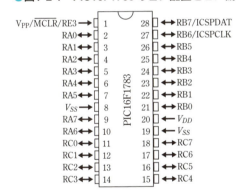

【電気的仕様】
- 電源電圧　　　：2.3V～5.5V
- クロック周波数：Max 32MHz
- 内蔵クロック精度：±2%(0℃～60℃)
  - (16MHz)　　：±3%(0℃～85℃)
- 最大消費電流　：2.2mA～7.5mA
  - (5V、32MHz)
  - ：0.3mA～1mA
  - (3V、4MHz)
  - ：11μA～21μA
  - (スリープ時)
- プログラムメモリ：最小1万回書き換え可能
- EEPROM　　　：最小10万回書き換え可能

No	記号	機能
1	V_PP/MCLR/RE3	書込み電源、リセット、入出力
2	RA0/AN0	入出力、アナログ入力
3	RA1/AN1/OPA1OUT	入出力、アナログ入力、OPA1出力
4	RA2/AN2	入出力、アナログ入力
5	RA3/AN3	入出力、アナログ入力
6	RA4/OPA1IN+	入出力、OPA1+入力
7	RA5/AN4/OPA1IN-	入出力、アナログ入力、OPA1-入力
8	V_SS	グランド
9	RA7/CLKIN	入出力、クロック入力
10	RA6/CLKOUT	入出力、クロック出力
11	RC0	入出力
12	RC1	入出力
13	RC2	入出力
14	RC3/SCL/SCK	入出力、I²Cクロック、SPIクロック
15	RC4/SDA/SDI	入出力、I²Cデータ、SPIデータ入力
16	RC5/SDO	入出力、SPIデータ出力
17	RC6/TX	入出力、USART送信
18	RC7/RX	入出力、USART受信
19	V_SS	グランド
20	V_DD	電源
21	RB0/AN12	入出力、アナログ入力
22	RB1/AN10/OPA2OUT	入出力、アナログ入力、OPA2出力
23	RB2/AN8/OPA2IN-	入出力、アナログ入力、OPA2-入力
24	RB3/AN9/OPA2IN+	入出力、アナログ入力、OPA2+入力
25	RB4/AN11	入出力、アナログ入力
26	RB5/AN13	入出力、アナログ入力
27	RB6/ICSPCLK	入出力、書き込みクロック
28	RB7/ICSPDAT	入出力、書き込みデータ

図のピン機能は基本機能のみで、これ以外に内蔵周辺モジュールを使う場合にはその周辺モジュールの入出力ピン機能が追加されます。

このPICマイコンには16MHzの内蔵発振器が実装されていますが、さらにPLL*で4倍にする機能も実装されていて8MHz×4＝32MHzという高速動作ができるようになっています。

> **PLL**
> Phase Lock Loopの略。入力パルスを逓倍する機能。

電源は2.3Vから5.5Vの範囲で使えますが、本章ではアナログ計測をより高精度でできるように、3端子レギュレータで安定化した3.3Vで使うことにしました。

こうして電源とクロックが供給できればPICマイコンのプログラムは動作します。しかし、本章ではより高度な機能を組み込むため内蔵周辺モジュールをフル活用しています。

7-2-2 PIC16F1783の内部構成と使用周辺モジュール

PIC16F1783の内部構成は図7-2-2のようになっていて、数多くの内蔵周辺モジュールが実装されています。

● 図7-2-2　PIC16F1783の内部構成

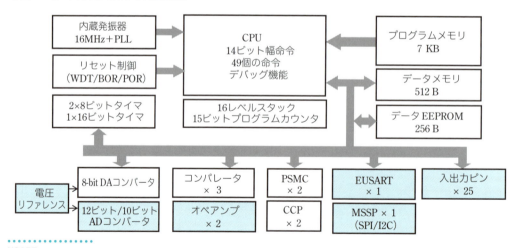

> **USART**
> Universal Synchronous Asynchronous Receiver Transmitter。同期式と非同期式の送受信機能を持った通信モジュール。PIC16F1783では機能が強化されたEUSARTとなっている。

基本の入出力ピンやタイマモジュール以外に、シリアル通信機能も盛り込まれていて、USART*によるシリアル通信でパソコンなどの外部機器と通信したり、SPI*またはI^2C*によるシリアル通信で他のデバイスICを接続したりすることができます。

さらに、このPICマイコンの最大の特徴であるアナログモジュールには、

次のようなものが含まれています。

- 12ビット差動入力A/Dコンバータ
- 8ビットD/Aコンバータ
- 定電圧リファレンス
- オペアンプ　2個
- アナログコンパレータ　3個

本章で使用する周辺モジュールは次のようになります。

❶アナログ入力には12ビットA/Dコンバータ

高精度の12ビット分解能のA/Dコンバータが実装されているので、本章ではこれをフル活用してアナログ信号を収集するようにします。12ビット分解能の性能を活用すれば、0Vから2.048Vの範囲の電圧を4096ステップで計測できるので、0.5mV単位での計測ができるということになります。

この2.048Vという一定電圧を生成するため内蔵の定電圧リファレンスモジュールを使います。

またオペアンプも2個実装されているので、これを使ってアナログ信号を10倍にすることもできるようにします。オペアンプ追加の製作は最後の節のグレードアップで行います。

❷Bluetooth通信

Bluetooth通信には専用の外部モジュールを使います。このBluetoothモジュールとの接続がUART*ということになっているので、PICマイコンのEUSART*モジュールを使えば容易に接続できます。

❸外部フラッシュメモリとはSPI通信

本章では一定周期でデータを収集しますが、それらのデータを長時間保存するため、外付けで8Mバイトという大容量のフラッシュメモリを使います。このフラッシュメモリはSPIで接続する仕様になっているので、PICマイコンのMSSP*モジュールをSPIモードで使って接続します。

❹時間はタイマで生成

一定間隔のデータ収集をするため、時刻カウントをしますが、その一定間隔のタイミングはタイマで生成し秒カウンタとしてカウントします。

データロガーとしての時間を正確にするため、クロック発振に外付けの高精度な発振器を使いました。これで月差1分程度の時間精度になります。

以降では、これらの周辺デバイスとそれを接続するための周辺モジュールの使い方を順次説明します。

SPI
Serial Peripheral Interface。周辺デバイスとの通信方式。3本または4本の接続線で構成し、数Mbpsの通信が可能。詳しくは7-5-2項を参照。

I²C
Inter-Integrated Circuit。周辺デバイスとの通信方式。2本の接続線で構成し、1つのマスタで複数のスレーブと最大1Mbpsで通信可能。詳しくは7-5-2項を参照。

UART
Universal Asynchronous Receiver Transmitter。非同期通信を行うモジュール。

EUSART
Enhanced Universal Synchronous Asynchronous Receiver Transmitter。同期、非同期通信を行うモジュール。

MSSP
Master Synchronous Serial Port。PICマイコン内蔵のSPI、I²C対応のモジュール。

7-3 アナログ信号の入力方法

7-3-1 アナログ信号の入力方法

　アナログ信号をPICマイコンに入力する場合の扱い方について説明します。アナログ信号といっても多くの種類がありますが、これらを大別すると表7-3-1のようになります。

　デジタル信号の入出力では信号の電圧レベル合わせだけすれば直接マイコンに接続することが可能ですが、**アナログ信号を入力するためには、信号の変換と増幅という機能が必ずといってよいほど必要となります**。マイコン内蔵の機能だけで実現できることもありますが、それだけではできないことも多く、マイコンのインターフェース[*]にはアナログ回路が頻繁に使われることになります。

インターフェース
接続するための回路や仕様のこと。

リニアライズ
直線的に比例しない場合にそれを補正すること。

抵抗ブリッジ
4つの抵抗を四角形の各辺に配置した構成の回路構成のこと。

整流
交流を直流にすること。

▼表7-3-1　アナログ入力信号の種類

信号種類	入力形態	変換方法
電圧または電流	計測値に比例した電圧または電流	抵抗で分圧、またはオペアンプなどにより増幅して適当な電圧とする。入力源によっては、差動増幅が必要な場合もある
	計測値に相関のある電圧または電流	オペアンプにより変換と増幅を行い適当な電圧とする。対数変換したりリニアライズ[*]したりすることもある
抵抗値	計測値に比例した抵抗値	オペアンプにより抵抗電圧変換を行い電圧とする。リニアライズが必要な場合もある
	抵抗ブリッジ[*]による抵抗変化	オペアンプによる定電流回路と差動増幅で電圧にする
交流信号	低周波から高周波までの交流信号	オペアンプにより増幅し適当な電圧とする 整流[*]、フィルタなどが必要な場合もある
音声信号	微小な電圧	

　マイコンにアナログ信号を入力する場合、アナログ信号のままではマイコンは処理できないので、**何らかの方法でデジタルの数値に変換する必要があります**。この信号の変換方法そのものにも多くの種類があって、その方法の選択自身も課題となりますし、変換の際にも次のような多くの課題があります。

❶信号の増幅

　電圧、電流、電力いずれを増幅するかにより増幅回路が異なりますし、どれほど増幅が必要かなどの条件を検討する必要があります。また交流信号な

どの場合には、かなりの倍率の増幅が必要になることがあります。

❷変換方法

アナログからオンオフ2値に変換する場合には、アナログコンパレータ*を使って大小判別をすることで変換します。

アナログ信号の大きさをデジタル数値へ変換するためにはA/Dコンバータ*を使います。分解能が精度に影響します。

> **アナログコンパレータ**
> アナログ信号の大小を判定してLowかHighの出力をするオペアンプの一種。
>
> **A/Dコンバータ**
> アナログの電圧をデジタルの数値に変換する機能モジュール。

❸精度と誤差

増幅あるいは変換する際の精度とそれに伴う誤差について、必要十分な条件を検討することが必要となります。

❹経年変化、ドリフト*

アナログ信号を処理する回路は、部品の経年による特性変化や、温度などによる変化により特性が変化します。この変化に対しても許容範囲の精度などの特性を維持する必要があります。

> **ドリフト**
> 特性の変化により信号が変動すること。

❺ノイズ

外来ノイズにより信号が乱れますが、フィルタなどによる抑制と誤差対策を検討する必要があります。

本章では、対象とするアナログ信号は特に決まっていないので、直流に近い電圧を扱うものとし、マイコンのアナログ入力ピンをそのまま利用することにします。

それでも基本的なノイズ対策だけはする必要があるので、簡単なローパスフィルタ*を入力に追加しています。

> **ローパスフィルタ**
> 低い周波数だけ通過させるフィルタ。

7-3-2　12ビットA/Dコンバータの使い方

本章で使用する12ビットA/Dコンバータの使い方を説明します。

このA/Dコンバータの内部構成は図7-3-1となっています。入力は差動入力*であるため、プラス側入力とマイナス側入力それぞれにチャネル選択のためのマルチプレクサ*があり、それらの差の電圧をA/D変換します。したがって結果は正の場合と負の場合があり、変換結果形式は符号付き整数形式か、2の補数形式かの選択になっています。

A/D変換する電圧の範囲も電圧リファレンス*として設定でき、上側だけでなく下側も設定できるので、0Vからだけでなく一定の電圧からというオフセット電圧*を加えた変換もできます。

> **差動入力**
> 2つの信号の差の電圧を入力とする方式。
>
> **マルチプレクサ**
> アナログの切り替えスイッチのこと。
>
> **電圧リファレンス**
> 基準とする電圧のこと。
>
> **オフセット電圧**
> 基準値からずれた値のこと。

● 図7-3-1　12ビットA/Dコンバータの構成

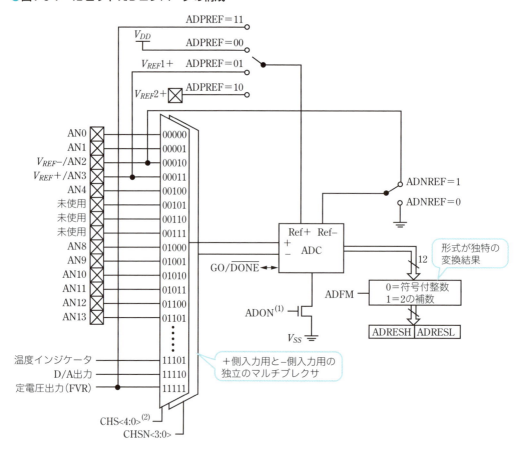

サンプルホールド
アナログ信号を取り込んで保持すること。

アクイジションタイム
アナログ信号を取り込むために必要な時間。

逐次変換
A/D変換の方式の一種。中速度、中分解能のA/D変換方式。

　　この12ビットA/Dコンバータの動作と動作時間は、図7-3-2で表されます。チャンネルが選択されると、そのアナログ信号で内部のサンプルホールド*用キャパシタを充電します。この充電のための時間（アクイジションタイム*）が必要となります。A/D変換を正確に行うには、アクイジションタイムとして標準で5μsec以上を待ち、それから変換スタート指示をする必要があります。この時間を待たずにA/D変換のスタート指示を出すと、充電の途中の電圧で変換するため、実際の値より小さめの値となってしまいます。

　　このあとの逐次変換*に要する時間は、A/D変換用クロック（T_{AD}）の15倍となります。この変換用クロックは逐次変換用のクロックで、システムクロックを分周して生成します。このPICマイコンではT_{AD}は1μsecから9μsecの間と決められています。

　　結果的に、F1ファミリの場合のA/D変換速度は、最大速度で動作させても、アクイジションタイム（標準5μsec）＋変換時間（1μsec×15＝15μsec）

となるので、最小繰り返し周期は、20μsecとなります。これ以上の高速でのA/D変換動作はできないということになります。つまり、1秒間に50ksps[*]以上の速さでは繰り返し動作はできません。

> **ksps**
> 50k sampling/secの意味で、最大1秒間に5万回のデータを取り込める。

●図7-3-2 A/D変換に必要な時間

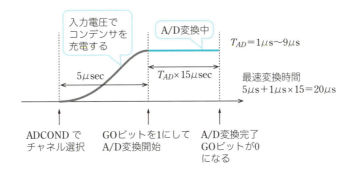

■変換結果のフォーマットは要注意

こうして変換された結果のデータはADRESHとADRESLの二つのレジスタに格納されますが、そのときのフォーマットはADFMビットにより2種類が選択でき図7-3-3の形式となります。図のようにADFMが0の場合は整数形式ですが、符号付き12ビットとなるため実質ビット数は13ビットということになります。

ADFMが1の場合には、2の補数[*]となるので、マイナスの場合には数値の変換に注意する必要があります。

> **2の補数**
> 足すと2になるようにする値のことで元の値の0と1を反転させて1を足したもの。これで負の数を表すと、減算を加算で計算できる。

●図7-3-3 変換結果のフォーマット

(a) ADFM＝0の場合

D11	D10	D9	D8	D7	D6	D5	D4		D3	D2	D1	D0	0x00	0x00	0x00	符号

データ D<12:0>は整数形式

(b) ADFM＝1の場合

符号	符号	符号	符号	D11	D10	D9	D8		D7	D6	D5	D4	D3	D2	D1	D0

データ D<12:0>は2の補数形式

(c) 変換結果の例

値の例	ADFM＝0の場合		ADFM＝1の場合（2の補数）	
	ADRESH	ADRESL	ADRESH	ADRESL
正の最大	1111 1111	1111 0000	0000 1111	1111 1111
正の値	1001 0011	0011 0000	0000 1001	0011 0011
0	0000 0000	0000 0000	0000 0000	0000 0000
負の値	0000 0000	0001 0001	1111 1111	1111 1111
負の最小	1111 1111	1111 0001	1111 0000	0000 0001

■ A/Dコンバータの制御レジスタは多い

レジスタ名の意味
ADCON：ADC Control Register
ADRESH：ADC Result Register High
ADRESL：ADC Result Register Low
ANSEL：Analog Select
TRIS：Tri-State Register

12ビットA/Dコンバータを制御するためのレジスタ*は次のようにたくさんあります。以下順に説明します。

- ADCON0：AD有効化、プラス入力側チャネル選択、変換開始
- ADCON1：結果形式指定、クロック選択、リファレンス選択
- ADCON2：変換開始トリガ選択、マイナス入力側チャネル選択
- ADRESH：変化結果上位バイト
- ADRESL：変換結果下位バイト

また、アナログピンに関連するレジスタには次のようなものがあります。

- ANSELx：ピンのアナログ、デジタル切り替え（xはA、B、C…）
- TRISx　：ピンの入出力モード設定（xはA、B、C…）

A/Dコンバータに関連する制御レジスタの内容詳細は図7-3-4のようになっていて、ADCON2が特殊な機能になっているので設定に注意が必要です。

● 図7-3-4　12ビットA/Dコンバータ関連レジスタの詳細

ADCON0レジスタ

—	CHS<4:0>				GO/DONE	ADON

CHS<4:0>：プラス入力側チャネル選択
　00000：AN0　　11101；温度センタ
　00001：AN1　　11110：DAC出力
　　—　　　　　11111：FVR Buffer 1 Out
　01101：AN13
　（以降未使用）

GO/DONE：変換開始
　1：変換開始／変換中
　0：変換終了
　変換終了で自動的に0になる

ADON：A/Dコンバータ有効化
　1：有効　　0：無効／停止

ADCON1レジスタ

ADFM	ADCS<2:0>			—	ADNREF	ADPREF<1:0>	

ADFM：変換結果形式
　0：符号付整数
　1：2の補数

ADCS<2:0>：変換用クロック選択
　000：Fosc/2　　001：Fosc/8
　010：Fosc/32　 011：Frc
　100：Fosc/4　　101：Fosc/16
　110：Fosc/64　 111：Frc
　（FrcはAD用専用内蔵クロック）

ADNREF：V_{REF} －選択
　1：V_{REF} －ピン
　0：Vss (0V)

ADPREF<1:0> V_{REF} ＋選択
　00：V_{DD}
　01：$V_{REF}1$ ＋ピン
　10：$V_{REF}2$ ＋ピン
　11：FVR

ADCON2レジスタ

TRIGSEL<3:0>				CHSN<3:0>			

TRIGSEL<3:0>：トリガ要因選択
　0000：無効　　　0001：CCP1
　0010：CCP2　　 0011：無効
　0100：PSMC1立上がり

CHSN<3:0>：マイナス入力側チャネル選択
　0000：AD0　　　0001：AN1
　0010：AN2　　　0011：AN3
　（無効　AN5-AN7）

図7-3-4 12ビットA/Dコンバータ関連レジスタの詳細（つづき）

```
0110：PSMC1立ち上がり          1000：AN8
0111：PSMC2周期エッジ            ―
1000：PSMC2立ち上がり          1101：AN13
1001：PSMC2立ち上がり          1110：未使用
（以降未使用）                     1111：ADC V_REF-（ADNREF）
```

これらのレジスタの使い方は次のようにします。

❶ ADCON0レジスタ

A/Dコンバータの有効化とプラス入力側のチャネル選択、GOビットによる変換開始の設定を行います。ADONビットを1にするとA/Dコンバータにクロックが供給され動作状態となります。すべての設定をし、プラス、マイナス両側のチャネル選択後アクイジション時間を待ってからGOビットを1にセットして変換を開始します。変換が終了するとこのGOビットが0になるのでこれを待ってA/D変換の終了とします。

❷ ADCON1レジスタ

ADFMビットで変換結果の格納形式を指定します。ADCS<2:0>ビットでクロックの選択をしますが、基本はシステムクロックの分周になっているので、T_{AD}の規格範囲（1～9μsec）に入る値を選択します。これができない場合は、専用の内蔵クロックF_{RC}（標準1.0～6.0μsec）を使います。また、スリープ*中はシステムクロックが停止してしまうので、スリープ中もA/Dコンバータを動作させたい場合にもこのF_{RC}を選択します。

実際のシステムクロック周波数ごとに選択可能な値の例は表7-3-2の白地の範囲で、黒字の範囲は1μsecから9μsecの間に入らないので規格外となります。

> **スリープ**
> マイコンの動作を停止させ消費電流を極少にする機能のこと。

▼表7-3-2 A/Dコンバータ用クロックの選択

ADCクロックの選択		システムクロックごとのT_{AD}の値					
選択クロック	ADCS<2:0>	32MHz	20MHz	16MHz	8MHz	4MHz	1MHz
$F_{OSC}/2$	000	62.5ns	100ns	125ns	250ns	500ns	2.0μs
$F_{OSC}/4$	100	125ns	200ns	250ns	500ns	1.0μs	4.0μs
$F_{OSC}/8$	001	0.5μs	400ns	0.5μs	1.0μs	2.0μs	8.0μs
$F_{OSC}/16$	101	800ns	800ns	1.0μs	2.0μs	4.0μs	16.0μs
$F_{OSC}/32$	010	1.0μs	1.6μs	2.0μs	4.0μs	8.0μs	32.0μs
$F_{OSC}/64$	110	2.0μs	3.2μs	4.0μs	8.0μs	16.0μs	64.0μs
F_{RC}	x11	1.0～6.0μs	1.0～6.0μs	1.0～6.0μs	1.0～6.0μs	1.0～6.0μs	1.0～6.0μs

電圧リファレンス
基準となる電圧のこと。

ADNREFビットとADPREF<1:0>ビットで電圧リファレンス*の$V_{REF}-$と$V_{REF}+$を選択します。A/D変換はこの両者で選択した電圧範囲を基準にしてその間を12ビット分解能で変換します。リファレンスは外部入力か電源電圧か内蔵電圧リファレンスから選択することができます。各々の場合の電圧は表7-3-3のようになります。

▼表7-3-3　リファレンス電圧

区　別	リファレンス設定	入力最大電圧	備　考
上側$V_{REF}+$	電源電圧（V_{DD}）	V_{DD}	精度はV_{DD}の精度に依存
	外部リファレンス電圧	1.8V ～ V_{DD}	精度は外部リファレンスに依存
	内蔵電圧リファレンス	（1.024V） 2.048V 4.096V	10ビット精度の補償外 電圧誤差　±3% 電圧誤差　±3%
下側$V_{REF}-$	グランド（V_{SS}）	V_{SS} (0V)	
	$V_{REF}-$ピン	任意	精度は加えた電圧の精度に依存

　ここで注意しなければならないことは、12ビット精度は、$V_{REF}+$と$V_{REF}-$の電圧差が1.8V以上のときに保証されていて、それ以下の場合には保証外となっていることです。したがって$V_{REF}+$に内蔵電圧リファレンスで1.024Vを指定した場合は精度が保証されません。
　A/Dコンバータの入力条件には、もう一つ重要な条件があります。それは入力源となるアナログ回路の出力インピーダンス*が10kΩ以下と規定されていることです。これが大きくなるとアクイジションタイムの時間がより長くなることと、あまり大きいと測定電圧に誤差が出るので注意が必要です。
　オペアンプなどを接続した場合は全く問題ありませんが、電圧を測定するような場合に、抵抗で分圧して入力するとき高抵抗で分圧すると測定誤差が出るので注意が必要です。

出力インピーダンス
出力デバイスの内部抵抗。

❸ADCON2レジスタ
　このA/Dコンバータは内蔵モジュールの出力によりA/D変換を自動開始させることができます。TRGSEL<3:0>ビットで自動スタートさせるときのトリガとなる内蔵モジュールの指定をします。例えばインターバルタイマを自動スタート条件とすれば常に一定間隔でA/Dコンバータを起動して変換を開始するので、音声など常に一定間隔でデータを取り込む必要がある場合などに便利に使えます。
　またCHSN<3:0>ビットでマイナス側のマルチプレクサのチャネル選択をします。この値に「1111」を指定すると$V_{REF}-$を選択することになるので、差動ではなくシングルエンド*動作となって、単一チャネルの電圧測定をすることになります。

シングルエンド
信号とグランド間の電圧を対象とすること。

7-3 アナログ信号の入力方法

❹ ANSELxレジスタとTRISxレジスタ

アナログピンとして使うピンは、ANSELxレジスタで0にセットしてアナログピン扱いとし、TRISxレジスタで1にセットして入力モードとする必要があります。

■ A/Dコンバータの使用手順

A/Dコンバータを実際に使うときの手順は次のようにします。

プログラムの最初の初期化部分でANSELxレジスタとTRISxレジスタで使用するアナログ入力ピンを指定します。続いてADCON1レジスタでクロックとプラス側リファレンスを指定し、ADCON2で変換トリガ元とマイナス側リファレンスを指定します。

このあとADCON0レジスタでADONを指定し動作を開始します。あとは実際の変換実行部分で、図7-3-5のフローでプログラムを作成します。

A/Dコンバータは1組しかないので、一度に1チャンネルしか入力変換することができません。したがって、A/D変換をする都度、どのチャンネルに対して実行するかを指定する必要があります。シングルエンド動作とした場合にはマイナスの値になることはないので、整数形式を指定した場合に変換結果を12ビットの整数値にするには、符号ビットは常に0なので次の式で変換できます。

変換データ ＝ ADRESH×16 ＋ ADRESL÷16

● 図7-3-5　A/Dコンバータプログラミング手順

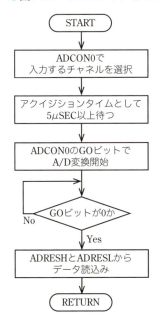

7-4 BluetoothモジュールとEUSARTの使い方

　製作するデータロガーはBluetoothという無線でパソコンとデータの送受信を行います。このために、モジュール化された製品RN-42XVPを使います。Bluetooth通信に必要な手順などのプログラムがすべて実装済みとなっているので簡単に使うことができます。

7-4-1　BluetoothモジュールRN-42XVPの概要

　RN-42XVPモジュールは、RN-42モジュール本体が表面実装であるため実装しにくいという顧客のために用意されたモジュールで、写真7-4-1が外観となります。基板上にはRN-42モジュール本体と接続状態表示のLEDのみが実装されているだけとなっています。安価で実装しやすい形ですので、使いやすいものとなっています。

　パターンアンテナタイプのRN-42XVPと、セラミックアンテナタイプのRN-42XVCと、アンテナコネクタタイプのRN-42XVUとがありますが、TELEC[*]認証済みなのは写真7-4-1のRN-42XVPとなります。

TELEC
Telecom Engineering Center。電波法に基づき無線機器の技術基準適合証明を行う財団法人。

●写真7-4-1　RN-42XVPシリーズの外観

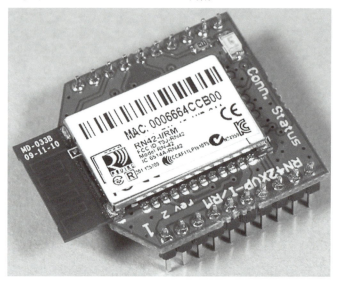

7-4 BluetoothモジュールとEUSARTの使い方

RN-42XVPの外形とピン配置、ピン機能は図7-4-1のようになっています。

●図7-4-1 外形とピン配置とピン機能

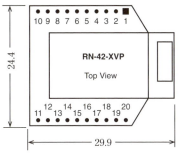

No	記号	機能
1	V_{DD}_3V3	3.3V電源
2	TXD	UART TX 送信
3	RXD	UART RX 受信
4	GPIO7	汎用I/O
5	RESET_N	リセット 内部プルアップ
6	GPIO6	汎用I/O、TX/RXデータ送受信
7	GPIO9	汎用I/O
8	GPIO4	汎用I/O
9	GPIO11	汎用I/O
10	GND	グランド
11	GPIO8	汎用I/O
12	RTS	UART RTS フロー制御用
13	GPIO2	汎用I/O
14	NC	
15	GPIO5	汎用I/O
16	CTS	UART CTS フロー制御用
17	GPIO3	汎用I/O
18	GPIO7	汎用I/O
19	AIO0	
20	AIO1	

【Bluetooth仕様】
クラス　　　　：Class2対応
無線周波数：2.4GHz

【電気的仕様】
電源電圧　　：3.0V～3.6V（3.3VTyp）
消費電流　　：40mA～50mA（送受信中）
　　　　　　　：26μA（ディープスリープ中）
　　　　　　　：12mA～25mA（接続中）
UART速度：1200bps～921kbps
　　　　　　　115200bps（デフォルト）

RN-42XVPに搭載されているRN-42　Bluetoothモジュール本体はBluetoothクラス2対応のモジュールで、次のような特徴を持っています。

- Bluetooth V2.1＋EDR*準拠　V2.0、V1.2、V1.1上位互換
- 小型　　　13.4mm×25.8mm×2mm
- 低消費電力　スリープ時：26μA　接続時：3mA　送信時：30mA
- 高速　SPP時 240kbps（スレーブ）　300kbps（マスタ）
　HCI時　1.5Mbps連続　3.0Mbpsバースト
- サポートプロファイル*　SPP*、DUN
　（GAP、SDP、RFCOMM、L2CAPスタック含む）HCIもサポート
- 汎用デジタルI/Oを内蔵　単体で入出力が可能

内部構成は図7-4-2に示すようになっています。心臓部はCSR社のBlueCoreチップとなっており、これに設定情報を保存するフラッシュメモリとRFスイッチ*部を追加したものとなっています。

EDR
Enhanced Data Rateの略。通信速度を向上させた仕様。

プロファイル
機器の種類ごとに定められたプロトコル。

SPP
Serial Port Profileの略。仮想のシリアルポートとするプロファイルのひとつ。

RF
Radio Frequency。高周波スイッチ。

●図7-4-2　RN-42モジュールの内部構成

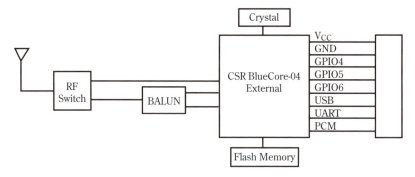

■PICマイコンとの接続方法

RN-42XVPモジュールをマイコンと接続するためには、UART接続とします。接続は図7-4-3のようにします。

●図7-4-3　RN-42XVPモジュールとマイコンとの接続

(a) フロー制御ありの場合

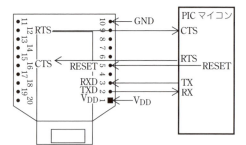

(b) フロー制御なしの場合

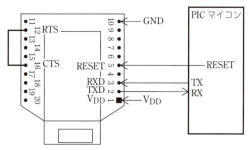

(c) MCLRと接続する場合の保護

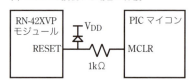

　基本はRXピンとTXピンでデータ転送するので、互いにマイコン側のRXとTXにクロスして接続します。CTSピンとRTSピンはハードウェアフロー制御を行う場合には、図7-4-3(a)のようにマイコン側のRTS、CTSピンとクロスで接続しますが、フロー制御をしない場合には、図7-4-3(b)のようにRTSとCTSをモジュール側で直接接続して折り返せば問題ありません。あとはV_{DD}の3.3V電源とGNDを接続して電源を供給します。

さらにモジュールのRESETピンでハードウェアリセットができます。RESETピンをV_{DD}と直接接続しても問題はありませんが、PICマイコン側からI/Oピンを使ってプログラム制御でリセットができるようにしておくと便利です。

ただし、PICマイコンのMCLRピンと接続してリセットスイッチでリセットする場合には、PICマイコンにプログラムを書き込む際に、MCLRピンに9V程度の高い電圧が瞬時加えられるので、これでモジュールが壊れないように、図7-4-3(c)のようにショットキーダイオード等で保護しておく必要があります。

こうしてハードウェアの接続が完了したら、マイコンのEUSARTの設定を次のようにする必要があります。

- ボーレート　　　：115200bps
- データビット　　：8ビット
- パリティ　　　　：なし
- ストップビット　：1ビット
- フロー制御　　　：なし

7-4-2　RN-42モジュールの制御コマンド

RN-42モジュールのシリアルインターフェースは、通常の無線でデータを送受信する「データ転送モード」と、各種設定をするための「コマンドモード」の2種類のモードを持っていて、コマンドモードに切り替えると多くの内部設定をUART経由または、HostからBluetooth経由で行うことができます。この切り替え方法とコマンドの内容を説明します。

動作モードの切り替えは図7-4-4のようにします。UART側から「$$$」という文字コードを送るとモジュールがコマンドモードになり、CMDというメッセージが返送されます。このあとコマンドで各種設定をしたあと、「---¥r」を送るか、「R,1¥r」を送るとデータ転送モードに戻ります。

ただし、デフォルトのままでは、「$$$」はモジュールの電源をオンまたはリセットしてから60秒以内だけ有効で、それを過ぎると無効となってコマンドモードには入れなくなり、通常の転送データとして扱われます。

この設定切り替えは、モジュールがスレーブの場合はBluetooth経由でHost側から行うこともできます。この場合も、やはりモジュールの電源をオンとしてから60秒以内のみ可能で、以降は無視され通常の転送データとして扱われます。

●図7-4-4　データ転送モードとコマンドモードの切り替え

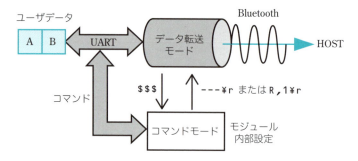

■制御コマンドの種類

RN-42モジュールには非常に多くのコマンドが用意されていて、きめ細かく動作を指定することができます。コマンドを大別すると、次の5種類となります。

❶SETコマンド

ボーレート*、名称、動作モードなど多くの設定をするためのコマンドで、この設定は内蔵のフラッシュメモリに保存され、電源オン時に毎回適用されます。

> ボーレート
> BaudRate：通信速度のこと。

❷GETコマンド

フラッシュメモリに保存されている設定内容を読みだすためのコマンドです。

❸CHANGEコマンド

ボーレートやパリティ*有無などの設定を一時的に変更するためのコマンドです。設定内容はフラッシュメモリに保存されず、ボーレート等がすぐ変更されデータ転送モードとなります。

> パリティ
> 通信中の誤りチェックの方式のひとつ。データ中の1の数が必ず奇数個か偶数個になるように1ビット付加する。

❹ACTIONコマンド

接続、切り離し、リブート*などモジュールの動作を直接指示するコマンドです。

> リブート
> Reboot：再起動すること。

❺GPIOコマンド

汎用の入出力ピンを操作するコマンドです。

■実際に使うコマンドはわずか

それぞれのコマンドにはたくさんの種類がありますが、よく使う代表的なコマンドに限定すると表7-4-1のようなものとなっています。それぞれのコマンドの最後には改行コード(¥rまたは0x0D)が必要です。

7-4 Bluetoothモジュールとた EUSARTの使い方

▼表7-4-1　RN-42モジュールの制御コマンド一覧（太字がデフォルト）

種別	コマンド	機能内容
SET	SA,\<n>¥r	認証の仕方の設定（nの値により下記となる） 0：認証なし、　　**1：6ケタコード自動接続** 2：iOS、Droid用　4：PINコードによるレガシモード
	SF,1¥r	工場出荷状態に初期化する
	SM,\<n>¥r	動作モードの設定（nの値により下記モードとする） 0：スレーブ、　　1：マスタ、　　2：トリガ、 3：自動マスタ、　**4：自動DTR**、5：自動ANY 6：ペアリング
	SN,\<name>¥r	モジュールに名前を付ける（nameは20文字以下） 初期値：**FireFly-xxxx**（xxxxはMACアドレスの下位4桁） ≪例≫ SN,Analyzer　英数字のみ
	SP,\<pin code>¥r	セキュリティ用PINコードの設定 PIN codeは20文字以下 ≪例≫ **SP,1234**（これがデフォルトの設定）
GET	D¥r	基本設定内容を読みだす
	E¥r	拡張設定内容を読みだす
ACTION	$$$	コマンドモードにする
	---	コマンドモードを終了しデータ転送モードとする
	R,1¥r	リブートする（電源オン時と同じ動作）

7-4-3　EUSARTモジュールの使い方

EUSART
Enhanced Universal Synchronous Asynchronous Receiver Transmitter の略。

通信方式
クロック信号＋データ信号の2本のラインで送信する場合が同期式。データだけで1本のラインで送信する場合が非同期式。

ビット同期
1ビットごとのタイミングを送受信両方で合わせること。

本章ではBluetoothモジュールで無線通信しますが、このBluetoothモジュールとPICマイコンとの接続はシリアル通信で行うのでPICマイコンのEUSART*モジュールを使います。このEUSARTモジュールの使い方を説明します。

■非同期通信の基本

EUSARTを使って通信する場合の基本の手順は**非同期方式**とか**調歩同期方式***とか呼ばれています。つまり1本の線を使って通信するためクロック信号はなく、互いに取り決めた速度だと仮定して1ビットごとの送受信を行います。ビット同期*をとるためのクロック信号の送受がないことから非同期と呼ばれています。

調歩同期方式の基本のデータ転送はバイト単位で行われ、図7-4-5のフォーマットで1ビットずつが順番に1対の通信線で送信されます。通常は送信と受信が独立になっていて、2本の線で接続されます。送受信の接続が独立なので、送信と受信を同時に動かすことも可能で、この場合を「全二重」と呼び、交互に送信と受信を行う方法を「半二重」と呼びます。

263

常時の状態はHighレベルになっていて、送信を開始する側が任意の時点でLowとします。このLowが通信の開始を示し、ボーレートで決まる1ビット分だけLowを継続します。これが「**スタートビット**」と呼ばれる通信開始を示すビットです。

　このあとは、ボーレートで決まるパルス幅で8ビットのデータを下位ビット側から出力します。最後に1ビット分のHighのパルスを出力して終了となります。この最後のHighのビットは「**ストップビット**」と呼ばれます。ストップビットの役割は、次のスタートビットが判別できるようにすることです。

●図7-4-5　調歩同期式のデータフォーマット

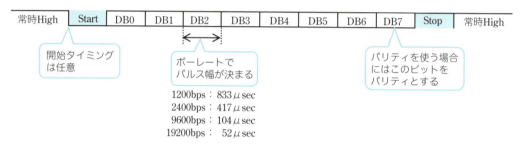

　このデータを受信する側は、常時受信ラインをチェックしていて、Lowになるのを検出します。これでスタートビットを検出したら、そこからボーレートで決まるビット幅ごとにデータとして取り込みます。8ビットのデータを取り込んだあと、次のビットがストップビットであることを確認して受信終了となります。

　このように、常にスタートビットから送信側と受信側が同じ時間間隔で互いに送信と受信を行うので、スタートビットごとに毎回時間合わせが行われることになり、時間誤差が積算されることがありません。したがって、10ビット分の時間の誤差が許容範囲内であれば正常に通信ができることになります。

■ EUSARTモジュールの使い方

　EUSARTモジュールの内部構成は調歩同期式の場合には図7-4-6のようになっています。図のように送信と受信がそれぞれ独立しているので、全二重通信が可能となっています。つまり、いつでも同時に送信と受信ができるということです。また従来のUSARTからEnhancedで強化されたのは、ブレーク信号[*]の送受信が可能になったことと、ボーレートの自動検出が可能になったことです。

ブレーク信号
13ビット間Lowの信号で、データに無関係に無条件で初期化などをさせるための機能。ビット名の意味。

7-4 BluetoothモジュールとEUSARTの使い方

●図7-4-6　USARTモジュールの構成

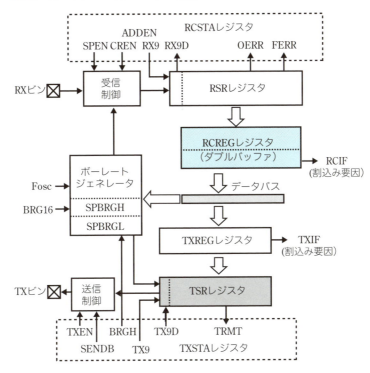

❶送信動作

送信の場合には、まずTRMT*かTXIF*のステータスでレディ状態を確認し、送信ビジーでなければ、送信するデータをTXREGレジスタ*にプログラムで書き込みます。直後にTXIFがビジー状態になります。このあとは自動的にデータがTXREGレジスタからTSRレジスタに転送され、TSRレジスタから、ボーレートジェネレータからのビットクロック信号に同期してシリアルデータに変換されてTXピンに順序良く出力されます。このときスタートビットとストップビットも付加されます。

このレジスタ間の転送直後にTXIFがレディとなり、次のデータをTXREGレジスタにセットすることが可能となりますが、実際に出力されるのは、前に送ったデータがTSRレジスタから出力完了したあととなります。

シリアルデータで出力する際の出力パルス幅は、ボーレートジェネレータにセットされた値に従って制御されます。

シリアル出力が完了しTSRレジスタが空になるとTRMTがレディ状態に戻り、次のデータ送信が可能となります。このTRMTビットで送信レディーチェックができます。

TRMT
Transmit Shift Register Status。

TXIF
Transmit Interrupt Flag。

レジスタ名の意味
P.266の「EUSART制御用レジスタ」の項を参照のこと。

❷受信動作

受信の場合には、RXピンに入力される信号を常時監視してLowになるスタートビットを待ちます。スタートビットを検出したら、1ビット幅の周期で、そのあとに続くデータを受信シフトレジスタのRSRレジスタに順に詰め込んで行きます。この時の受信データ取り込み周期は、あらかじめボーレートジェネレータにセットされたボーレートに従った周期となります。

最後のストップビットを検出したら、RSRレジスタからRCREGレジスタに転送します。この時点で、RCIFフラグが1となり、受信データの準備ができたことを知らせます。プログラムでは、割り込みか、またはこのRCIF*を監視して、1になったらRCREGレジスタからデータを読み込みます。

このRCREGレジスタは2階層のダブルバッファとなっているので、データを受信直後でも連続して次のデータを受信することが可能です。つまり、3つ目のデータの受信を完了するまでにデータを取り出せば、正常に連続受信ができることになります。このダブルバッファのお陰で、最初の受信処理の時間をかせぐことができますが、3バイト以上の連続受信のときには、ダブルバッファであっても次のデータを受信する間に処理を完了させることが必要です。そうしないと次のデータの受信に間に合わないのでデータ抜けが発生することになってしまいます。

このような場合に、オーバーランエラーやフレミングエラーという受信エラーが発生します。エラーが発生した場合には、いったんRCSTAレジスタをクリアしてEUSARTモジュールを無効化したあと、再度RCSATレジスタを設定しなおす必要があります。

■ EUSART制御用レジスタ

EUSARTを非同期式通信で使う場合の制御レジスタ*の使い方を説明します。

関係するレジスタは次のようになり、たくさんのレジスタが関係します。

- TXSTA ：送信動作設定
- TXREG ：送信データレジスタ
- RCSTA ：受信動作設定
- RCREG ：受信データレジスタ
- BAUDCON ：ボーレート制御
- SPBRGL ：ボーレート設定下位レジスタ
- SPBRGH ：ボーレート設定上位レジスタ

動作モードを設定する制御レジスタの詳細は図7-4-7となります。

RCIF
USART Receive Interrupt Flag。

レジスタ名の意味
TXSTA：Transmit Status and Control
TXREG：Transmit Data Register
RCSTA：Receive Status And Control Register
RCREG：Receive Data Register
BAUDCON：Baud Rate Control
SPBRG：Serial Port Baud Rate Generator
TSR：Transmit Shift Register
RSR：Receive Shift Register

7-4 BluetoothモジュールとEUSARTの使い方

●図7-4-7　EUSART関連レジスタ詳細

TXSTAレジスタ　　　　　　　　　　　　　　　　（色文字が本章での設定値）

CSRC	TX9	TXEN	SYNC	SENDB	BRGH	TRMT	TX9D

CSRC：クロック選択指定　　　SYNC：モード選択　　　　　TRMT：送信レジスタステータス
　　　非同期では無視　　　　　　　1＝同期　0＝非同期　　　　1＝TSR 空　0＝TSR フル
　　　1＝内部　0＝外部

TX9：9ビットモード指定　　　SENDB：ブレーク送信　　　TX9D：送信データ9ビット目
　　　1＝9ビット　0＝8ビット　　1＝次で送信　0＝完了

TXEN：送信許可指定　　　　　BRGH：高速サンプル指定
　　　1＝許可　0＝禁止　　　　　1＝高速　0＝低速

　　　　　　　　　　　　　　　　　　　　　　　　非同期通信の場合
　　　　　　　　　　　　　　　　　　　　　　　　下記いずれかとする
　　　　　　　　　　　　　　　　　　　　　　　　　0010 0000
　　　　　　　　　　　　　　　　　　　　　　　　　0010 0100

RCSTAレジスタ

SPEN	RX9	SREN	CREN	ADDEN	FERR	OERR	RX9D

SPEN：シリアルピン指定　　　CREN：連続受信指定　　　　OERR：オーバーランエラー
　　　1＝シリアル　0＝汎用 I/O　　1＝連続　0＝禁止　　　　　1＝発生　0＝正常

RX9：9ビットモード指定　　　ADDEN：アドレス受信許可　RX9D：受信データ9ビット目
　　　1＝9ビット　0＝8ビット　　1＝有効　0＝無効

SREN：シングル受信指定　　　FERR：フレーミングエラー
　　　1＝シングル　0＝禁止　　　1＝発生　0＝正常

　　　　　　　　　　　　　　　　　　　　　　　　非同期通信の場合
　　　　　　　　　　　　　　　　　　　　　　　　下記とする
　　　　　　　　　　　　　　　　　　　　　　　　　1001 0000

BAUDCONレジスタ

ABDOVF	RCIDL	—	SCKP	BRG16	—	WUE	ABDEN

ABDOVF：自動ボーレート　　　SCKP：信号極性指定　　　　WUE：ウェイクアップ有効化
　　　検出オーバーフロー　　　　　1＝反転　0＝通常　　　　　1＝待ち中　0＝通常動作
　　　1＝発生　0＝正常　　　　　BRG16：ボーレート設定　　ABDEN：自動ボーレート検出
RCIDL：受信アイドルフラグ　　　　16ビット指定　　　　　　有効化
　　　1＝受信アイドル　0＝ビジー　1＝16ビット　0＝8ビット　　1＝有効　0＝無効

❶TXSTAレジスタの詳細と設定

　送信の動作モードを指定するレジスタがTXSTAレジスタで、通常は8ビットデータ、ノンパリティを使うので、図のように"0010 0000"か"0010 0100"と指定します。さらに、プログラムセンス方式*でレディーチェックをするときには、こちらのTRMTステータスを使うと、前のデータの送信が確実に完了してからレディとなるので、確実な半二重通信とすることができます。あとで説明するPIR1レジスタ中のTXIFステータスを使うよりは、この方式のほうが確実ですが、このあたりはどちらでも好みのほうを使って構いません。ただしTXIFビットを使うときには、割り込みフラグビットなので、1を検出したら命令でクリアする必要があります。

❷RCSTAレジスタの詳細と設定

　受信の動作モードを指定するレジスタがRCSTAレジスタで、非同期通信の場合には図のように"1001 0000"という設定とします。受信の場合のレディー

> **プログラムセンス方式**
> 割込みを使わずプログラムで処理する方式。ポーリング方式、問い合せ方式とも呼ぶ。

チェックはPIR1レジスタ中のRCIFステータスで行います。このRCIFは割り込みフラグですが、読み出ししかできないビットとなっていて、RCREGを全部読み出して空にすれば自動的にクリアされます。

❸SPBRGの設定方法

> **SPBRGレジスタ**
> SPBRGH + SPBRGLの16ビットを示す。

通信速度を決めるボーレートは、SPBRGレジスタ*によるボーレートジェネレータが制御しています。BAUDCONレジスタのBRG16ビットをセットすると、SPBRGレジスタを16ビットとすることができるので、より広範囲で正確なボーレート値が設定可能となりました。

このSPBRGレジスタに設定する値とボーレートの代表的な関係は表7-4-2のようになります。このボーレート設定値Xは下記の計算式で求められます。

①BRGH＝0かつBRG16＝0の場合

$X = F_{OSC} / (64 \times Baud) - 1$　　（F_{OSC}：クロック周波数、Baud：通信速度）

②BRGH＝1かつBRG16＝0の場合、またはBRGH＝0かつBRG16＝1の場合

$X = F_{OSC} / (16 \times Baud) - 1$

③BRGH＝1かつBRG16＝1の場合

$X = F_{OSC} / (4 \times Baud) - 1$

このXで設定される通信速度は、クロック周波数とSPBRG設定値で決まるので、標準通信速度とぴったり一致しない場合があります。この誤差が表の中のエラーレイトとして計算されています。1.5%以下のずれであれば正常通信可能です。

▼表7-4-2　SPBRGとボーレート

クロック	32MHz		20MHz		8MHz	
ボーレート（bps）	SPBRG設定値	エラーレイト	SPBRG設定値	エラーレイト	SPBRG設定値	エラーレイト
1200	1665	－0.02	1041	－0.03	416	－0.08
2400	832	－0.04	520	－0.03	207	0.16
9600	207	0.16	129	0.16	51	0.16
19.2k	103	0.16	64	0.16	25	0.16
115.2k	16	2.12	10	－1.36	－	－

> **レジスタ名の意味**
> INTCON：Interrupt Control
> PIR：Peripheral Interrupts Request
> PIE：Peripheral Interrupt Enable
>
> **ビット名の意味**
> RCIE：Receive Interrupt Enable
> TXIE：Transmit Interrupt Enable
> PEIE：Peripheral Interrupt Enable
> GIE：Global Interrupt Enable
> TRMT：Transmit Shift Register Status

❹割り込みで使う場合

EUSARTを割り込みで使う場合にもやはり送信と受信が独立になっていますので、送信、受信それぞれの割り込みを別々に扱う必要があります。割り込みに関連するレジスタ*は、図7-4-8のレジスタとなります。

割り込み許可の手順は、対応する割り込み許可ビット*RCIEまたはTXIEを

1にし、さらにPEIEとGIEを1にしてグローバル割り込みを許可すれば割り込むようになります。

● 図7-4-8　EUSARTの割り込み制御レジスタ

INTCONレジスタ

GIE	PEIE	T0IE	INTE	RBIE	T0IF	INTF	RBIF

GIE：全割り込み制御　　PEIE：周辺割り込み制御
　1：許可　0：禁止　　　1：許可　0：禁止

PIR1レジスタ

PSPIF	ADIF	RCIF	TXIF	SSPIF	CCP1IF	TMR2IF	TMR1IF

RCIF：受信割り込みフラグ
TXIF：送信完了割り込みフラグ
　1：割り込み中　　0：割り込みなし

PIE1レジスタ

PSPIE	ADIE	RCIE	TXIE	SSPIE	CCP1IE	TMR2IE	TMR1IE

RCIE：受信割り込み許可ビット
TXIE：送信完了割り込み許可ビット
　1：割り込み中　　0：割り込みなし

　これらのレジスタを使ってUSARTの送受信を実行する基本の送受信関数がリスト7-4-1となります。
　送信は簡単で、ビジーチェックをしてからTXREGレジスタに送信データをセットすれば、あとは自動的に行われます。注意が必要なのは、TXREGに書き込んだあと、実際の送信がシリアル通信で行われるので、この関数を実行した直後にスリープにしたり停止したりすると、通信が途中で止まってしまうことになります。このような場合には、TRMTビットで終了を確認してからスリープにする必要があります。
　受信はいつ発生するかわからないので、プログラムセンス方式で受信を待つ関数でも関数内で永久待ちとならないようにする必要があります。さらに、受信ができたときには受信エラーチェックが必要です。そこで、関数では戻り値でこの状態を区別するようにしています。未受信の場合には0を返し、受信エラーの場合は0xFFを返していて、正常受信の場合は受信データを返します。したがって、関数を呼ぶ側で戻り値をチェックする必要があります。
　オーバーランエラーの場合は、EUSARTモジュールをいったん無効化しないとクリアされず次の受信動作ができません。したがって、いずれのエラーがあった場合にもRCSTAレジスタをクリアしたあと再設定してから、エラーフラグを返すようにしています。

このようにプログラムセンス方式で受信を待つのは無駄時間も多くなりますし、応答が問い合わせ周期となってしまいます。これを避ける場合には、割り込みを使います。通常は受信側のみを割り込みとすれば問題ないですが、送信完了を待つ時間も有効に使いたい場合には、送信側も割り込みを使います。

リスト 7-4-1　EUSARTを使った送受信関数例

```
/********************************
 * EUSART 送信実行サブ関数
 ********************************/
void Send(unsigned char Data){
    while(!TXSTAbits.TRMT);             // 送信レディー待ち
    TXREG = Data;                       // 送信実行
}
/********************************
 * EUSART受信サブ関数
 ********************************/
unsigned char Receive(void){
    if(PIR1bits.RCIF){                  // 受信完了の場合
        PIR1bits.RCIF = 0;              // フラグクリア
        if((RCSTAbits.OERR) || (RCSTAbits.FERR)){   // エラー発生した場合
            RCSTA = 0;                  // USART無効化、エラーフラグクリア
            RCSTA = 0x90;               // USART再有効化
            return(0xFF);               // エラーフラグを返す
        }
        else                            // 正常受信の場合
            return(RCREG);              // 受信データを返す
    }
    else
        return(0);                      // 未受信のとき0を返す
}
```

7-5 フラッシュメモリとSPIモジュールの使い方

本章では収集したデータの保存にフラッシュメモリを使います。このメモリの使い方を説明します。さらにこのメモリのインターフェースがSPI通信となっているので、SPIモジュールの使い方も説明します。

7-5-1 フラッシュメモリの使い方

本章で使うフラッシュメモリは型番がSST26VF064B-104I/SMというマイクロチップ社製のもので、64Mビットという大容量で104MHzという高速動作が可能になっています。ピン配置とピン機能は図7-5-1のようになっています。

●図7-5-1 フラッシュメモリの外観とピン配置

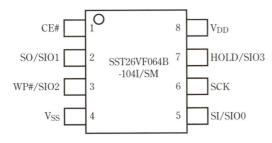

No	記号	機能
1	CE#	チップ選択（Lowで有効）
2	SO /SIO1	SPIデータ出力／入出力1
3	WP# /SIO2	書込み保護／入出力2
4	V_{SS}	グランド
5	SI /SIO0	SPIデータ入力／入出力0
6	SCK	SPIクロック
7	HOLD# /SIO3	ホールド／入出力3
8	V_{DD}	電源 2.7V～3.6V

注）SIO<3：0>はSQI接続の場合でSPIでは使わない
　　#は負論理を表す

【電気的仕様】
電源電圧　　：2.7V～3.6V（3.3VTyp）
消費電流　　：15mA（104MHz読出し時）
　　　　　　：15μA（スタンバイ時）
外部接続　　：SPI　モード0か3
　　　　　　　最大104MHz動作
書き換え回数：Min 10万回　100年以上保持
高速イレーズ：50ms（チップ消去）
　　　　　　：25ms（ブロック消去）
書き込み　　：256バイト単位　1.5ms

ピン名の意味
SCK：Serial Clock
SDO：Serial Data Out
SDI：Serial Data In
CS：Chip Select

このフラッシュメモリとマイコンとの接続は、SPIというシリアル通信になっています。SPI通信ではクロック（SCK*）、データ出力（SDO）、データ入力（SDI）、チップ選択（CS）の4本の線で接続します。SCKクロックの8パルスごとに1バイトのデータがSDIとSDOで同時に送受信されます。

SPI通信でコマンドを送信することで各種動作を指定できます。代表的なコマンドとSPI通信のフォーマットは図7-5-2のようになっています。コマンドはこの他にもかなりたくさんありますが、本章で使っているものに限定しています。

● **図7-5-2　コマンドとSPIフォーマット**

(a) コマンド一覧

略号	コード	機能	アドレスバイト	データバイト	SPIフォーマット
RDSR	0x05	ステータス読出し	0	2	②
Read	0x03	メモリ読出し	3	1以上	③
WREN	0x06	書込み許可	0	0	①
CE	0xC7	チップ消去	0	0	①
PP	0x02	ページ書き込み	3	1〜256	④
WBPR	0x42	ブロック保護設定	0	1〜18	④

(b) SPIフォーマット

① | コマンドコード |

② | コマンドコード | データ1 | データ2 |

③ | コマンドコード | アドレス上位 | アドレス中位 | アドレス下位 | データ1 |  | データN |

④ | コマンドコード | アドレス上位 | アドレス中位 | アドレス下位 | データ1 | ～ | データN |

■ **フラッシュメモリの初期化 ― 保護の解除が必要**

SPI接続でこのフラッシュメモリを使うためには初期化が必要で、特にブロック書き込み保護を解除しないと書き込みができません。

この初期化手順は図7-5-3 (a) のようにします。最初に書き込み許可を実行します。これを実行しないと、以下のチップ消去コマンドが実行できません。次のチップ消去は消去してもよい場合に実行しますが、消去してはまずい場合は省略します。チップ消去には50msecの時間がかかるので、この時間を待つ必要があります。

このあと、ブロック書き込み保護を解除しています。このコマンドで送るデータは、1ビットが1ブロック（8kバイトから64kバイト単位）の保護（1の場合）、解除（0の場合）を指定するので、8Mバイト全ブロックの解除には18バイトの0x00を送る必要があります。

7-5 フラッシュメモリとSPIモジュールの使い方

●図7-5-3 フラッシュメモリ初期化手順

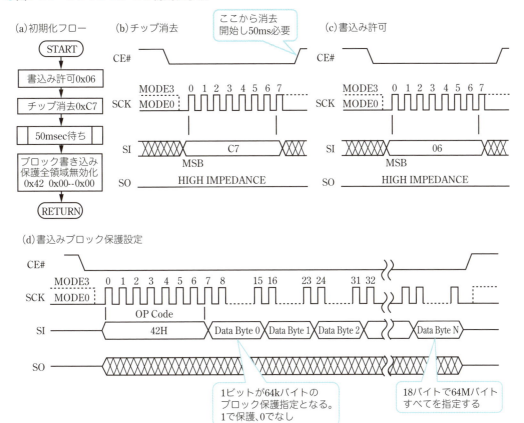

■データ読み出しタイミング

　このSPI接続でデータ読み出しの場合のタイミングは、図7-5-4のようにします。コマンドとして0x03と3バイトの読み出し開始アドレスを送信すれば、あとは連続的に読み出しが可能になります。

　この0x03のコマンドは通常速度の読み出しなので、最大40MHzの転送速度になります。これ以外に高速読出しコマンドもありますが、PICマイコンの内蔵SPIでは最大速度が20MHzなので間に合わないため、使いません。

● 図7-5-4　フラッシュメモリの読み出しタイミング

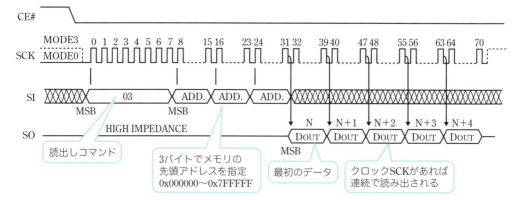

■ データ書き込みタイミング　―　256バイトごとの書き込み

　次にフラッシュメモリへの書き込みですが、書き込みには対象アドレスのデータが消去（0xFFの状態）されている必要があります。本書では手順を簡単にするため、書き込む前にチップ消去で全体を消去してから書き込むことにしました。

　書き込みは256バイトのページ単位で行うことになります。ページ単位で書き込むバイト数は自由ですが、間が空かないようにしたほうがあとからの読み出しが簡単にできるので、常に256バイト単位で書き込むことにします。

　この書き込みの手順は図7-5-5のようになります。ページ書き込みコマンドの0x02と書き込み開始アドレス3バイトを送ってから、続けて書き込みデータを送信します。このときのアドレスの最下位バイトは0x00として256バイト境界とするようにします。

　書込みデータを256バイト送信してCEピンをHighにした時点から書き込みが実行されるので、次の書き込みには書き込み実行時間（1.5msec）以上待つ必要があります。

● 図7-5-5　フラッシュメモリへのページ書き込み

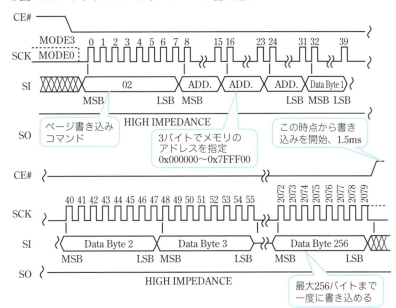

7-5-2　MSSPモジュール（SPIモード）の使い方

PICマイコンのF1ファミリに内蔵されているMSSP（Master Synchronous Serial Port）モジュールは、シリアルEEPROM*やD/Aコンバータなどの周辺ICを専用のシリアルインターフェースで接続し、高速の同期式通信を可能とします。
このMSSPモジュールの使い方には下記の2種類があります。

EEPROM
電気的消去、書き込み可能な不揮発性メモリ。電源オフでも内容保持する。

❶ SPI（Serial Peripheral Interface）モード
モトローラ社が提唱した方式で、3本または4本の接続線で構成し、数Mbpsの通信が可能です。

❷ I^2C（Inter-Integrated Circuit）モード
フィリップス社が提唱した方式で、2本の接続線で1個のマスタに対し複数のスレーブとの間でパーティーライン*を構成し、最大1Mbpsの通信が可能です。

パーティーライン
1本の通信線で複数のデバイスを接続してそれぞれアドレス指定して通信する方式。

オンボード
同じ基板上という意味。

この2方式のシリアル通信はいずれもオンボード*でのIC間の通信が目的になっており、装置間のような距離のある通信には向いていません。そのため「オンボードシリアル通信」とも呼ばれています。

本書ではフラッシュメモリとの接続用にSPI通信で使うので、SPIモードの使い方を説明します。

■SPI通信の仕組み

MSSPをSPIモードで使うときの通信のしくみは図7-5-6のようになっています。二つのSPIのモジュールが互いに3本または4本（SS信号を使う場合）の線で接続され、片方がマスタもう一方がスレーブとなります。グランド線を含めると4本または5本の線となります。

●図7-5-6　SPI通信の接続方法

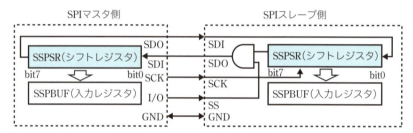

通信は、マスタが出力するクロック信号（SCK）を基準にして、互いに向かい合わせて接続したSDIとSDOで、同時に1ビット毎のデータの送受信を行います。常にマスタが主導権を持ち、次のような8ビット単位のデータ通信が行われます。

❶**マスタからの送信**
スレーブが受信すると同時に、スレーブからダミーデータが送られ、マスタ側にダミーデータが受信されます。

❷**マスタ、スレーブ同時に送信**
マスタが送ると、同時にスレーブ側も有効なデータを送信します。したがってマスタ、スレーブ両方にデータが受信されます。

❸**マスタが受信**
ダミーデータがマスタから送信され、同時にスレーブから有効なデータが送信されマスタに届きます。

このようにSPI通信を使うと二つのIC同士で簡単に高速通信をしてデータ交換を行うことができます。

7-5 フラッシュメモリとSPIモジュールの使い方

■ MSSPモジュール（SPIモード）の概要

図7-5-7はSPIモードのときのMSSPの内部構成の詳細です。図7-5-6のようにSDIとSDOをお互いに接続することで、同時にデータの送受信が行われます。したがって片方は不要な送受信が行われることもあります。このとき、SSピンを使うことによって、スレーブ側からの送信を制御できます。したがって、例えばマスタがこのSSピンを制御することで、余計なデータを受信しないようにしたり、複数のスレーブを接続して、特定のスレーブを選択してデータ転送したりすることもできます。

● 図7-5-7　SPIモードでのMSSP内部構成

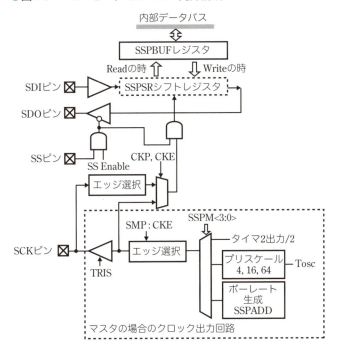

■ SPI通信制御用レジスタ

SPI通信を行うのに必要な制御レジスタ*には、SSPxCON1、SSPxCON3、SSPxSTATレジスタがあり、詳細は図7-5-8の通りです。I²Cモードの設定と一緒になっていて、やや複雑な構成をしているので、図ではSPI通信に関係する部分だけを記述しています。

レジスタ名の意味
SSPxCON : SSP Control
SSPxSTAT : SSP Status
SSP1BUF : SSP Receive Buffer

● 図7-5-8　SPI制御レジスタの詳細

SSPISTAT レジスタ

SMP	CKE	D/A	P	S	R/W	UA	BF

SMP：受信サンプル位置　　CKE：送信エッジ指定　　　　　　BF：バッファフル状態
　マスタのとき　　　　　　　　1：active から Idle になるとき　1：受信完了　　SSPxBUF にデータあり
　1：終縁　0：中央　　　　　　0：Idle から active になるとき　0：未受信完了　SSPxBUF は空
　スレーブのとき必ず 0 となる

SSPICON1 レジスタ

WCOL	SSPOV	SSPEN	CKP	SSPM<3:0>

WCOL：Write の衝突　　　　SSPEN：SSP 有効化　　　　SSPM：SPI マスタ　　SSP モード指定（SPI 用）
　1：SSPBUF に以前の　　　　1：SSP 用ピンとする　　　　0000：SPI マスタ　Clock = Fosc/4
　　　データあり　　　　　　　0：汎用 I/O ピンとする　　　0001：SPI マスタ　Clock = Fosc/16
　0：正常　　　　　　　　　　　　　　　　　　　　　　　　　0010：SPI マスタ　Clock = Fosc/64
　　　　　　　　　　　　　　CKP：クロックの極性　　　　　0011：SPI マスタ　Clock = TMR2Out/2
SSPOV：受信オーバーフロー　1：High で Idle　　　　　　　0100：SPI スレーブ　SS ピン有効
　1：オーバーフロー発生　　　0：Low で Idle　　　　　　　0101：SPI スレーブ　SS ピン無効
　0：正常

SSPICON3 レジスタ

ACKTIM	PCIE	SCIE	BOEN	SDAHT	SBCDE	AHEN	DHEN

BOEN：上書き有効化
　1：SSPxBUF に常に上書き
　0：BF = 1 のとき受信で SSPOV セット

　割り込みに関連する制御レジスタはINTCON、PIE1、PIR1レジスタの3つで、図7-5-9のようになっています。

● 図7-5-9　割り込み制御レジスタ

INTCON レジスタ

GIE	PEIE	TMR0IE	INTE	IOCIE	TMR0IF	INTF	IOCIF

　GIE：全割り込み制御　　PEIE：周辺割り込み制御
　　1：許可　0：禁止　　　　1：許可　0：禁止

PIE1 レジスタ

TMR1GIE	ADIE	RCIE	TXIE	SSP1IE	CCP1IE	TMR2IE	TMR1IE

各モジュールごとの割り込み許可ビット
　1：割り込み許可　0：割り込み禁止

PIR1 レジスタ

TMR1GIF	ADIF	RCIF	TXIF	SSP1IF	CCP1IF	TMR2IF	TMR1IF

各モジュールごとの割り込みフラグ
　1：割り込み中　0：割り込みなし

7-5 フラッシュメモリとSPIモジュールの使い方

■実際の設定手順

図7-5-8のレジスタを使ってSPI通信を使うための設定は次のようにします。

❶SPIモードの設定

SSP1CON1レジスタの中のSSPM<3:0>ビット*で色々なモードを設定できます。マスタ／スレーブの区別とクロック指定によって6種類の設定があります。SPIモードを決めるには、まずマスタにするかスレーブにするかを決め、次に、クロックのレートを決めればSPIモードが決定できます。当然ながら、SSPENはイネーブルにしておく必要があります。本書ではマスタモードで使います。

> ビット名の意味
> SSPM：SSP Mode Select
> SSPEN：SSP Enable
> CKP：Clock Polarity Select
> CKE：Clock Edge Select
> SSP1IE：SSP Interrupt Enable

❷TRISレジスタで入出力モードを設定

SDI、SDO、SCKに相当する各ピンの入出力をSPIの設定モードがマスタかスレーブかに従って適切な方向に設定します。マスタの場合はSDOピンとSCKピンを出力モード、SDIを入力モードにします。スレーブの場合には、SDOピンを出力モードに、SDIとSCKを入力モードにします。

❸クロックの極性とエッジ*を設定

まず、SSP1CON1レジスタのCKPビットで、クロックの論理を正にするか負にするかを決めます。次にSSP1STATレジスタにあるCKEビットで、データをシフトするタイミングをクロック信号の立ち上がりにするか立ち下がりにするかを設定します。

> エッジ
> パルスのHigh、Lowが変化するところ。

❹割込み設定

割り込みを使う場合には、PIE1レジスタのSSP1IEビットを1にしてMSSPの割り込みを許可し、次にINTCONレジスタのPEIEビットとGIEビットを1にしてグローバル割り込みを許可します。

■通信タイミングと使用例

このSPI通信の信号タイミングは、マスタモードのときは図7-5-10（a）のようになります。常にマスタ側が制御権をもっているので、マスタ側から送信する場合にはSSP1BUFに書き込んだ時点ですぐ送信が始まります。マスタが受信する場合にも、マスタ側でSSPxBUFにダミーデータを書き込んで送信してSCKにクロック信号を出力してやる必要があります。

いずれの場合にも8ビット送信完了した時点でSSP1STATレジスタのBFビットが「1」になると同時にSSP1IFビットも「1」になって割込み要因が発生します。（このときマスタ、スレーブ両者の受信が完了しています）

受信データのサンプリングタイミングについては、CKPビットとCKEビットの設定によってかなり異なってきます。CKP=0とした場合、SCKピンは常時Lowで、CKP=1とした場合、SCKピンは常時Highとなります。

CKE=1としたときは、最初のSCKのエッジでマスタ側がデータを取り込むので、その前にスレーブ側がデータの出力準備を完了している必要があります。さらにマスタは、図7-5-10 (b) のようにSSピンを先にLowにしてからSSP1BUFに書き込むことが必要です。このため、1バイト送受信完了ごとにSSピンをHighに戻し、SSP1BUFに書き込む直前にLowにするという制御をする必要があります。

　多くの場合CKP=0、CKE=0として使い、この条件を「00モード」と呼んでいます。00モードの場合でも、通信の開始、終了を明確に指定スレーブに伝えるためSSピンをチップ選択 (CS) 用として使います。これで例えば途中で通信エラーが起きてもSSピンをHighにすることで、次のLowが通信の開始であることを明確にできます。

●図7-5-10　SPI通信のタイミング

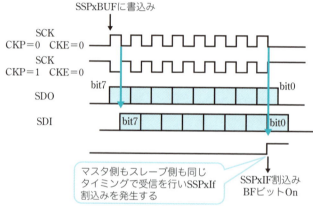

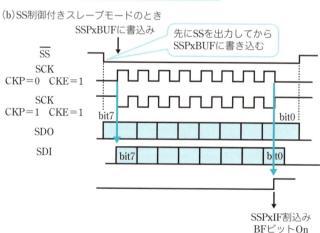

■実際のプログラム例

　実際にSPIをマスタモードで使って送受信するプログラム例がリスト7-5-1となります。CS信号（SS信号）はこれらの関数を使う関数側で制御するものとしています。

　最初の部分は初期設定部でMSSPモジュールをSPIマスタモードとし、速度を8Mbpsとしています。

　SPIRead()関数が1バイトのRead関数です。あらかじめCS信号はLowにされているものとします。マスタからダミーデータを送信してスレーブからのデータを受信します。このように受信する場合にも何らかのデータを送信しないとクロックが出力されませんから、ダミーデータを送信する必要があります。

　SPIWrite()関数が1バイトの送信関数です。こちらもあらかじめCSをLowにしてスレーブを選択します。そのあとは単純に送信するバイトデータをSSP1BUFにセットすれば自動的に送信が開始されます。送信完了はBFビットで確認します。

リスト 7-5-1　SPI送受信プログラム例

```
/* MSSP SPI Mode  初期設定 8Mbps */
    SSP1STAT = 0xC0;           // SMP=1 end, CKE=1,
    SSP1CON1 = 0x30;           // Enable, CKP=1, SPI Master 32MHz/4
    SSP1CON2 = 0x00;           // Non setting
    SSP1CON3 = 0x00;           // Non Setting

/***********************************
*  SPIで1バイト読み出し
***********************************/
unsigned char SPIRead(void){
    SSP1BUF = 0;               // ダミーデータ送信
    while(!SSP1STATbits.BF);   // 送受信完了待ち
    return(SSP1BUF);           // 受信データを返す
}
/***********************************
*  SPIで1バイト書き込み
***********************************/
void SPIWrite(unsigned char wdata){
    SSP1BUF = wdata;           // データ送信
    while(!SSP1STATbits.BF);   // 送信完了待ち
}
```

7-6 回路設計と組み立て

プリント基板
エッチングで銅箔を溶かすことで配線パターンや部品取り付け用パターンを作成したもの。

以上で必要な周辺機器と内蔵モジュールの使い方は理解できたので、早速データ収集ボードの回路設計をし、組み立てます。組み立てには専用のプリント基板*を自作して行います。プリント基板の自作方法は7章末のコラムを参照してください。

7-6-1 回路設計

回路設計は図7-1-1の全体構成を元に行います。まず電源は、持ち運びが自由になることと、測定対象とのグランドが独立にできるメリットから、電池で動かすことにします。できるだけ長時間の動作を維持できるように、容量の大きめのリチウムイオン充電池を使うことにします。これで電池からは3.7Vの供給なので、3端子レギュレータにロードロップアウトタイプ*のものを使えば3.3Vを余裕で生成できます。

ロードロップタイプ
3端子レギュレータで必要な出力を得るために必須の入力電圧が小さいタイプのこと。

また最近市販品で多くみられるスマホ充電用電池を使えば、5Vの出力なので、これでも問題なく電池として使えます。ACアダプタでも供給可能なようにDCジャック*も用意しておきます。

DCジャック
ACアダプタなどの接続プラグを挿入できる部品、穴径が数種類ある。

次にクロックですが、今回は長時間のログになるので、できるだけ正確な時間間隔となるように高精度なクリスタル発振器を使います。これで、PICの内蔵発振器では±2%程度の精度の時間に対し±50ppm程度の精度になります。

以上の条件から作成した回路図が図7-6-1となります。

この回路図には7-9節でグレードアップする際に追加する回路部も含んでいます。ジャンパのJP1とJP2で、グレードアップする場合としない場合を切り替えます。最初はジャンパを図7-6-1に示したように2-3間として、直接PICマイコンのアナログピンに入力するようにします。

アナログ入力は、左右に4チャネルずつの計8チャネル用意しました。それぞれに簡単なノイズフィルタを追加しています。PICのアナログチャネルとしては、AN0からAN3の4チャネルとAN10からAN13の4チャネルとなります。

7-6 回路設計と組み立て

● 図7-6-1　データ収集ボードの回路図

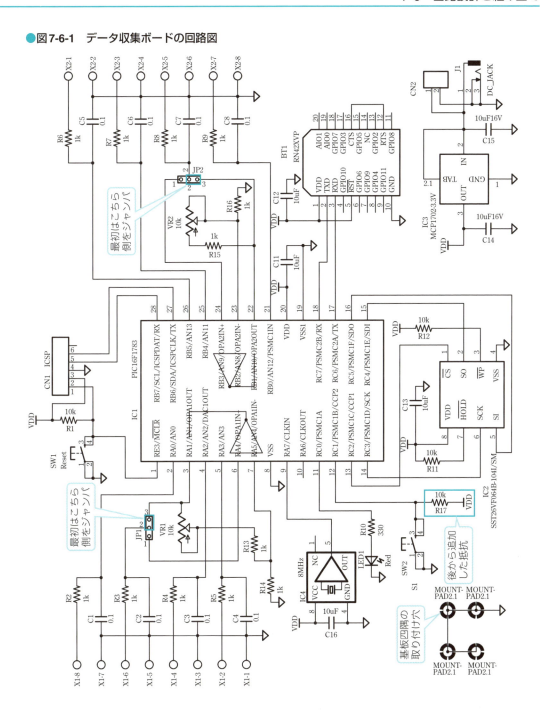

この回路図を元に基板パターン図を作成しプリント基板を自作しました（巻末記載のURLからパターン図がダウンロードできます）。
　データ収集ボードの組み立てに必要な部品は表7-6-1となります。ただしR13からR16とVR1、VR2はグレードアップ用です。

▼表7-6-1　データ収集ボードの部品表

記　号	品　名	値・型名	数量
IC1	PICマイコン	PIC16F1783-I/SP	1
IC2	フラッシュメモリ	SST26VF064B-104I/SM（マイクロチップ社）	1
IC3	レギュレータ	MCP1702-3.3V（マイクロチップ社）	1
IC4	発振器	SG-8002DC（3.3V）　8MHz	1
BT1	Bluetoothモジュール	RN-42XVP（マイクロチップ社）	1
LED1	発光ダイオード	3φ　赤	1
R1、R11、R12、R17	抵抗	10kΩ　1/6W	4
R2、R3、R4、R5、R6、R7、R8、R9	抵抗	1kΩ　1/6W	8
R10	抵抗	330Ω　1/6W	1
C1、C2、C3、C4、C5、C6、C7、C8	積層セラミック	0.1μF　16Vまたは35V	8
C11、C12、C13、C14、C15、C16	チップセラミック	10μF　16Vまたは25V	6
JP1、JP2	ピンヘッダ	3ピン　（ジャンパ用）	2
CN1、	ピンヘッダ	6ピン	1
CN2	コネクタ	モレックス2ピン横型	1
J1	DCジャック	2.1φ　DCジャック	1
SW1、SW2	タクトスイッチ	小型基板用	2
IC1用	ICソケット	28ピンスリム	1
BT1用	シリアルピンソケット	2mmピッチ　10ピン	2
X1、X2	端子台	基板用　8ピン	2
	基板	サンハヤト感光基板P10K	1
	ジャンパピン	2P	2
下記はグレードアップ用			
R13、R14、R15、R16	抵抗	1kΩ　1/6W	4
VR1、VR2	可変抵抗	10kΩ　小型ツマミつき基板用	2
	ねじ、ナット、カラースペーサ、線材、ゴム足		少々

7-6 回路設計と組み立て

部品がそろったら図7-6-2の組立図にしたがって組み立てます。最初にメモリとコンデンサの表面実装部品を実装します。次に一番背の低いジャンパ線と抵抗を実装します。

次がICソケットです。以降は背の低いものから順番に実装し、端子台を最後に実装します。この端子台の足がちょっと太いので穴開けを確認します。

R17の抵抗はスイッチのSW2用のプルアップ抵抗で、あとから追加したものです。ジャンパピンは図で示したほうにセットしておきます。

●図7-6-2 データ収集ボードの組立図

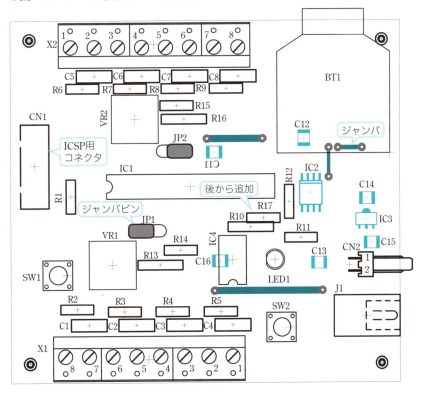

組み立てが完了した基板の部品面が写真7-6-1、ハンダ面が写真7-6-2となります。まだR17は追加していない状態です。

●写真7-6-1　部品面

●写真7-6-2　ハンダ面

7-7 ファームウェアの製作

ファームウェア
マイコンなどの組み込み用のプログラムのこと。

ハードウェアが完成したら次はPICマイコンのファームウェア*、つまりプログラムの製作です。このプログラムもC言語を使って作成します。すべて巻末記載のURLからダウンロードできます。

プログラム製作はいきなり全体を作るのではなく、順番に部分から作成していきます。まずは前章と同じように、コンフィギュレーションとクロックの確認からです。

7-7-1 コンフィギュレーションとクロックの確認テスト（Logger1）

今回のPICマイコンPIC16F1783のコンフィギュレーション設定内容は表7-7-1のようにします。多くの選択肢があるので迷うことが多くありますが、通常はこの表の設定で確実に動作します。

▼表7-7-1 コンフィギュレーションの設定方法

項　目	選択肢	意　味	設　定
FOSC	ECH	外付け発振器　4～20MHzの場合	ECH
	ECM	外付け発振器　0.5～4MHzの場合	
	ECL	外付け発振器　0.5MHz以下の場合	
	INTOSC	内蔵発振器（16MHz）	
	EXTRC	外付けRC発振	
	HS	外付け発振子　4～20MHzの場合	
	XT	外付け発振子　0.5～4MHzの場合	
	LP	外付け発振子　0.5MHz以下の場合	
WDTE	ON	ウォッチドッグタイマ有効化	OFF（無効）
	NSLEEP	スリープ中は無効	
	SWDTEN	WDTCONレジスタで制御	
	OFF	ウォッチドッグタイマ無効化	
PWRTE	ON/OFF	パワーアップタイマ　有効/無効	ON（有効）
MCLRE	ON/OFF	MCLRピン　有効/無効	ON（有効）
CP	ON/OFF	コードプロテクト　有効/無効	OFF（無効）
CPD	ON/OFF	データメモリのコードプロテクト　有効/無効	OFF（無効）

項　目	選択肢	意　味	設　定
BOREN	ON	ブラウンアウトリセット有効化	ON（有効）
	NSLEEP	スリープ中は無効	
	SBODEN	BORCONレジスタで制御	
	OFF	ブラウンアウトリセット無効化	
CLKOUTEN	ON/OFF	クロックピン出力　　有効/無効	OFF（無効）
IESO	ON/OFF	クロック内部外部切り替え　有効/無効	OFF（無効）
FCMEN	ON/OFF	フェールセーフクロックモニタ*　有効/無効	OFF（無効）
WRT	ON/OFF	セルフ書き込み保護　　有効/無効	OFF（無効）
VCAPEN	ON/OFF	内蔵レギュレータコンデンサ　あり/なし	OFF（なし）
PLLEN	ON/OFF	PLL逓倍　有効/無効	ON（有効）
STVREN	ON/OFF	スタックオーバーリセット　　有効/無効	OFF（無効）
BORV	LO	ブラウンアウトリセット電圧　2.45V	LO
	HI	ブラウンアウトリセット電圧　2.7V	
LPBOR	ON/OFF	低電圧BOR　　有効/無効	OFF（無効）
LVP	ON/OFF	低電圧プログラミング　　有効/無効	OFF（無効）

フェールセーフ
クロックモニタ
Fail-Safe Clock Monitor。外部クロックを監視して異常なときには内部クロックに切り替える。

　PIC16F1783のクロック部の構成は図7-7-1のように複雑になっています。内蔵クロックを使う場合は、コンフィギュレーションの設定とOSCCONレジスタの設定が必要です。

　本章の使い方では、8MHzの外部発振器を使ったのでFOSCはECHを選択します。次にPLLを有効にして4倍の周波数にします。これで最高周波数の32MHzになり、自動的にそのままCPU用クロックとして出力されます。

　クロック源としてINTOSCを選択し16MHzでPLLを有効にした場合には64MHzのクロックとなりますが、これは内蔵モジュールのPSMC*にだけ供給され、CPU用は自動的に1/2にされて32MHzになります。

PSMC
Programmable Switch Mode Controller。多種類のPWMパルスを出力できる高機能なPWMコントローラ。

●図7-7-1　PIC16F1783のクロック部の構成

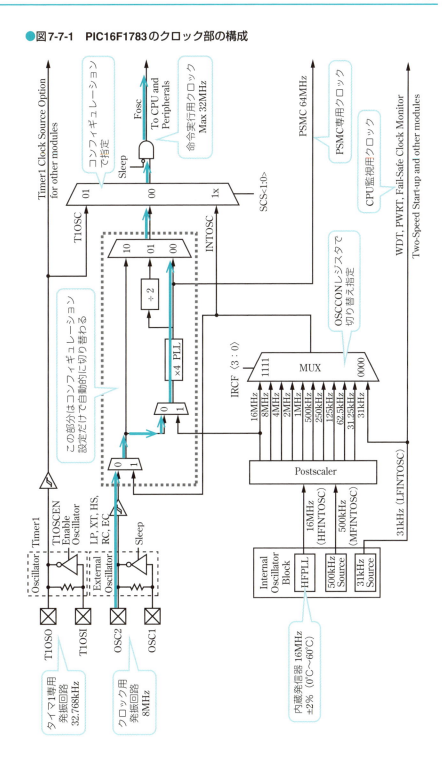

こうしてコンフィギュレーションとクロックの設定をして、発光ダイオードの点滅だけをさせるプログラム（Logger1）がリスト7-1-1になります。これで発光ダイオードが0.1秒間隔で点滅を繰り返せば、クロック周波数とコンフィギュレーションの設定が正常であることが確認できます。

リスト 7-7-1　PIC16F1783の基本動作確認プログラム（Logger1）

```
/***********************************************
 *   データロガー基本動作確認プログラム  Logger1.c
 *   クロックの動作確認
 ***********************************************/
#include <xc.h>
/* コンフィギュレーションの設定 */
// CONFIG1
#pragma config FOSC = ECH        // Oscillator Selection (ECH, External Clock, High Power Mode (4-32 MHz)
#pragma config WDTE = OFF        // Watchdog Timer Enable (WDT disabled)
#pragma config PWRTE = OFF       // Power-up Timer Enable (PWRT disabled)
#pragma config MCLRE = ON        // MCLR Pin Function Select (MCLR/VPP pin function is MCLR)
#pragma config CP = OFF          // Flash Program Memory Code Protection (Program memory code protection is disabled)
#pragma config CPD = OFF         // Data Memory Code Protection (Data memory code protection is disabled)
#pragma config BOREN = ON        // Brown-out Reset Enable (Brown-out Reset enabled)
#pragma config CLKOUTEN = OFF    // Clock Out Enable (CLKOUT function is disabled. I/O or oscillator function
                                 //   on the CLKOUT pin)
#pragma config IESO = OFF        // Internal/External Switchover (Internal/External Switchover mode is disabled)
#pragma config FCMEN = OFF       // Fail-Safe Clock Monitor Enable (Fail-Safe Clock Monitor is disabled)

// CONFIG2
#pragma config WRT = OFF         // Flash Memory Self-Write Protection (Write protection off)
#pragma config VCAPEN = OFF      // Voltage Regulator Capacitor Enable bit (Vcap functionality is disabled on RA6.)
#pragma config PLLEN = ON        // PLL Enable (4x PLL enabled)
#pragma config STVREN = OFF      // Stack Overflow/Underflow Reset Enable (Stack Overflow or Underflow will not
                                 //   cause a Reset)
#pragma config BORV = LO         // Brown-out Reset Voltage Selection (Brown-out Reset Voltage (Vbor), low trip point selected.)
#pragma config LPBOR = OFF       // Low Power Brown-Out Reset Enable Bit (Low power brown-out is disabled)
#pragma config LVP = OFF         // Low-Voltage Programming Enable (High-voltage on MCLR/VPP must be used for programming)

#define _XTAL_FREQ 32000000

/**++++++ メインプログラム ++++++*/
int main(void) {
    /* 入出力ピンモード設定 */
    TRISC = 0x02;                // RC0出力 RC1入力
    /******** メインループ **********/
    while(1){
        LATCbits.LATC0 ^= 1;     // LEDの点滅
        __delay_ms(100);
    }
}
```

7-7-2 USARTとBluetoothの動作確認テスト（Logger2）

次にUSARTとBluetoothモジュールの基本動作の確認をします。Bluetoothモジュールとパソコンを1対1で接続して無線通信の確認をします。

まず、USARTでPICマイコンとBluetoothと接続する必要があります。このテストではBluetoothは購入したままで何も設定しないで使います。

パソコンとBluetoothで接続したら、パソコン側でTeraTermなどの通信ソフトを起動し、Bluetoothを接続したCOMポートを選択して通信できるようにします。

このテストプログラムは、PICマイコン側をリセットしたら、「>」というメッセージを表示します。そのあと、パソコンのキーボードからAまたはaを押すとPICマイコン側から「ABCDEFGHIJKLMNOPQRSTUVWXYZ」の26文字が折り返されたあと再度「>」と表示しキー入力待ちに戻ります。同じようにNかnを押したら「0123456789」という数字が送り返され、それ以外の文字の場合には「?」が送り返されるという動作をすることで、BluetoothとUSARTの動作確認をします。

この動作をするPIC側のプログラム（Logger2）のフローチャートが図7-7-2、プログラムリストがリスト7-7-2となります。基本動作だけなので簡単なプログラムになります。

最初にUSARTの初期設定を行います。メインループに入ったらまず改行と「>」を出力してコマンド受信待ちとしています。コマンドの受信があったら文字を判定してそれぞれに対応する文字を送信し、再び改行と「>」を出力して受信待ちとしています。

USARTの送信と受信は独立の関数として作成しています。この関数はあとからも使います。送信は簡単ですが、受信の方はエラー処理を含めているのでちょっと複雑になっています。受信でエラーがあった場合には、USARTを再起動して次の受信を可能としてから「FF」を返してエラーが判別できるようにしています。

●図7-7-2　USARTテストプログラム（Logger2）のフローチャート

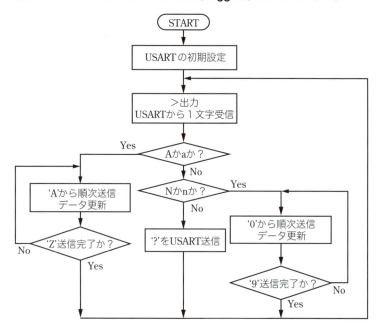

リスト　7-7-2　BluetoothとUSARTの動作確認プログラム（Logger2）

```c
/***********************************************
 *   データロガー動作確認プログラム
 *   Logger2.c
 *   BluetoothとUSARTの動作確認
 ***********************************************/
#include <xc.h>
/* コンフィギュレーションの設定 */
// CONFIG1
    （省略）
// CONFIG2
    （省略）
/* グローバル変数、定数定義 */
unsigned char rcv, i;

/* 関数プロトタイピング */
void Send(unsigned char Data);
unsigned char Receive(void);

/*******　メインプログラム　******/
int main(void) {
    /* 入出力ポートの設定 */
    TRISC = 0x80;                    // RXのみ入力
    /* USARTの初期設定 */
    TXSTA = 0x20;                    // TXSTA,送信モード設定
    RCSTA = 0x90;                    // RCSTA,受信モード設定
    BAUDCON=0x08;                    // BAUDCON  16bit
    SPBRG = 16;                      // SPBRG,通信速度設定（115.2kbps）
```

```c
/********** メインループ *******************/
    while (1) {
        Send(0x0D);                             // 復帰送信
        Send(0x0A);                             // 改行送信
        Send('>');                              // >送信実行 /* データの受信 */
        rcv = Receive();                        // データ1文字受信
        if(rcv != 0xFF){
            if((rcv == 'A') || (rcv == 'a')){   // Aかaの場合
                for(i='A'; i<= 'Z'; i++)        // アルファベット26文字を返す
                    Send(i);                    // 送信実行
            }
            else{
                if ((rcv == 'N') || (rcv == 'n')){ // Nかnの場合
                    for(i='0'; i<='9'; i++)     // 数字を返す
                        Send(i);                // 送信実行
                }
                else                            // どちらでもない場合
                    Send('?');                  // ?を返す
            }
        }
    }
}
/********************************
 * USART 送信実行サブ関数
 ********************************/
void Send(unsigned char Data){
    while(!TXSTAbits.TRMT);                     // 送信レディー待ち
    TXREG = Data;                               // 送信実行
}
/********************************
 * USART受信サブ関数
 ********************************/
unsigned char Receive(void){
    while(PIR1bits.RCIF == 0);                  // 受信永久待ち
    /* 受信エラーチェック */
    if((RCSTAbits.OERR) || (RCSTAbits.FERR)){   // エラー発生した場合
        RCSTA = 0;                              // USART無効化、エラーフラグクリア
        RCSTA = 0x90;                           // USART再有効化
        return(0xFF);                           // エラーフラグを返す
    }
    /* 正常受信の場合 */
    else                                        // 正常受信の場合
        return(RCREG);                          // 受信データを返す
}
```

■ペアリング

このプログラム動作確認をするためには、パソコン側のBluetoothでPIC側のBluetoothモジュールとの「ペアリング*」を終わらせておく必要があります。このペアリングの仕方を説明します。

パソコンにもともとBluetoothが内蔵されていれば簡単ですが、内蔵されていない場合には、市販されているUSB接続のBluetoothモジュールを追加します。このとき「Bluetooth Smart」と記述されているモジュールを使うと後日

ペアリング
Bluetoothを使う場合、セキュリティのため互いに確認しあう作業のこと。

いろいろな用途で使うことができます。

筆者が試した製品は次のもので、いずれも問題なくRN-42XVPモジュールと接続できました。たまたま内蔵チップがいずれもRN-42と同じCSR社のものでしたので、RN-42XVPモジュールとの接続は全く問題ありませんでした。

①PLANEX COMM社　　BT-Micro4
　Bluetooth SMART READYでVer4.0対応
②ELECOM Logitec社　　LBT-UAN04C2
　Bluetooth SMART READYでVer4.0対応
③iBUFFALO社　　　　　BSHSBD05BK
　Bluetooth Ver.3.0+EDR対応

パソコン用Bluetoothモジュールに添付されているドライバをインストールしたら、パソコンに「My Bluetooth」などというアイコンが追加されます。これを起動すると図7-7-3のような窓で近くのBluetoothデバイスが表示されます。ここで表示されているBluetoothデバイスがデータ収集ボード上のRN42XVPモジュールです。確認方法はRN-42XVPの表面に印刷されているMACアドレス*の下位4桁が、画面に表示されている「FireFly-xxxx」のxxxx部と同じであることで確認できます。

> **MACアドレス**
> ネットワークでデバイスを特定するための物理的番号、唯一無二になっている。

●図7-7-3　Bluetoothデバイスとのペアリング

7-7 ファームウェアの製作

このモジュールと通信ができるように「ペアリング」を実行します。図7-7-2のBluetoothデバイスを右クリックすると開くメニューで［ペアの確保］というコマンドを選択すると図の下側のような窓が表示されます。ここでOKをクリックすればペアリングが行われ接続準備が完了します。

同じような窓で［セキュアなペアリング要求］という窓でPINコード*の入力を要求された場合には、デフォルトのPINコードが「1234」となっているので、これを入力してOKとすればペアリングが実行されます。

次に、ペアリング済みのBluetoothデバイスをダブルクリックすると、図7-7-4のようにシリアルポート*とするためのドライバ*のインストール画面になるので、ここで［インストール］のボタンをクリックすればドライバのインストールが始まります。

> **PIN**
> Personal Identification Number。Bluetoothでペアリングを行うためのパスワードに相当する。

> **シリアルポート**
> 通信線を使って通信するデバイスの通信線番号のこと。WindowsではCOMポートとも呼ぶ。

> **ドライバ**
> Bluetoothモジュールを動作させるためのパソコン上のプログラムのこと。

● 図7-7-4　ドライバのインストール画面

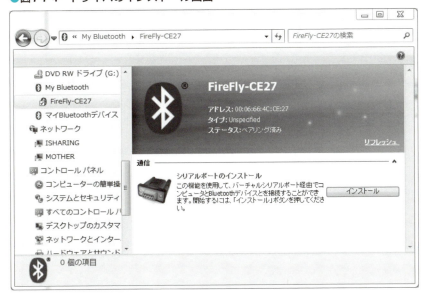

インストールが完了すると図7-7-5のようにシリアルポート番号が表示されるので、以降はこのシリアルポート（COMポート）としてBluetoothを使います。

●図7-7-5　インストール完了画面

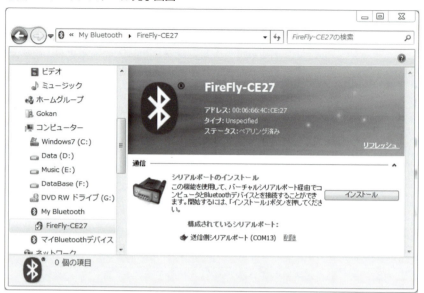

TeraTerm
シリアル通信機能を持つパソコンの有名なフリーソフト。

次にTeraTerm*を起動します。すると最初に接続相手を指定する画面が表示されるので、ここで図7-7-6のように下側のシリアルポートを選択し、図7-7-5で表示されたポート番号を選択します。

●図7-7-6　シリアルポートの選択

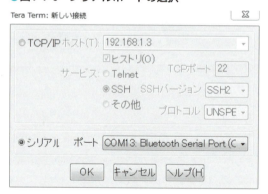

これでテストプログラム(Logger2)が実行できる準備が完了したので、TeraTermの画面でキーボードから「a」か「n」を入力してみます。そうすると、データ収集ボードから図7-7-7のように折り返しアルファベットか数字が送信され、表示されます。これでUARTとBluetoothの動作確認が完了です。

●図7-7-7　TeraTermでの実行結果

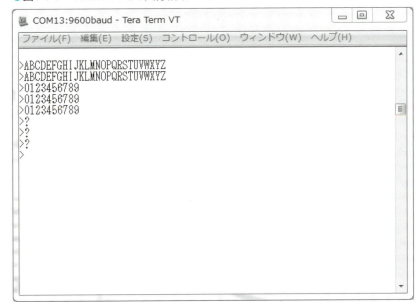

7-7-3　A/Dコンバータのテストプログラム（Logger3）

　次のテストはA/Dコンバータの動作テストです。Bluetoothの動作確認ができているので、一定間隔でA/Dコンバータで測定した電圧をパソコンに送信するテストプログラムとします。

　このテストプログラムのA/D変換を実行する関数部分の詳細がリスト7-7-3となります。GetADC()関数がA/D変換を実行していて、引数*で指定されたチャネルのA/D変換を実行し、12ビットの正整数として値を返します。A/D変換結果は図7-3-3のように左詰めとなっているので、4ビット右にシフト*するため16で割り算しています。

　CSVSend()関数は、A/D変換した結果の値を電圧に変換し、さらにそれを数字の文字列に変換してからUSARTで送信しています。電圧に変換する際には、A/Dコンバータのリファレンスを2.048Vとしているので、これをフルスケール時の電圧として変換しています。

　ftostirng()関数を使って文字列に変換していますが、この関数は浮動小数*を小数点付きの文字列に変換する関数となっています。XC8コンパイラには浮動小数を文字列に変換する関数は用意されていないので、独自に作成しています。

引数
関数のパラメータのこと。

シフト
2進数では左右に桁をずらすためには元の数値を2倍したり2で割ったりすればよい。4ビット右にシフトするには2の4乗＝16で割ればよい。

浮動小数
小数点付きの数を少ないビットで精度を保って表す形式。実数Y＝M×2のE乗のように、指数を使って表す。

リスト 7-7-3　A/D変換実行関数（Logger3）

```
/**********************************
 *  A/D変換結果を文字列に変換して送信
 *  チャネル指定
 **********************************/
void CSVSend(unsigned char chn){
    unsigned int temp;
    float Volt;

    temp = GetADC(chn);                     // A/D変換実行
    Volt = ((float)temp * 2.048)/4096;      // 電圧に変換
    ftostring(1, 2, Volt, Mesg+1);          // 文字列に変換
    SendStr(Mesg);                          // データ送信
}
/********************************
 *  指定チャネルA/D変換サブ関数
 *  12ビットデータで戻す
 ********************************/
unsigned int GetADC(unsigned char ch){
    unsigned int i, temp;

    ADCON0bits.CHS = ch;                    // チャネル指定
    for(i=0; i<1000; i++){}                 // アクイジションタイム待ち
    ADCON0bits.ADGO = 1;                    // AD変換開始
    while(ADCON0bits.ADGO == 1);            // 変換終了待ち
    temp = ADRESH * 256 + (ADRESL & 0xF0);  // 12ビット左詰め
    temp /= 16;                             // 右へ4ビットシフト
    return(temp);                           // 変換データを戻す
}
```

このテストプログラム（Logger3）の全体のフローチャートは図7-7-8となります。

●図7-7-8 A/DコンバータテスТ（Logger3）のフローチャート

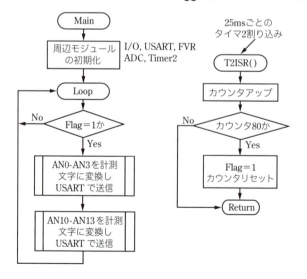

7-7 ファームウェアの製作

Logger3のメイン部とタイマ2の割り込み関数部の詳細がリスト7-7-4となります。初期設定では、アナログピンとデジタルピンの指定をANSELxレジスタで行います。そのあと、定電圧モジュール、A/Dコンバータ、USART、タイマ2の順で初期設定をしています。最後にタイマ2の割り込みを許可していますが、タイマ2は32MHzのクロックの場合、最大でも30msec程度のインターバルにしかできないので、ここでは25msec周期のインターバルとしてこれを割り込み処理の中で80回カウントすることで2秒という周期を作り出し、Flagという変数フラグ*で周期になったことを通知しています。

メインループではこのFlagがセットされるのを待ち、セットされたとき一度だけすべてのチャネルのA/D変換を実行し、文字に変換してからUSARTで送信しています。これをCSVSend()関数で実行しています。さらにカンマを追加で送信してCSV形式*になるようにしています。USARTで送信すれば、ペアリングが行われているパソコンのBluetoothに送信されることになります。

フラグ
プログラム間でタイミングをとるために使う変数で多くの場合0か1で区別する。

CSV
Comma Separated Value。コンマでデータ間を区切ったテキスト形式。数多くのソフトで扱うことができる。データ終わりは改行。

リスト 7-7-4　メイン部の詳細（Logger3）

```
/*******************************************
 *   データロガー動作確認プログラム
 *      Logger3.c
 *      A/Dコンバータの動作確認
 *******************************************/
#include <xc.h>
/* コンフィギュレーションの設定 */
  (省略)
/* グローバル変数、定数定義 */
unsigned char channel, Flag;
unsigned int  Interval;
unsigned char Mesg[] = " x.xx";
/* 関数プロトタイピング */
  (省略)
/****** メインプログラム *****/
int main(void) {
    /* 入出力ポートの設定 */
    TRISA = 0xFF;                       // PORTAすべて入力
    TRISB = 0xFF;                       // PORTBすべて入力
    TRISC = 0x80;                       // PORTC  RXのみ入力
    ANSELA = 0x3F;                      // RA6,7のみデジタル
    ANSELB = 0x3F;                      // RB6,7のみデジタル
    /* 定電圧設定 */
    FVRCON = 0x82;                      // AD用REF=2.048V
    /* ADCの初期設定 */
    ADCON0 = 0;                         // ADC無効化
    ADCON1 = 0x63;                      // 整数、1/64クロック、FVR
    ADCON2 = 0x0F;                      // トリガなし、VREF-
    ADCON0bits.ADON = 1;                // AD有効化
    /* USARTの初期設定 @32MHz*/
    TXSTA = 0x20;                       // TXSTA,送信モード設定
    RCSTA = 0x90;                       // RCSTA,受信モード設定
    BAUDCON=0x08;                       // BAUDCON 16bit
    SPBRG = 16;                         // SPBRG,通信速度設定(115.2kbps)
```

```c
        /* タイマ2の初期設定 */
        T2CON = 0x7F;                               // Pre=1/64 post=1/16
        PR2 = 195;                                  // 25msec/125nx16x64=195
        /* 変数初期化 */
        Interval = 0;
        /* 割り込み許可 */
        PIE1bits.TMR2IE = 1;
        INTCONbits.PEIE = 1;
        INTCONbits.GIE = 1;

        /*********** メインループ *******************/
        while (1) {
            if(Flag == 1){
                Flag = 0;
                /* アナログ入力しUSARTで送信 */
                for(channel=0; channel<4; channel++){    // AN0,1,2,3
                    CSVSend(channel);                    // 計測し文字で送信
                    Send(',');                           // カンマ付きで送信
                }
                for(channel=10; channel<14; channel++){  // AN10,11,12,13
                    CSVSend(channel);                    // 計測し文字で送信
                    if(channel <13)                      // AN13以外
                        Send(',');                       // カンマ付きで送信
                    else{
                        Send('\r');                      // 行終了
                        Send('\n');
                    }
                }
            }
        }
}
/********************************
 *   タイマ2割り込み処理関数
 *   25msec周期
 ********************************/
void interrupt T2ISR(void){
    Interval++;
    if(Interval >= 80){                             // 2sec
        Flag = 1;                                   // 1秒タイマセット
        Interval = 0;
    }
    PIR1bits.TMR2IF = 0;                            // 割り込みフラグクリア
}
```

　このテストプログラムで送信されたデータは、ペアリングが行われているBluetooth内蔵パソコンのTeraTermなどの通信ソフトで受信できます。実際に受信した結果が図7-7-9となります。各アナログチャネルに電池を一時的に接続しながらテストした結果となっています。各チャネルの入力フィルタのコンデンサに充電されるので、いったん接続するとしばらく同じ電圧を保持します。

●図7-7-9　A/D変換のテスト結果

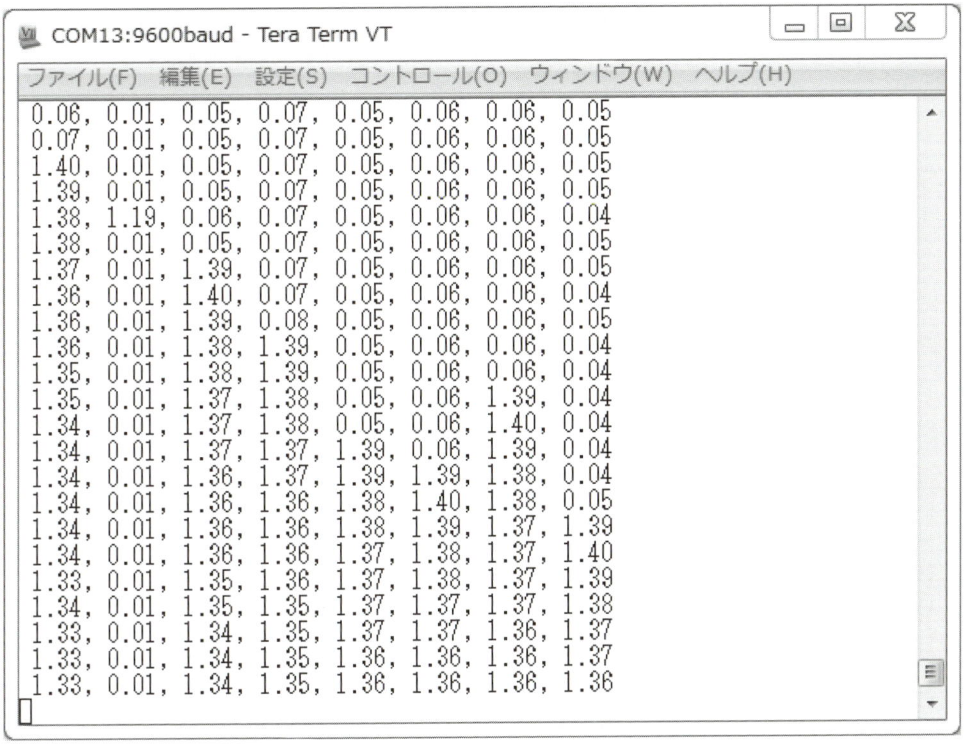

```
COM13:9600baud - Tera Term VT
ファイル(F)  編集(E)  設定(S)  コントロール(O)  ウィンドウ(W)  ヘルプ(H)
0.06, 0.01, 0.05, 0.07, 0.05, 0.06, 0.06, 0.05
0.07, 0.01, 0.05, 0.07, 0.05, 0.06, 0.06, 0.05
1.40, 0.01, 0.05, 0.07, 0.05, 0.06, 0.06, 0.05
1.39, 0.01, 0.05, 0.07, 0.05, 0.06, 0.06, 0.05
1.38, 1.19, 0.06, 0.07, 0.05, 0.06, 0.06, 0.04
1.38, 0.01, 0.05, 0.07, 0.05, 0.06, 0.06, 0.05
1.37, 0.01, 1.39, 0.07, 0.05, 0.06, 0.06, 0.05
1.36, 0.01, 1.40, 0.07, 0.05, 0.06, 0.06, 0.04
1.36, 0.01, 1.39, 0.08, 0.05, 0.06, 0.06, 0.05
1.36, 0.01, 1.38, 1.39, 0.05, 0.06, 0.06, 0.04
1.35, 0.01, 1.38, 1.39, 0.05, 0.06, 0.06, 0.04
1.35, 0.01, 1.37, 1.38, 0.05, 0.06, 1.39, 0.04
1.34, 0.01, 1.37, 1.38, 0.05, 0.06, 1.40, 0.04
1.34, 0.01, 1.37, 1.37, 1.39, 0.06, 1.39, 0.04
1.34, 0.01, 1.36, 1.37, 1.39, 1.39, 1.38, 0.04
1.34, 0.01, 1.36, 1.36, 1.38, 1.40, 1.38, 0.05
1.34, 0.01, 1.36, 1.36, 1.38, 1.39, 1.37, 1.39
1.34, 0.01, 1.36, 1.36, 1.37, 1.38, 1.37, 1.40
1.33, 0.01, 1.35, 1.36, 1.37, 1.38, 1.37, 1.39
1.34, 0.01, 1.35, 1.35, 1.37, 1.37, 1.37, 1.38
1.33, 0.01, 1.34, 1.35, 1.37, 1.37, 1.36, 1.37
1.33, 0.01, 1.34, 1.35, 1.36, 1.36, 1.36, 1.37
1.33, 0.01, 1.34, 1.35, 1.36, 1.36, 1.36, 1.36
```

7-7-4　フラッシュメモリのテストプログラム（Logger4）

次にSPIインターフェースで外部に接続したフラッシュメモリの動作確認を行います。USARTからコマンドを送信することで、表7-7-1のような機能のテストプログラム（Logger4）を製作します。

▼表7-7-1　テストプログラムの機能

コマンド	機　能	備　考
e	チップ消去。フラッシュメモリ8Mバイト全体を消去する	アドレスカウンタも0にする
s	アドレスカウンタを0にする	メモリの最初からになる
w	256バイトの書き込み。4バイトのアドレスカウンタを64個書き込む、その都度アドレスを+1する	アドレスカウンタはそのまま残し、次のコマンドではその次のアドレスから継続する
r	256バイトの読み出し。現在のアドレスカウンタの位置から4バイトごとのデータを読み出し8ケタの数値として送信するこれを64回繰り返す	比較できるように現在アドレスカウンタと読み出したデータのペアで送信する

このテストプログラムのフラッシュメモリの読み書きを実行する関数の部分がリスト7-7-5となります。フラッシュメモリが256バイト単位の書き込みとなっているので、関数も256バイト単位のブロックで読み書きを実行します。

　BlockWrite()関数が256バイトの書き込みを実行する関数で、書き込み開始アドレスと256バイトのバッファを引数とします。開始アドレスは256バイト境界ですので最下位アドレスは常に0x00となります。書き込みの場合には、事前に書き込み許可のコマンドを送信する必要があります。あとは図7-5-5の手順通りとなっています。

リスト 7-7-5　フラッシュメモリの読み書き関数詳細（Logger4）

```
/***************************************************
    * FlashにBufの256バイト一括書き込み
    ***************************************************/
void BlockWrite(unsigned long adres, unsigned char* buf){
    unsigned int k;
    /* フラッシュ書き込みコマンド出力 */
    CS0 = 0;
    SPIWrite(0x06);                                    // 書き込み許可
    CS0 = 1;
    CS0 = 0;
    SPIWrite(0x02);                                    // 書き込みコマンド
    SPIWrite((unsigned char)(adres >> 16) & 0xFF);     // アドレス上位
    SPIWrite((unsigned char)(adres >> 8) & 0xFF);      // アドレス中位
    SPIWrite((unsigned char)(adres & 0xFF));           // アドレス下位
    /* フラッシュへ256バイト書き込み */
    for(k=0; k<256; k++){
        SPIWrite(*buf++);                              // SPIで1バイト書き込み
    }
    CS0 = 1;                                           // 書き込み実行開始
}
/***************************************************
    * Flashから256バイト一括読み出し
    ***************************************************/
void BlockRead(unsigned long adres, unsigned char* buf){
    unsigned int k;
    /* コマンドとアドレス送信 */
    CS0 = 0;                                           // チップ選択
    SPIWrite(0x03);                                    // 読み出しコマンド
    SPIWrite((unsigned char)(adres >> 16) & 0xFF);     // アドレス上位
    SPIWrite((unsigned char)(adres >> 8) & 0xFF);      // アドレス中位
    SPIWrite((unsigned char)(adres & 0xFF));           // アドレス下位
    /* 256バイト読み出し */
    for(k=0; k<256; k++){
        *buf = SPIRead();                              // SPIで1バイト読み出し
        buf++;                                         // バッファポインタ更新
    }
    CS0 = 1;                                           // Read End
}
/***********************************
    * Flah Chip Erase
    ***********************************/
void Erase(void){
```

7-7 ファームウェアの製作

```c
        CS0 = 0;
        SPIWrite(0x06);                         // Write Enable
        CS0 = 1;
        __delay_us(10);
        CS0 = 0;
        SPIWrite(0xC7);                         // Chip erase
        CS0 = 1;
        __delay_ms(100);                        // Wait Erase Time
}
/**************************************
 *  フラッシュプロテクト解除
 **************************************/
void UnProtect(void){
    unsigned int l;
    CS0 = 0;
    SPIWrite(0x42);                             // プロテクト設定書き込み
    for(l=0; l<18; l++)                         // すべて
        SPIWrite(0);                            // 解除
    CS0 = 1;
}
/**************************************
* SPIで1バイト読み出し
**************************************/
unsigned char SPIRead(void){
    SSP1BUF = 0;                                // ダミーデータ送信
    while(!SSP1STATbits.BF);                    // 送受信完了待ち
    return(SSP1BUF);                            // 受信データを返す
}
/**************************************
* SPIで1バイト書き込み
**************************************/
void SPIWrite(unsigned char wdata){
    SSP1BUF = wdata;                            // データ送信
    while(!SSP1STATbits.BF);                    // 送信完了待ち
}
```

■書き込みとイレーズにはプロテクト解除が必須

　この書き込みテストでは、当初書き込み許可をしているにも関わらず全く書き込みができず悩みました。データシートを細かく調べてもわからず途方に暮れました。

　結局、マイクロチップ社のサンプルプログラムを見つけ出し、中身を確認した結果、実際の書き込みはプロテクトを解除しておかないとできないことがわかりました。このプロテクトを解除するための関数が、UnProtect()関数で図7-5-3 (d) の手順通りとなっていて、全ブロック解除としています。

　BlockRead()関数が256バイトを読み出す関数で、開始アドレスと格納バッファ*を引数とします。これで指定されたアドレスから256バイトを読み出してバッファに格納します。これも図7-5-4の手順通りとなっています。

　フラッシュメモリの実際の1バイトの読み書きはSPIを使ったSPIWrite()関数とSPIRead()関数で実行します。こちらは基本のバイト単位の読み書

格納バッファ
RAMメモリ内に配列で確保した変数領域のこと。

きだけなので、簡単な関数となっています。チップ選択のCSピンの制御はBlockWrite()とBlockRead()の関数の中で行っています。

Erase()関数はチップ消去の関数で、この場合にも事前に書き込み許可コマンドを送る必要があります。消去の実行には50msecという時間がかかるので、コマンド実行後十分の時間待つようにしています。

書き込みにも時間がかかりますが、次の書き込みコマンドまで十分の間隔があるものとして待ち時間の挿入は省略しています。

フラッシュメモリのテストプログラム（Logger4）全体のフローチャートは図7-7-10、メイン部の詳細がリスト7-7-6となります。

初期化部ではMSSPをSPIモードにする設定がLogger3のプログラムに新規追加されています。

●図7-7-10　フラッシュメモリテスト（Logger4）のフローチャート

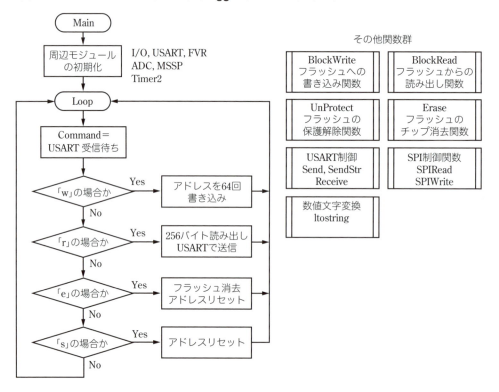

メインループでは、最初にコマンド入力を待ち、入力があったらコマンドに応じて分岐しています。

wコマンドの場合には、まずWriteBufferにアドレスカウンタを4バイトの

データとして64回格納して書き込みデータとして準備します。その都度アドレスカウンタを+1しているので、あとから読み出したとき順番通りであれば正常に読み出せたということになります。最後にBlockWrite()関数を呼んで一括書き込んでいます。

　rコマンドの場合には、最初にBlockRead()関数を呼び出して256バイトのデータをReadBufferに一括格納します。そのあと、ReadBufferの内容を4バイトごとに読み出してlong型のデータに変換し、文字列として送信バッファに格納します。続いて、現在のアドレスカウンタの値を文字に変換して送信バッファに格納しています。このあと送信バッファの内容を一括で送信しています。これでパソコン側には「現在アドレス　読み出した値」のペアで表示されることになるので、書き込まれたデータが正しいかどうか比較できるようになります。

　eコマンドの場合には、Erase()関数を実行したあとメッセージを送信しているだけです。これでチップ全体が消去され、0xFFという値になります。

　sコマンドの場合には、アドレスカウンタの値を0にしてからメッセージを送信しています。これでフラッシュメモリの最初から読み出し、書き込みを行うことになります。

リスト　7-7-6　フラッシュテストのメイン部詳細（Logger4）

```c
/***************************************************
 *    データロガー動作確認プログラム
 *    Logger4.c
 *    SPI接続のフラッシュメモリの動作確認
 ***************************************************/
#include <xc.h>
/* コンフィギュレーションの設定 */
 （省略）
/* グローバル変数、定数定義 */
#define   CS0 LATCbits.LATC2
#define   _XTAL_FREQ 32000000
unsigned char Mesg[] = "'r'nCommand(w,r,e,s) = ";
unsigned char ErMsg[] = "   --Erase Complete";
unsigned char ClrMsg[] = "   --Address Reset";
unsigned char DtMsg[] = "'r'nxxxxxxxx   xxxxxxxx";
union _Adrs{
    unsigned long   WordAdrs;         // Wordのアドレス
    unsigned char   ByteAdrs[4];      // Byteに分解
};
union _Adrs Address;
unsigned char WriteBuffer[256];
unsigned char ReadBuffer[256];
unsigned char rcv, data;
unsigned int i, j, Index;
unsigned long Result;
/* 関数プロトタイピング */
 （省略）
/*++++++ メインプログラム ++++++*/
int main(void) {
    /* 入出力ポートの設定 */
```

```c
    TRISA = 0xFF;                               // PORTAすべて入力
    TRISB = 0xFF;                               // PORTBすべて入力
    TRISC = 0x80;                               // PORTC  RXのみ入力
    ANSELA = 0x3F;                              // RA6,7のみデジタル
    ANSELB = 0x3F;                              // RB6,7のみデジタル
    /* USARTの初期設定 @32MHz*/
    TXSTA = 0x20;                               // TXSTA,送信モード設定
    RCSTA = 0x90;                               // RCSTA,受信モード設定
    BAUDCON=0x08;                               // BAUDCON 16bit
    SPBRG = 16;                                 // SPBRG,通信速度設定(115.2kbps)
    /* MSSP SPI Mode  初期設定 8Mbps */
    SSP1STAT = 0xC0;                            // SMP=1 end, CKE=1,
    SSP1CON1 = 0x30;                            // Enable, CKP=1, SPI Master 32MHz/4
    SSP1CON2 = 0x00;                            // Non setting
    SSP1CON3 = 0x00;                            // Non Setting
    /* フラッシュメモリ初期化 */
    UnProtect();                                // プロテクト解除
    Index =0;                                   // バッファインデックス初期化
    Address.WordAdrs = 0;                       // アドレス初期化
    /*********** メインループ *******************/
    while (1) {
        /** コマンド入力待ち **/
        SendStr(Mesg);                          // メッセージ出力
        rcv = Receive();                        // コマンド入力
        Send(rcv);                              // エコー出力
        /*** コマンドで分岐 **/
        switch(rcv){
            case 'w':                           // 書き込みコマンドの場合
                for(Index=0; Index<64; Index++){ // 書き込みデータ準備
                    for(j=0; j<4; j++){          // アドレス4バイト書き込み
                        WriteBuffer[Index*4+j] = Address.ByteAdrs[j];
                    }
                    Address.WordAdrs++;         // アドレス更新
                    Send('*');                  // 書き込み目印出力
                }
                /* フラッシュへの書き込み実行 */
                BlockWrite((Address.WordAdrs-64)*4, WriteBuffer);
                break;
            case 'r':                           // 読み出しコマンドの場合
                /* フラッシュからの読み出し実行 */
                BlockRead(Address.WordAdrs*4, ReadBuffer);
                /* 読み出したデータをUSARTで送信 */
                for(j=0; j<64; j++){            // 64回繰り返し
                    Result = 0;
                    Result += ReadBuffer[j*4];
                    Result += (ReadBuffer[j*4+1] * 0x100);
                    Result += (ReadBuffer[j*4+2] * 0x10000);
                    Result += (ReadBuffer[j*4+3] * 0x1000000);
                    ltostring(8, Result, DtMsg+12);   // 読み出したアドレス
                    ltostring(8, Address.WordAdrs, DtMsg+2);  // 元のアドレス
                    SendStr(DtMsg);             // USART出力
                    Address.WordAdrs++;         // 元のアドレス更新
                }
                break;
            case 'e':                           // 消去コマンドの場合
                Erase();                        // チップ消去
```

```
                    Address.WordAdrs = 0;           // アドレスリセット
                    SendStr(ErMsg);                 // メッセージ出力
                    break;
                case 's':                           // アドレスリセットコマンド
                    Address.WordAdrs = 0;           // アドレスリセット
                    SendStr(ClrMsg);                // メッセージ出力
                    break;
                default:
                    break;
            }
        }
    }
```

実際にこのテストプログラムを実行した結果の例が図7-7-11となります。

●図7-7-11　フラッシュメモリテストプログラムの実行結果例

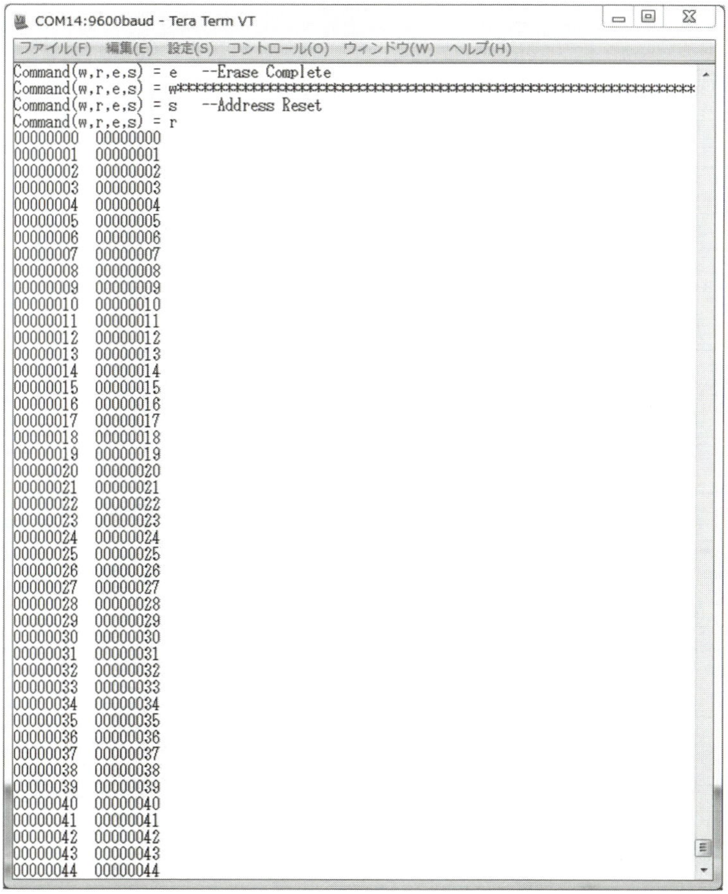

```
Command(w,r,e,s) = e  --Erase Complete
Command(w,r,e,s) = w*****************************************************
Command(w,r,e,s) = s  --Address Reset
Command(w,r,e,s) = r
00000000  00000000
00000001  00000001
00000002  00000002
00000003  00000003
00000004  00000004
00000005  00000005
00000006  00000006
00000007  00000007
00000008  00000008
00000009  00000009
00000010  00000010
00000011  00000011
00000012  00000012
00000013  00000013
00000014  00000014
00000015  00000015
00000016  00000016
00000017  00000017
00000018  00000018
00000019  00000019
00000020  00000020
00000021  00000021
00000022  00000022
00000023  00000023
00000024  00000024
00000025  00000025
00000026  00000026
00000027  00000027
00000028  00000028
00000029  00000029
00000030  00000030
00000031  00000031
00000032  00000032
00000033  00000033
00000034  00000034
00000035  00000035
00000036  00000036
00000037  00000037
00000038  00000038
00000039  00000039
00000040  00000040
00000041  00000041
00000042  00000042
00000043  00000043
00000044  00000044
```

7-7-5 データロガープログラムの製作

さて、これで各部分ごとの動作確認はすべて完了したので、いよいよデータロガーとしての最終形態のプログラムを製作することにします。基本的には、これまでのテストプログラムの関数を積み上げる構成で製作します。

このデータロガーのプログラムの全体構成をフロー図で示すと、図7-7-12のようになります。大きくメイン関数とタイマ2の割り込み処理関数の二つで構成していますが、割り込み処理関数は単に秒単位の時間をカウントしているだけです。

すべてメイン関数の中で実行していて、メインループでは主に二つの処理を実行しています。一つは指定されたインターバルごとにアナログデータを計測してフラッシュメモリに書き込む処理で、もう一つがUSARTからのコマンドを受信してコマンドごとの処理を実行する部分です。

●図7-7-12　プログラム全体のフロー図

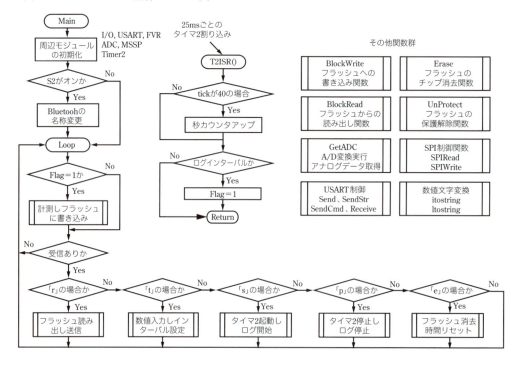

■初期設定

メイン関数は、リセットでスタートし各モジュールの初期設定をしたあと、S2が押されていればBluetoothモジュールの初期設定を行います。これで、Bluetoothモジュールに「DataLogger」という名称を付与します。その手順は

次のようになります。この設定は一度実行すれば記憶されるので、S2を押しながらリセットしたときだけ実行し、S2がオフのままでリセットした通常の場合は実行しないで次の処理へ進むようにしています。

リセット後0.3秒以上待つ
　　（この遅延を入れないとコマンドモードになりません）
　"$$$"　　　　　　　：コマンドでコマンドモードにする
　"SF,1¥r"　　　　　 ：コマンドで工場出荷モードに戻す
　"SN,DataLogger¥r"：コマンドで名称を「DataLogger」とする
　"R,1¥r"　　　　　 ：コマンドでリブートして通常動作状態に戻す

これらのRN-42XVPモジュール用のコマンドをUSARTで送信すれば設定できますが、各コマンド送信後にモジュールから応答が返って来るので、その受信をし、さらに無視する時間を確保する必要があります。そこでコマンド送信ごとに1秒間の遅延を挿入しています。

この名称設定をするとそれまでの名称のペアリングが無効となるので、再度パソコン側のBluetoothの設定でペアリングをし直す必要があります。

■メインループ

このあとメインループに進みます。まずFlagがセットされているかをチェックします。このFlagはタイマ2の割り込み処理で、ログインターバル*になるとセットされるので、これがセットされていたら全チャネルの計測をして書き込みバッファに文字に変換してから格納します。1回のログごとに64バイトを格納するようにしています。

したがってログ計測を4回実行すると256バイトになるので、このときフラッシュメモリに書き込みます。したがって4回の計測ごとにフラッシュメモリに書き込むことになります。

次の処理がUSARTからのコマンド受信処理で、毎回USARTの受信をチェックし、受信があった場合には、コマンドの種別を判定します。受信した文字が「r、t、s、p、e」のいずれかであった場合には、次のようにそれぞれのコマンドごとの処理を実行します。

①rコマンド
　フラッシュメモリの内容を読み出し、USARTで送信する。Bluetooth経由パソコンの通信ソフトで受信し表示する。
②tコマンド
　ログインターバルを設定する。秒単位とする。設定値を表示するようにする。
③sコマンド
　タイマ2をスタートさせてログを開始する。

> **ログインターバル**
> データ収集を一定間隔で実行するときの時間間隔のこと。

④ p コマンド
    タイマ2を停止してログを停止する。
⑤ e コマンド
    確認メッセージを出力し、y が入力されたらフラッシュメモリのチップを全消去する。さらにログ時間カウンタとアドレスカウンタをリセットする。

■メイン関数の初期化部

それぞれの部分の詳細を説明します。まずメイン関数の初期化部がリスト7-7-7となります。

コンフィギュレーション部はこれまでのテストプログラムと同じなので省略しています。グローバル変数定義部では、多くのメッセージを定義しています。パソコンでコマンドを入力する都度メッセージを出力して、わかりやすくなるようにしています。メッセージデータは定数なので、const 修飾*を追加して ROM 領域に配置するようにしています。

ポートの設定ではスイッチの RC1 ピンを入力ピンとし、RC1 ピンだけ内蔵プルアップを有効化しています。これで外部のプルアップ抵抗*が省略できます。その他の初期設定はこれまでのテストプログラムと同じとなっています。最後に開始メッセージを出力してからメインループに進みます。

…これでうまくいくはずだったのですが、内蔵プルアップを使うと問題があることがあとからわかりました。

外部抵抗を減らす目的で内蔵プルアップを使ったのですが、内蔵プルアップを有効化すると、プルアップピンに設定していないにもかかわらず、アナログ入力ピンがプルアップされた状態になって常時最大電圧のままになってしまいました。結局内蔵プルアップは使えないことがわかりました。

やむを得ず、RC1 ピンのスイッチには外付けのプルアップ抵抗を追加することにし、内蔵プルアップはすべて無効のままとしました。基板に穴を開け10kΩ の抵抗を追加しました。

リスト7-7-7 はこれを修正したあとのものとなっているので、プルアップ設定部分はコメントアウトされています。

const 修飾
C言語において、変数を定数として内容が変更できないよう指定し、マイコンのメモリの読み出し専用領域（ROM 領域）に配置する修飾子。プログラムの安全性・保守性が向上する。

プルアップ抵抗
入力ピンへの信号レベルを電源電圧に確実に上げるための抵抗。

リスト 7-7-7　メイン関数初期化部（Logger5）

```
/************************************************
 *    データロガーアプリケーションプログラム
 *    Logger5.c
 *    最終形態のプログラム
 ************************************************/
#include <xc.h>
/* コンフィギュレーションの設定 */
  （省略）
```

```c
/* グローバル変数、定数定義 */
#define  CS0 LATCbits.LATC2
#define  _XTAL_FREQ 32000000
const unsigned char StMsg[] = "\r\nStart Data Logger!!!";
const unsigned char CmdMsg[] = "\r\nCommand(r,t,s,p.e) =";
const unsigned char LogMsg[] = "  -- Start Log Print!\r\n\r\n";
const unsigned char StrMsg[] = "  -- Start Log!!\r\n";
const unsigned char StpMsg[] = "  -- Stop Log!!\r\n";
const unsigned char WrnMsg[] = "  -- Erase OK? (Y or N) =";
const unsigned char ErsMsg[] = "  -- Erase Complete!!\r\n";
unsigned char TimMsg[] = "\r\n  -- Interval=xxx Sec\r\n";
unsigned char Flag, rcv, tick;
unsigned int  o, p;
unsigned int Interval, Result, Index, Time;
unsigned Long Sec, Address, ReadPointer;
unsigned char WriteBuf[256];              // 書き込み用一時バッファ
unsigned char ReadBuf[256];               // 読み出し用バッファ
/* Blutooth設定用コマンドデータ */
unsigned char msg1[] = "$$$";             // コマンドモード指定
unsigned char msg2[] = "SF,1\r";          // 初期化
unsigned char msg3[] = "SN,DataLogger\r"; // 名称設定
unsigned char msg4[] = "R,1\r";           // 再起動
/* 関数プロトタイピング */
 （省略）
/****** メインプログラム *****/
int main(void) {
    /* 入出力ポートの設定 */
    TRISA = 0xFF;                  // PORTAすべて入力
    TRISB = 0xFF;                  // PORTBすべて入力
    TRISC = 0x82;                  // PORTC  RC1, RXのみ入力
    ANSELA = 0x3F;                 // RA6,7のみデジタル
    ANSELB = 0x3F;                 // RB6,7のみデジタル
    /* SWプルアップ有効化 */
//  WPUA = 0;
//  WPUB = 0;
//  WPUC = 0x02;                   // RC1プルアップ有効化
//  OPTION_REGbits.nWPUEN = 1;     // プルアップ有効化
    /* 定電圧設定 */
    FVRCON = 0x82;                 // AD用REF=2.048V
    /* ADCの初期設定 */
    ADCON0 = 0;                    // ADC無効化
    ADCON1 = 0x63;                 // 整数、1/64クロック、FVR
    ADCON2 = 0x0F;                 // トリガなし、VREF-
    ADCON0bits.ADON = 1;           // AD有効化
    /* MSSP SPI Mode 初期設定 8Mbps */
    SSP1STAT = 0xC0;               // SMP=1 end, CKE=1,
    SSP1CON1 = 0x30;               // Enable, CKP=1, SPI Master 32MHz/4
    SSP1CON2 = 0x00;               // Non setting
    SSP1CON3 = 0x00;               // Non Setting
    /* フラッシュメモリ初期化 */
    UnProtect();                   // プロテクト解除
    Index =0;                      // バッファインデックス初期化
    /* USARTの初期設定 @32MHz*/
    TXSTA = 0x20;                  // TXSTA,送信モード設定
    RCSTA = 0x90;                  // RCSTA,受信モード設定
    BAUDCON = 0x08;                // BAUDCON 16bit
```

```
    SPBRG = 16;                          // SPBRG,通信速度設定(115.2kbps)
    /* タイマ2の初期設定 */
    T2CON = 0x7F;                        // Pre=1/64 post=1/16
    T2CONbits.TMR2ON = 0;                // タイマ停止
    PR2 = 195;                           // 25msec/125nx16x64=195
    /* 変数初期化 */
    Interval = 0;
    Time = 2;                            // 初期値2秒間隔
    Index = 0;
    Sec = 0;
    Address = 0;
    if(PORTCbits.RC1 == 0){
        /** Bluetoothモジュール初期化 */
        __delay_ms(300);
        SendCmd(msg1);                   // $$$
        SendCmd(msg2);                   // 工場出荷時リセット
        SendCmd(msg3);                   // 名称付与
        SendCmd(msg4);                   // リブート
        RCSTA = 0;                       // USART再設定
        TXSTA = 0;
        TXSTA = 0x20;
        RCSTA = 0x90;
    }
    /* 割り込み許可 */
    PIE1bits.TMR2IE = 1;
    INTCONbits.PEIE = 1;
    INTCONbits.GIE = 1;
    SendStr(StMsg);                      // 開始メッセージ出力
    SendStr(CmdMsg);                     // コマンド入力メッセージ
```

■ログ実行部

次にメインループ部のログ実行部の詳細がリスト7-7-8となります。

最初にFlagをチェックしてログ周期になったかを確認します。Flagが1の場合に1回だけ以下を実行します。まず、時刻を文字に変換してWriteBufバッファの先頭に格納します。次に8チャネルの計測を実行し、得られた12ビットのバイナリ値のデータをすべて10進数の文字に変換してからWriteBufに格納します。さらに0x00を追加して全体を64バイトとしてWriteBufに格納します。

そしてこれが4回目になってWriteBufに256バイト格納されたら、フラッシュメモリに256バイト単位で書き込みます。このときBlockWrite()関数を使っています。書き込みの位置はAddress変数でカウントしています。

リスト 7-7-8 メインループ部のログ実行部の詳細（Logger5）

```
/*********** メインループ  *******************/
while (1) {
    /* ログ時間の場合  計測してフラッシュに保存 */
    if (Flag == 1) {
        Flag = 0;
        LATCbits.LATC0 ^= 1;
        /* 時刻保存 */
```

```
        ltostring(6, Sec, WriteBuf + Index);    // 時刻保存
        Index += 6;
        WriteBuf[Index++] = ',';                 // 7文字
        /* AN0-3, AN10-13 */
        for (o=0; o<4; o++) {                    // チャネル0-3保存
            Result = GetADC(o);
            itostring(4, Result, WriteBuf + Index);
            Index += 4;
            WriteBuf[Index++] = ',';             // 5文字×4
        }
        for (o=10; o<14; o++) {                  // チャネル10-13保存
            Result = GetADC(o);
            itostring(4, Result, WriteBuf + Index);
            Index += 4;
            WriteBuf[Index++] = ',';             // 5文字×4
        }
        Index--;                                 // 1文字削除
        WriteBuf[Index++] = 0x0D;                // 改行
        WriteBuf[Index++] = 0x0A;                // 2文字 合計48文字
        for (o=0; o<16; o++)
            WriteBuf[Index++] = 0x00;            // パディング 合計64文字
    }
    if (Index >= 256) {                          // 書き込みバッファいっぱいの場合
        Index = 0;                               // インデックスリセット
        BlockWrite(Address, WriteBuf);           // ブロック書き込み実行
        Address += 256;                          // アドレス更新
    }
```

■USARTコマンド処理部

次がUSARTから受信するコマンドの処理部でリスト7-7-9となります。

まずReceive()関数を実行して1文字入力しますが、ここでUSART受信ができるまで永久待ちとすると、前述のログ機能ができなくなるので、Receive()関数に受信データがないときは0x00を返すように機能を追加しています。これでReceive()関数を実行し、戻り値が0x00の場合は受信がないということで何もせずメインループの最初に戻り、ログチェックを繰り返します。

Receive()関数から0x00以外の受信データがあった場合はコマンド入力の場合なので、コマンド解析処理を実行します。コマンドを1文字で区別しているので、この1文字で判定し処理を分岐しています。rコマンドの場合には、BlockRead()関数でフラッシュメモリの最初から256バイト単位で読み出しては内容をUSARTで送信します。これをこれまでに格納された位置(Address)まで繰り返します。

tコマンドの場合は、インターバル時間の入力なので、ここは続く数字の入力があるまで待ち、数字を秒に変換してTimeに格納します。これを数字以外が受信されるまで繰り返します。最後に設定されたTimeの値を送信して表示するようにしています。

sコマンドの場合はログ開始なので、タイマ2をスタートさせ時間カウンタをリセットしています。

pコマンドの場合はログ停止なので、タイマ2を停止させています。
　eコマンドの場合は、フラッシュメモリのチップ消去なのでいきなり消去を実行しないで、確認メッセージを出力し、Yかyを受信したら初めてErase()関数を実行して消去します。さらにアドレスカウンタとバッファポインタ、時間カウンタをすべてリセットしています。
　最後に次のコマンド入力待ちメッセージを表示して最初に戻しています。

リスト 7-7-9　コマンド処理部の詳細（Logger5）

```
/* USART コマンド受信チェック */
        rcv = Receive();
        Send(rcv);
        if ((rcv != 0) && (rcv != 0xFF)) {          // 受信ありでエラーでない場合
            switch (rcv) {
                case 'r':                           // データ読み出しの場合
                    SendStr(LogMsg);
                    ReadPointer = 0;                // 最初から
                    while (ReadPointer < Address) { // 最終アドレスまで繰り返し
                        BlockRead(ReadPointer, ReadBuf); //256バイト読み出し
                        ReadPointer += 256;         // ポインタ更新
                        for(o=0; o<256; o++) {      // 256文字分繰り返し
                            if((ReadBuf[o] != 0) && (ReadBuf[o] != 0xFF))
                                Send(ReadBuf[o]);   // 内容送信
                        }
                    }
                    break;
                case 't':                           // インターバル設定の場合
                    Time = 0;                       // 時間リセット
                    do{                             // Enter入力待ち
                        do{                         // 数字入力待ち
                            rcv = Receive();        // 時間データ入力
                        }while(rcv == 0);           // 入力あるまで繰り返す
                        Send(rcv);                  // エコー出力
                        if((rcv >= '0')&&(rcv <= '9'))  // 数字の場合のみ
                            Time = Time * 10 + (int)(rcv - 0x30);  // 時間に変換
                    }while ((rcv >= '0')&&(rcv <= '9')); // 数字の間繰り返す
                    itostring(3, Time, TimMsg+16);  // 時間の文字変換
                    SendStr(TimMsg);                // 時間の出力
                    break;
                case 's':
                    T2CONbits.TMR2ON = 1;           // タイマスタート
                    SendStr(StrMsg);                // メッセージ出力
                    Interval = 0;                   // 時間カウンタリセット
                    tick = 0;
                    break;
                case 'p':
                    T2CONbits.TMR2ON = 0;           // タイマ停止
                    SendStr(StpMsg);
                    break;
                case 'e':                           // Erase
                    SendStr(WrnMsg);                // 注意メッセージ出力
                    do{
                        rcv = Receive();            // YかN入力待ち
                    }while(rcv == 0);
```

```
                    if((rcv == 'Y') || (rcv == 'y')){    // Yの場合
                        T2CONbits.TMR2ON = 0;             // タイマ停止
                        Erase();                          // 消去実行
                        SendStr(ErsMsg);                  // メッセージ出力
                        Address = 0;                      // アドレス初期化
                        Interval = 0;                     // 時間カウント初期化
                        tick = 0;
                        Sec = 0;                          // 時刻リセット
                        Index = 0;                        // バッファインデックスリセット
                    }
                    break;
                default:
                    break;
            }
            SendStr(CmdMsg);                              // コマンド入力待ち
        }
    }
}
```

■タイマ2割り込み処理

次がタイマ2の割り込み処理関数の詳細で、リスト7-7-10となります。ここでは25msec周期の割り込みごとにtickとIntervalという変数をカウントアップし、tickを40回カウントしたら、つまり1秒経過したら秒カウンタをアップしています。IntervalはTime×40回だけカウントしたら指定されたログ周期ということなので、Flagをセットしています。

リスト 7-7-10　タイマ2割り込み処理関数（Logger5）

```
/*********************************
 *  タイマ2割り込み処理関数
 *  25msec周期
 *********************************/
void interrupt T2ISR(void) {
    Interval++;                          // 計測間隔カウンタ更新
    tick++;                              // 秒カウンタ更新
    if (tick >= 40) {                    // 1sec
        tick = 0;
        Sec++;
    }
    if (Interval >= Time * 40) {         // 設定間隔の場合
        Flag = 1;                        // フラグセット
        Interval = 0;                    // カウンタリセット
    }
    PIR1bits.TMR2IF = 0;                 // 割り込みフラグクリア
}
```

プログラムの残りの関数はすべてこれまでのテストプログラムで作成したものなので、ここでの説明は省略します。

以上でデータロガーのプログラムが完成しました。さっそく使ってみましょう。

7-8 データロガーの動作確認

プログラムが完成したら、実際のロガー動作の確認をします。次のような手順で動作確認をします。

❶データ収集ボードに電源を供給する

バッテリかDC5VのACアダプタで電源を供給します。バッテリの場合には3.5V以上が必要です。

❷パソコンとBluetoothで接続する

Bluetoothのペアリングを実行後、TeraTermなどの通信ソフトでCOMポート*を選択して接続状態とします。これでデータ収集ボードと通信ができる状態になるので、リセットボタンを押すと、

```
Start Data Logger!!!
Command(r,t,s,p,e) =
```

というメッセージが表示されるはずです。リセットボタンを押してもBluetoothモジュールはリセットされず、そのまま接続された状態となっているので、いつでも通信ができる状態となっています。

> **COMポート**
> Communication Portのことで、ここではBluetoothデバイスを仮想のCOMポートとして扱う。

❸アナログ信号を入力しておく

いずれかのアナログ入力チャネルに0Vから2Vの範囲の適当な電圧を加えます。乾電池を使うのが簡単です。

❹パソコンからコマンドを送信する

キーボードから次のような順でコマンドを入力します。

- t1↓ ：データログ周期を1秒にする（↓はEnter）
- e ：確認メッセージに対しyを入力　これで全消去される
- s ：ログ開始（1秒周期でデータ収集ボードのLEDが点滅する）
  （この間10秒ほど待つ、待つ時間は任意）
- p ：ログ停止
- r ：ログ結果が表示される

この手順でコマンドを実行した結果は図7-8-1のようになります。pコマンドで停止しなくてもrコマンドは任意の時点で実行できます。したがってログを続けながらそれまでの記録を表示させることもできます。このようにして

7-8 データロガーの動作確認

表示されたログ結果の内容を確認し、電圧を加えたチャネル（図ではCH3）に確かに電圧が表示されていることを確認します。アナログ入力端子に何も接続していないときは、ノイズ成分と思われますが数十から100ちょっとの値になります。

● 図7-8-1　コマンドの実行結果

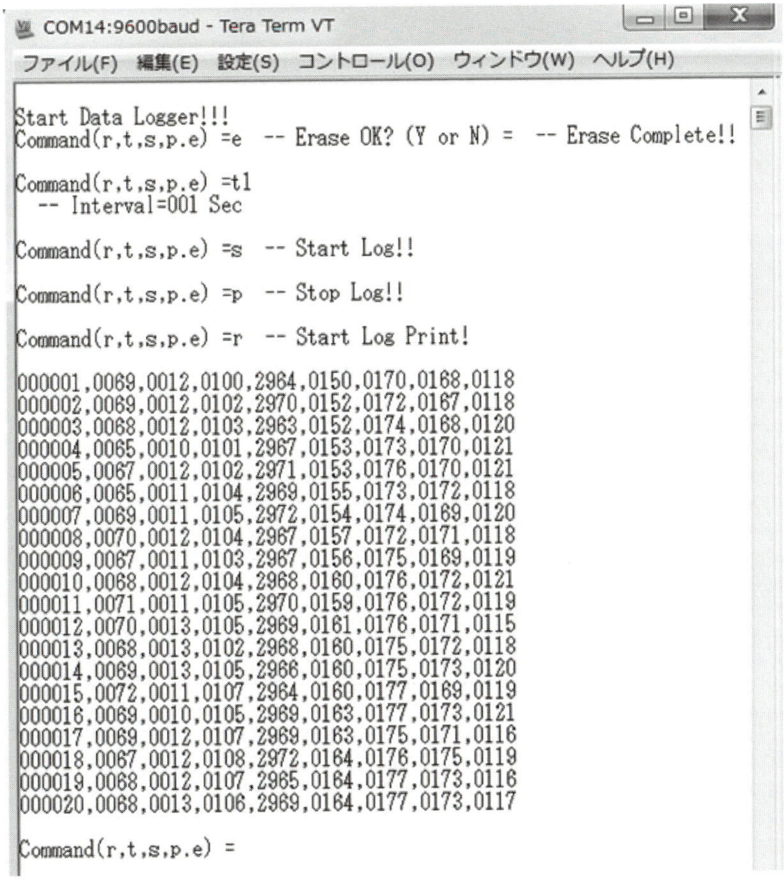

```
COM14:9600baud - Tera Term VT
ファイル(F)  編集(E)  設定(S)  コントロール(O)  ウィンドウ(W)  ヘルプ(H)

Start Data Logger!!!
Command(r,t,s,p.e) =e  -- Erase OK? (Y or N) =  -- Erase Complete!!

Command(r,t,s,p.e) =t1
 -- Interval=001 Sec

Command(r,t,s,p.e) =s  -- Start Log!!

Command(r,t,s,p.e) =p  -- Stop Log!!

Command(r,t,s,p.e) =r  -- Start Log Print!

000001,0069,0012,0100,2964,0150,0170,0168,0118
000002,0069,0012,0102,2970,0152,0172,0167,0118
000003,0068,0012,0103,2963,0152,0174,0168,0120
000004,0065,0010,0101,2967,0153,0173,0170,0121
000005,0067,0012,0102,2971,0153,0176,0170,0121
000006,0065,0011,0104,2969,0155,0173,0172,0118
000007,0069,0011,0105,2972,0154,0174,0169,0120
000008,0070,0012,0104,2967,0157,0172,0171,0118
000009,0067,0011,0103,2967,0156,0175,0169,0119
000010,0068,0012,0104,2968,0160,0176,0172,0121
000011,0071,0011,0105,2970,0159,0176,0172,0119
000012,0070,0013,0105,2969,0161,0176,0171,0115
000013,0068,0013,0102,2968,0160,0175,0172,0118
000014,0069,0013,0105,2966,0160,0175,0173,0120
000015,0072,0011,0107,2964,0160,0177,0169,0119
000016,0069,0010,0105,2969,0163,0177,0173,0121
000017,0069,0012,0107,2969,0163,0175,0171,0116
000018,0067,0012,0108,2972,0164,0176,0175,0119
000019,0068,0012,0107,2965,0164,0177,0173,0116
000020,0068,0013,0106,2969,0164,0177,0173,0117

Command(r,t,s,p.e) =
```

❺ データのファイル化

通信ソフトに表示されたデータ部をコピーし、メモ帳などに張り付け、拡張子を「csv」として適当なファイル名で保存します。

❻ Excelで保存したファイルを開きグラフ化

格納したcsv形式のファイルはExcelで直接開くことができます。
読み込んだデータをグラフに変換します。実際に作成したグラフ例が図7-8-2となります。

●図7-8-2　グラフ化した例

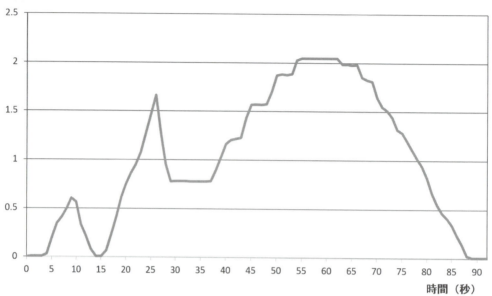

7-9 グレードアップ

オペアンプ
オペレーショナルアンプの略。ゲインが非常に大きなアンプとすることで外部抵抗だけでゲインを調整できるようにした増幅器。

温度センサ
温度に比例した電圧が出力されるセンサ。

これでとりあえずすべての動作ができました。次にグレードアップとして、PICマイコンに内蔵されたオペアンプ*を使って、入力されたアナログ信号を約10倍に増幅する機能を追加し、さらにその入力に温度センサ*を接続してみます。

7-9-1 オペアンプの使い方

バッファアンプ
出力インピーダンスを低くして外部に電圧出力できるようにするためのアンプ。出力電流を増やしたり、後段に接続される負荷の影響を前段に与えないようにしたりできる。

非反転型
増幅率を抵抗の比だけで決めることができる増幅回路。非反転回路では入力と出力が同じ極性になるので扱いやすい。

PICマイコンに内蔵されているオペアンプは図7-9-1 (a) のような内部構成となっています。オペアンプの基本の入出力ピンは、すべて外部ピンに接続できるようになっています。さらに内部で出力とマイナス入力を直接接続できるようになっているので、ゲインが1のバッファアンプ*が簡単に構成できます。

さらに入力には外部ピンだけでなく、内蔵のD/Aコンバータの出力や定電圧モジュールも接続できるので、いろいろな構成を設定することができます。

本書で使うのは、図7-9-1 (b) の非反転型*の直流増幅器として構成します。この構成の場合外付けの抵抗だけでゲインを決めることができます。このときのゲインは図中の式で示したように $R_2 / R_1 + 1$ となります。

このような接続設定は図7-9-1 (c) のOPAxCONレジスタで行います。本書での使い方では、0xC0とすればよいことになります。

●図7-9-1 オペアンプの構成

(a) オペアンプの内部構成

● 図7-9-1　オペアンプの構成（つづき）

(b) 非反転直流増幅回路の構成

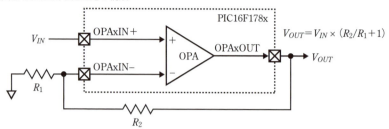

(c) OPAxCONレジスタの詳細

OPAxCON レジスタ

OPAxEN	OPAxSP	—	—	—	—	OPAxCH<1:0>

OPAxEN：OPA 有効化　　OPAxSP：速度選択　　OPAxCH<1:0>：プラス側選択
　1：動作　0：停止　　　　1：高速モード　　　　11：FVR Buffer2
　　　　　　　　　　　　　0：低速モード　　　　01：D/A 出力
　　　　　　　　　　　　　　　　　　　　　　　0x：OPAxIN＋ピン

　図7-6-1の回路図で2個のジャンパピンを反対側の1-2間にセットし直すだけで回路を変更することができます。この場合の回路は図7-9-2のようになります。

● 図7-9-2　オペアンプ回路構成

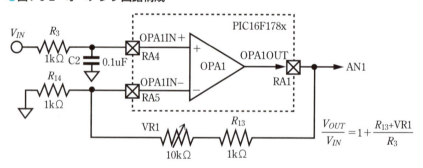

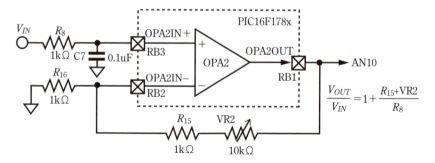

図でわかるように7-9-1(b)のR_2の代わりに、抵抗と可変抵抗を直列接続したものになっていて、可変抵抗でゲインを2倍から12倍まで可変することができます。

A/Dコンバータの入力は0Vから2.048Vの範囲で分解能が5mVとなっているので、10倍のゲインとすれば、0Vから0.2Vの範囲の電圧を入力することができ分解能は0.5mVということになります。

■温度センサを接続してみる

実際にこのオペアンプの入力に温度センサ(LM35DZ)を接続してみました。温度センサの仕様と使い方は図7-9-3となっています。

2℃から100℃まで測定が可能で、出力は10mV/℃と温度に直線的に比例した電圧で出力されます。

そこで図7-9-3(b)のようにオペアンプの入力にこのセンサの出力を接続し、5倍のゲインに設定すると、0Vから2.048Vの入力範囲では2℃から40℃の範囲が測定できることになります。

●図7-9-3 温度センサ(LM35DZ)の使い方

(a)温度センサ(LM35DZ)の特性

温度範囲：2℃〜100℃
精度　　：±1℃〜2℃
出力　　：10mV/℃　100mV(0℃)
直線性　：±0.2℃〜0.5℃
消費電流：91〜138μA(5V)

(b)温度センサ(LM35DZ)の使い方

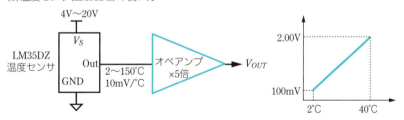

グレードアップしたプログラムは以下です。

リスト 7-9-1　グレードアップしたプログラム

```
/****** メインプログラム *****/
int main(void) {
    /* 入出力ポートの設定 */
    TRISA = 0xFF;                    // PORTAすべて入力
    TRISB = 0xFF;                    // PORTBすべて入力
```

```
TRISC = 0x82;                    // PORTC  RC1, RXのみ入力
ANSELA = 0x3F;                   // RA6,7のみデジタル
ANSELB = 0x3F;                   // RB6,7のみデジタル
/* 定電圧設定 */
FVRCON = 0x82;                   // AD用REF=2.048V
/* ADCの初期設定 */
ADCON0 = 0;                      // ADC無効化
ADCON1 = 0x63;                   // 整数、1/64クロック、FVR
ADCON2 = 0x0F;                   // トリガなし、VREF-
ADCON0bits.ADON = 1;             // AD有効化
/* オペアンプの初期設定 */
OPA1CON = 0xC0;                  // OPA1IN+ ピン使用
OPA2CON = 0xC0;                  // OPA2IN+ ピン使用
/* MSSP SPI Mode  初期設定 8Mbps */
SSP1STAT = 0xC0;                 // SMP=1 end, CKE=1,
SSP1CON1 = 0x30;                 // Enable, CKP=1, SPI Master 32MHz/4
SSP1CON2 = 0x00;                 // Non setting
SSP1CON3 = 0x00;                 // Non Setting
```

　実際に接続し、1分間隔のインターバルで室内の温度を約24時間測定しました。これを通信ソフトで表示させた内容をコピーしテキストエディタに張り付け、拡張子をcsvとしてファイルとして保存します。

　このファイルをExcelで読み込んで、グラフ化したものが図7-9-4となります。長時間のログでもフラッシュメモリに保存するので、このデータ収集ボードさえ動作していればデータ収集でき、パソコン等は不要なので、手軽にログデータを収集することができます。

●図7-9-4　温度センサのログ結果

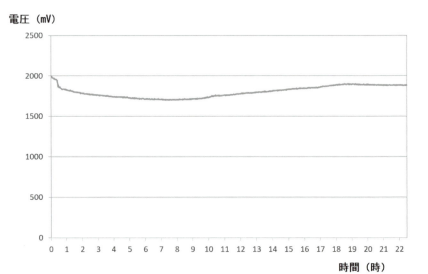

コラム　プリント基板の作り方

Eagle
回路図、パターン図が作成できるECAD。

本章では、Eagle* という電子回路用CADで作成したパターン図をもとに、実際にプリント基板を自作する方法について解説します。この方法は筆者が実際に実行している方法で、どなたでも確実にできる方法だと思います。プリント基板をうまく自作するためには、一定の手順と準備するものがあります。

■作業手順

プリント基板の作成は図7-C1-1の手順で行います。ここではこの手順にしたがって、実際の作り方を紹介して行きます。

プリント基板作成のコツはパターン図にあります。パターン図の遮光性がよい、つまりパターンとする部分ができるだけ紫外線を通さないようになっていることが大切です。このため本書ではパターン図の印刷は、インクジェット用OHPフィルムにインクジェットプリンタで濃さを最大にして印刷しています。

●図7-C1-1　プリント基板自作手順

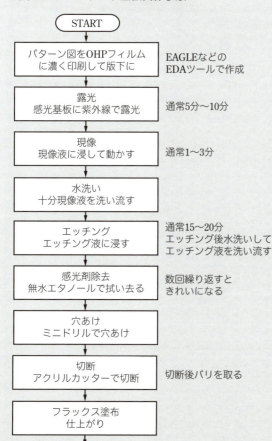

■必要なもの

プリント基板の自作に必要なものを整理しました。これらの中には手持ちのもので代用できたり、自作キットとしてまとめて市販されていたりするものもあるので、それぞれの状況に合わせて用意すれば問題ありません。

できるだけ入手しやすい部品や、道具を使うように心がけましたので、どなたでも一般のお店か通信販売で入手可能だと思います。

❶入れ物

・バット小　2個：現像液とエッチング液用別々に用意
　（料理用や小物入れ用タッパでも代用可能）
・広口ビン　1個：エッチング液保存用（ポリ容器でも代用可能）

エッチング液は濃い茶色の液体で、入れ物に色が付くと取れないので専用の入れ物を用意したほうがよいでしょう。また保存用には金属ケースは化学反応してしまうので使えません。広口ビンは東急ハンズなどで化学実験用器材として販売しています。

●写真7-C1-1　バットと広口ビン

バットは現像用とエッチング用の2個必要。タッパでも代用可能

エッチング溶液の保存用に使う。金属製の容器は化学反応するので使えない

❷薬品類

　プリント基板を作成するためには、感光と現像、さらにはエッチングを行いますが、それぞれ写真7-C1-2のような薬品を使います。いずれも市販されていて容易に入手できます。

薬　品	使い方
現像液：現像剤 （サンハヤト製DP-10 またはDP-50）	指定された量の水に溶かして使う。DP-10のほうが200ccで使えるので、1回ごとに使い切ることができて便利。湿気を吸いやすいので開封したら早めに使い切る
エッチング液： サンハヤト製エッチング液	何回か使えるので使ったあと広口ビンに保存する。衣服などに付くと取れないので気をつける。もともとは塩化第二鉄なので、薬局で固形のものを購入することもできるが、取り寄せになってしまうのでサンハヤト製のほうが便利
無水エタノール	大きなドラッグストアで購入できる。基板に残った感光剤の除去に使う。もともと油などの清掃用に使うもの
基板用フラックス： サンハヤト製	完成基板の酸化防止用で、これを塗布しておかないと銅箔面がすぐ酸化して汚くなってしまう。また酸化した状態ではハンダ付けがうまくできなくなるのでフラックス塗布は必ず実行する

コラム　プリント基板の作り方

● 写真7-C1-2　薬品類

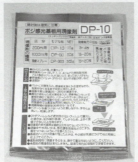
現像剤
200cc用で使い捨て

エッチング溶液
古くなったら処理
してから廃棄

無水エタノール
感光剤除去用

フラックス
基板酸化防止用

❸道具

　プリント基板を作成する間で、作業を楽に、正確にできるようにいくつかの道具が必要となります。一応表7-C1-2の道具があれば問題ないと思います。

▼ 表7-C1-2　プリント基板作成に必要な道具

工具名と外観写真	用　途
クランプ	感光するときに基板とパターン図を挟んで固定する道具で、サンハヤト製「PK-CLAMP」が便利。単純にガラス板を上に置くだけでも大丈夫だが、仕上げの善し悪しは結構このクランプの仕方に影響される
露光用光源	「捕虫器用ケミカルランプ　10W」を使う。外観は普通の蛍光灯と変わらない白色の蛍光灯。蛍光燈スタンドの一般蛍光灯をこの捕虫器用に交換し、基板から5cm程度の距離になるようにして使う。安定器とグローランプ等を入手して自作することもできる
ルーペ	フィルムネガチェック用の拡大鏡で、倍率が10倍以上のルーペを使う。作成したパターン図やエッチング後のパターンのチェックに使う 表面実装のICの位置決めやハンダ付けのチェックにも使える

工具名と外観写真	用途
ドリル 	サンハヤト製ミニドリルD3が使える。専用スタンドST-3と組み合わせて使う。スタンドへの固定はゆるくしてドリルの先が少し動くくらいにするとやりやすい 電源は電池となっているが、上面のDCジャックを使って5V程度の電源から供給することもできる（電流容量の大きなACアダプタが必要）
超硬ドリル刃 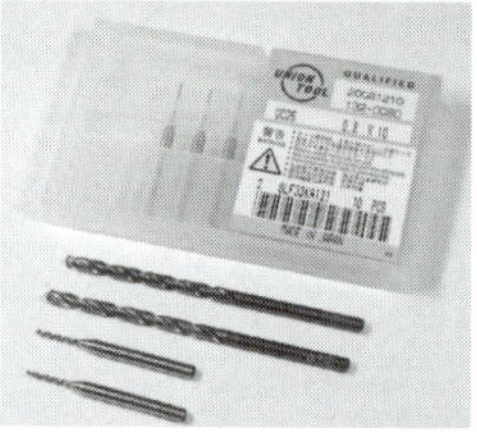	0.8mm、0.9mm、1mm、1.2mm、2mm、3.2mm 超硬ドリル刃が使いやすい。新品は高価なので中古品をネットから購入するとよい
カッター 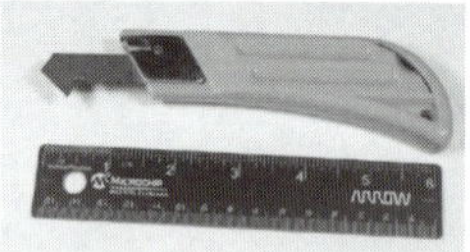	基板切断用カッター。市販されているアクリルカッターで十分金属製定規で位置を固定してカッターを使うと安定する

■パターン図の作成

筆者はECADのEagleでパターン図を作成しています。このパターン図をインクジェットプリンタでインクジェット用OHP透明フィルムにできるだけ濃く印刷します。プリンタの設定で次のようにすると最も濃く印刷できます。

用紙　：写真用光沢紙
品質　：きれい
カラー：モノクロ
濃さ　：コントラスト、明るさともマニュアルで最大濃さにセット

印刷のとき注意しなければならないことは、パターンを印刷するときの裏表です。Eagleを使ってパターン図を作成すると、通常基板の部品実装面から見た透視図で作成するので、それをそのまま印刷しておきます。こうすると、露光するとき印刷面を基板と直接密着させることになり、紙の厚さによる隙間がなくなるので細いパターンが痩せることがなく、正確にパターンの露光ができるからです。写真7-C1-3が印刷したフィルム例です。

コラム　プリント基板の作り方

●写真7-C1-3　印刷したパターン図

余った部分はベタにしておくとエッチング液が節約できる

周囲は1cm程度余白を取って切り落とす

■露光

　印刷したフィルムのパターンを、市販の感光基板に直接露光します。筆者は、写真7-C1-4のサンハヤトのクイック ポジ感光基板を使っています。手軽にプリント基板が作成できますし、サイズや基板材質もいくつか用意されているので便利に使えます。P10Kという型番のものが100mm×75mmなのですが、ほとんどの作品がこれで納まります。

●写真7-C1-4　感光基板例

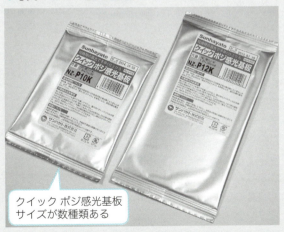

クイック ポジ感光基板サイズが数種類ある

　露光には、この感光基板とパターン図のフィルムを、露光用のクランプ（サンハヤトPK-CLAMPが便利）で挟んで固定し、露光用光源から紫外線を当てて露光します。

写真7-C1-5は露光の準備をしているところで、感光基板とフィルムのパターン図をクランプに挟むところです。ここで注意が必要なことは、パターン図の裏表を間違えないようにすることです。いったん間違えたらもう元には戻せません。やり直すしか他に方法がありません。
　さらに、パターン図の印刷面側が基板の銅箔面とぴったり密着するようにセットします。こうすると、フィルムの厚さの隙間から紫外線が入って、パターンが痩せるのを防ぐことができます。

●写真7-C1-5　露光準備

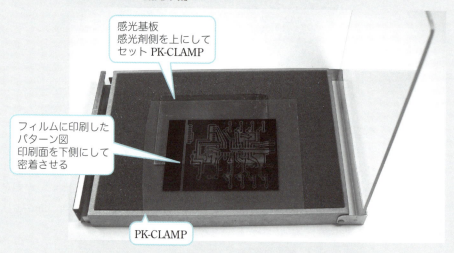

　露光用の光源を準備します。この光源としては、専用に自作もできますが、簡単なのは蛍光燈のスタンドの利用です。これならいたって簡単にできます。まずは蛍光燈のスタンドか小型天井灯のセットを用意します。蛍光燈は10Wのものが適当です。この蛍光灯を捕虫器用の「ケミカルランプの10W」に入れ替えます。
　実際の露光は、紫外線の光源を、5cmから10cmの距離で、5分から15分程度で露光できます。距離によりこの時間が微妙に変わるので何度か試して最適な時間を見つける必要があります。大きな基板の場合には何度か光源の位置をずらして基板の全面に万遍なく光が当たるようにします。比較的太いランプなので基板の端のほうにさえきちんと光りを当てれば問題なく露光するはずです。濃く印刷したパターン図では、15分くらいに長めに露光してもまったく問題なくできます。
　写真7-C1-6が露光中の状態です。光源の高さは紅茶の木箱で確保しています。この露光が上手にできればほぼでき上がったも同じです。

●写真7-C1-6　露光中の状態

数分ごとにずらして均等に感光されるようにする

紫外線を長時間直接見ていると眼に悪い

■現像

　露光している間に現像液を準備しておきます。市販されている現像剤（サンハヤト　ポジ感光基板用現像剤　DP-10が便利）を200ccの水で溶かして作りますが、温度を上げないようにすることがコツです（20〜25℃の水道水そのままでOK）。温度が高いと感光剤そのものが柔らかくなってしまい、剥げ落ちてしまったり、空気穴が開いたりするので注意が必要です。

　この現像液は保存がきかず使い捨てになるので、現像剤は少ない量のDP-10が便利です。

　1〜2分で現像は完了します。濃い青色の感光剤が溶け出してパターンが浮き出てきます。銅箔面がきれいに見えてきたら完了としてすぐ水洗いします。現像後は充分水洗いをして現像液が付着していないようにして下さい。

　この現像は見ていればでき具合がわかるので比較的簡単です。つまり見ている間に感光剤が溶けて、きれいな銅箔のパターンがそのまま現れてきます。また現像中は容器を動かして感光剤が溶けやすくします。写真7-C1-7は現像中の写真で、感光剤が溶け出してきているところです。

●写真7-C1-7　現像中

青い感光剤が完全に溶け出して銅箔面がきれいに見えてきたら完了

バットを斜めに傾けて現像液が動くようにする

■ エッチング

現像が完了したら間をあけないでエッチングに移ります。1日おいたりすると銅箔面が酸化しエッチングがきれいにできません。

まずエッチングの準備をします。塩化第二鉄液を適当な量バットに入れます。このときの量は深さが1cmぐらいになるぐらいが適当です。

液の温度が高いほど早くエッチングができますが、感光剤が柔らかくなると剥がれるので通常の室温で作業します。

基板は割り箸などを使って常時動かしながらエッチングします。基板の向きを変えながら動かすことでムラなく早めに仕上がります。約10分から20分ぐらいでエッチングが完了するはずですが、エッチング液の新しさと温度により時間が変わります。液が新しい程早くできます。エッチング液が黒くなって古くなって来たら新しいものに替えどきです。写真7-C1-8はエッチングの最中で、割り箸で基板を動かしているところです。

● 写真7-C1-8　エッチング中

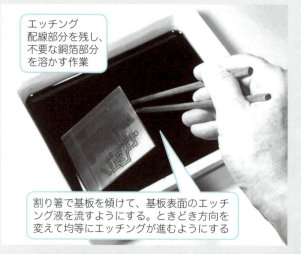

エッチング
配線部分を残し、不要な銅箔部分を溶かす作業

割り箸で基板を傾けて、基板表面のエッチング液を流すようにする。ときどき方向を変えて均等にエッチングが進むようにする

エッチングが完了したらエッチング液を広口ビンなどに戻して保存しておきます。化学実験に使う広口のポリ容器が便利です。金属容器は表面が化学反応してしまうため使えないので要注意です。

古くなったエッチング液は、添付されている処理剤で処理してからごみとして廃棄します。これがちょっと面倒なのですが、添付されているビニール袋を大きなポリバケツの水に浸しながら処理してしまうのがよいでしょう。衣服が汚れると取れないので注意して下さい。

エッチングが終了したら感光剤を基板から除去するのですが、短時間できれいにとるには、無水エタノール（大きなドラッグストアで買えます）で拭き取る方法がお勧めです。新聞紙などの上で、無水エタノールを基板面に十分

コラム　プリント基板の作り方

ふりかけ、1分ほど放置してからティッシュペーパーなどで拭けばきれいに取れます。写真7-C1-9は無水エタノールで表面を濡らしているところと、右は一部ふき取ったところです。これを2、3回繰り返せばきれいに取れます。

●写真7-C1-9　感光剤除去中

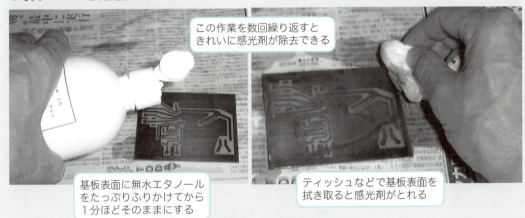

この作業を数回繰り返すときれいに感光剤が除去できる

基板表面に無水エタノールをたっぷりふりかけてから1分ほどそのままにする

ティッシュなどで基板表面を拭き取ると感光剤がとれる

こうして感光剤を除去した基板が写真7-C1-10となります。この時点で拡大鏡でパターンのチェックをして、断線や隣接パターンとの接触などが無いかを確認しておきます。

●写真7-C1-10　エッチング完了した基板

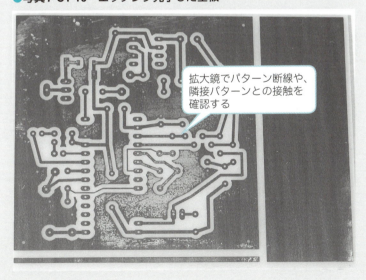

拡大鏡でパターン断線や、隣接パターンとの接触を確認する

■ 穴開け

　次は穴開けです。筆者は写真7-C1-11のサンハヤト製ミニドリルD3と専用スタンドST-3を使っています。超硬ドリル刃を使う場合には、Bチャックでないと装着できないのでBチャックが必須です。Bチャックでもやや細いのでギュッと押し込んで使います。

　このミニドリルの仕様は下記のようになっています。

- 電源：単3×4本を本体内部に実装
　　　　または　上部よりACアダプタ（6V 1A）で供給
　　　　（一般市販のACアダプタの場合は、3A以上のものでないと起動時の過電流で保護回路が働くので起動しない）
- ドリルサイズ：標準Aチャックは　　0.5φ〜1.5φ
　　　　　　　　別売りBチャックは　1.6φ〜2.6φ

● 写真7-C1-11　ドリルとスタンド

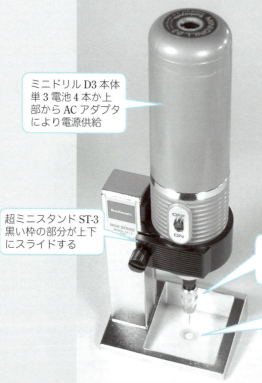

ミニドリルD3本体
単3電池4本か上部からACアダプタにより電源供給

超ミニスタンドST-3
黒い枠の部分が上下にスライドする

標準添付のAチャックは0.5φ〜1.5φ
別売りのBチャックは1.6φ〜2.6φ
（超硬ドリル刃用）

この穴の中央部に穴の中心が来るようにセットして穴を開ける

　写真7-C1-12はドリルで基板に穴を開けているところです。穴開けのコツは、ドリルをスタンドに固定する際、スタンドの固定枠をゆるく締め付けておき、

ドリル刃の先端が少し動くようにしておきます。これでランドの上にドリル刃がいくと銅箔で刃先がすべり、ランドの中心の穴開け位置にすべるようになるので、中心を狙いやすくなります。ただしこのときのドリル刃は超硬ドリル刃のほうがうまくいきます。

●写真7-C1-12　ドリルでの穴開け

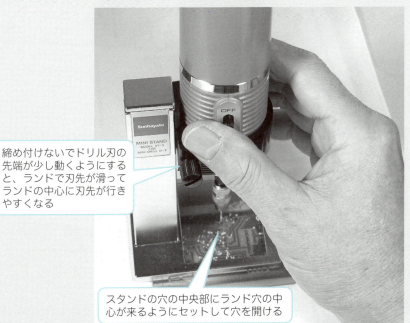

締め付けないでドリル刃の先端が少し動くようにすると、ランドで刃先が滑ってランドの中心に刃先が行きやすくなる

スタンドの穴の中央部にランド穴の中心が来るようにセットして穴を開ける

ドリルの刃には超硬ドリル刃を使います。ドリル刃として揃えておく必要があるサイズは表7-C1-3程度で、これぐらいの種類があればまず問題ありません。外観は写真7-C1-13のようになっています。太さに合わせてチャックを取り替えて使います。

▼表7-C1-3　ドリルの刃

ドリル刃サイズ	対象となる部品
0.7〜0.8mmφ	ICソケット、抵抗、コンデンサ
1.0mmφ	基板コネクタ、テストピン、大型抵抗、発光ダイオード
2.0mmφ	ジャック、大型コネクタ
3.2mmφ	取り付け用ねじ穴（M3ねじ）

●写真7-C1-13　ドリル刃

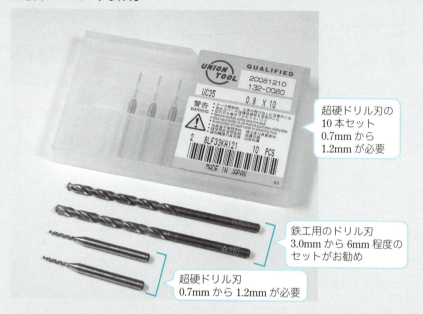

超硬ドリル刃の
10本セット
0.7mm から
1.2mm が必要

鉄工用のドリル刃
3.0mm から 6mm 程度の
セットがお勧め

超硬ドリル刃
0.7mm から 1.2mm が必要

　この穴開けは結構コツが必要で、慣れるまでは失敗が多いかもしれません。しかし慣れれば正確に素早く作業できるようになります。開け方のコツには下記のようなものがあります。

❶ ランドのセンター穴をパターンに描いておく

　パターンを作成するとき、ランドの中心がエッチングで銅箔が除去されるように穴を描いておくことです。これがあるとドリルの先端が滑ることなくランドの中心に正確に穴を開けることができます。ICなど、並んで多くの穴を開ける必要があるときには不可欠です。ポンチで印を付ける方法もありますが、これはドリル刃が中心から滑ってしまい、正確な位置を連続で開けるのは難しくなります。

　筆者は大きな穴が必要な場合にもパターン上では小さな穴の部品図にしておき、穴の中心がわかりやすいようにしています。

❷ 大きな穴には下穴を開ける

　2mm以上の穴は、先に1mmのドリルで下穴を開けておきます。これで楽にきれいに大きな穴が開けられます。

❸ 長方形の穴は丸穴をつないで開ける

　コネクタの固定穴やDCジャックなどの足には長方形の穴が必要になりますが、このためには、写真7-C1-14のように複数個の1mmの丸穴を接近させて開け、

その間をカッターナイフの先でカットしたあと、1mmのドリルで穴の間を整形するときれいに仕上がります。

●写真7-C1-14　長方形の穴開け

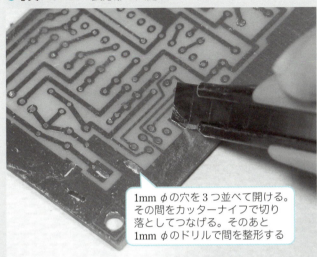

1mm φの穴を3つ並べて開ける。その間をカッターナイフで切り落としてつなげる。そのあと1mm φのドリルで間を整形する

❹取り付け用の穴開け

基板固定用の3.2mm φの穴を四隅に開けておきます。

❺開け終わったあとのバリを取る

穴を開け終わったら、まわりのバリ（穴のまわりにはみだした余分な部分）を取ります。小さな穴のバリは基板の端材の縁でこすれば取れます。大き目の穴のバリは、太いドリル刃（6mmぐらい）を直接手で持って軽く回して削ぎ落としてきれいにします。

❻部品面とハンダ面を一緒に印刷した図で確認する

穴の開け残しがないかは、パターン図を印刷するとき、部品面とハンダ面を合わせて一緒に印刷した図を見ながら確認すると楽にできます。

■基板の切断と仕上げ

複数のパターンを一緒に作成した場合や、余分な部分があるような場合には、それらを切断します。直線部分の切断にはアクリルカッターを使い、曲線の場合には糸鋸を使います。

アクリルカッターで切断するときは、金属定規でしっかりと補助しながらアクリルカッターで溝を付けていきます。コツは最初の内はカッターにあまり力を加えず軽く溝をつけ、大体の溝が付いてから力を加えます。そのあと

溝が十分についたら定規をはずして何回もカッターをかけて溝を深くします。最初からカッターに力を加えると、補助定規に沿った線でなく、別の方向に刃がそれてしまうことがあります。片面に十分溝ができたら反対側にも軽く溝を付けます。裏表両面に溝がついたら手で折れば簡単に切断できます。切断面のバリをアクリルカッターの丸い溝の部分を使ってそぎ落としておきます。
　穴開けと切断が完了したら表面の削りくずなどを取ってきれいにしたあと、全体にフラックスを塗布して仕上げます。（サンハヤト　基板用フラックス）
　このフラックスを塗布しておくと銅箔表面が酸化せずいつまでもきれいな状態を保つことができるとともに、ハンダ付けのフラックスの役割も果たすので、きれいなハンダ付けができます。写真7-C1-15は穴開け後綿棒を使ってフラックスを塗布しているところです。この塗布のコツは、ニス塗りと同じ要領でさっと手早くすることです。また一定の方向に塗布するようにします。行ったり来たりの塗り方はムラができて汚くなってしまいます。

●写真7-C1-15　フラックス塗布中

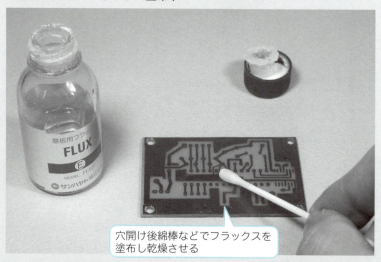

穴開け後綿棒などでフラックスを塗布し乾燥させる

　こうして完成したプリント基板が図7-C1-16となります。これであとは組み立てるだけとなります。

コラム　プリント基板の作り方

●写真7-C1-16　完成したプリント基板

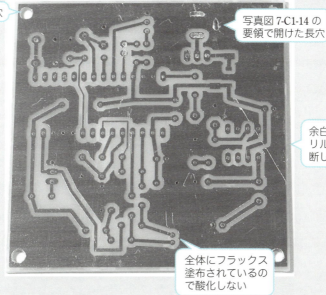

- マウント穴
- 写真図 7-C1-14 の要領で開けた長穴
- 余白の部分はアクリルカッターで切断し、バリを取る
- 全体にフラックス塗布されているので酸化しない

■パターンの修正

実装途中でパターンが間違っていたことに気が付いたときは下記のようにして補修します。自作基板はこの補修が自由にできるので気楽に作れます。

❶穴の開け忘れ

部品を取り付け途中で開け忘れに気づいたときは、基本的にドリルが使えません。1mm以下の小さい穴なら、超硬ドリル刃を直接手で持って回転させて開けます。ただしドリル刃は非常にもろいので、斜めにするとすぐ折れてしまうので注意が必要です。大きな穴の場合はドリルを使うしか方法がないので、基板の固定方法を考えてドリルを使います。

❷パターン抜けのとき

近くの配線のときは、部品のリード線を利用します。必要な長さで切り、折り曲げて配線します。遠くのときは細めの被覆線材で配線します。

❸パターン間違いのとき

余分なパターンはカッターで切断し、不足のパターンは❷の方法で配線します。

索 引

■ 数字

2の補数 ………………………… 253
2連ボリューム ………………… 149
3端子レギュレータ ……………… 73

■ アルファベット

A/Dコンバータ ………… 99, 251
AC …………………………………… 43
AC-DC電源 ……………………… 43
ACアダプタ …………………… 122
AFC ………………………………… 99
AGC ……………………… 93, 187
AM ………………………………… 85
Bluetooth ……………… 244, 258
BTL ……………………… 146, 147
Cds ……………………………… 127
COMポート …………………… 316
const修飾 ……………………… 310
CSV ……………………… 245, 299
C言語 …………………………… 198
c接点 …………………………… 132
D/Aコンバータ ……………… 100
D/A変換 ……………………… 221
DC ………………………………… 43
DCジャック …………………… 282
DIP ……………………………… 109
DIP化キット ………………… 110

DMM ……………………………… 25
DSP ………………………………… 97
Dクラス ………………………… 145
E24系列 ………………………… 19
E96系列 ………………………… 20
Eagle …………………………… 323
ECAD …………………………… 150
EDR ……………………………… 259
eneloop ……………………… 115
EUSART ……………… 248, 263
FM ………………………………… 96
FM検波 …………………………… 99
FMラジオIC …………………… 97
Hブリッジ回路 ……………… 179
I²C ……………………………… 249
ICSP …………………………… 191
ICソケット …………………… 150
LED ……………………… 32, 120
MACアドレス ………………… 294
mAh …………………………… 115
MOSFETトランジスタ
  …………………… 131, 136
MPLAB X IDE ……………… 199
MPLAB XC8 ………………… 199
MSSP ………… 249, 275, 277
NECフォーマット …………… 182
NPN型 ………………………… 132

PIC16F1503 ………………… 189
PIC16F1783 ………………… 247
PIN ……………………………… 295
PLL ……………………………… 248
PSMC ………………………… 288
PWM制御 …………… 171, 222
RF ……………………………… 259
RN-42XVP …………………… 258
SOIC …………………………… 110
SPI ……………………… 249, 276
SPP …………………………… 259
TELEC ………………………… 258
TeraTerm …………………… 296
TQFP ………………… 110, 162
Typ ……………………………… 133
UART ………………………… 249
USART ……………………… 248

■ あ行

明るさセンサ ………………… 127
アクイジションタイム ……… 252
圧着工具 ……………………… 175
アナログコンパレータ ……… 251
アナログ信号 ………………… 250
アナログメータ ………………… 61
アルカリ乾電池 ……………… 114
アルミ基板 …………………… 124

INDEX

アルミ電解コンデンサ……… 36
アンテナ……………………… 82
位相………………………… 35, 42
イマジナルショート………… 221
イメージ混信………………… 99
インターバルタイマ………… 207
インダクタンス……………… 42
インタフェース……………… 250
インピーダンス…………… 35, 42
ウォッチドッグタイマ……… 201
運動エネルギー……………… 41
エッチング…………………… 330
エルステッド………………… 40
エンクロージャ……………… 154
オートレンジ………………… 26
オーム………………………… 14
オームの第一法則…………… 14
オシロスコープ……………… 237
オフセット電圧……………… 251
オペアンプ……………… 245, 319
音圧レベル…………………… 144
温度センサ…………………… 319
オンボードシリアル通信… 275

■か行

カーボン皮膜抵抗………… 15, 18
格納バッファ………………… 303
可視光………………………… 128

家電製品協会………………… 182
可変型シリーズレギュレータ
　方式………………………… 57
可変速制御…………………… 221
カラーコード………………… 20
関数…………………………… 198
ギヤ…………………………… 231
逆起電圧……………………… 179
キャパシタ…………………… 30
許容電流……………………… 132
金属皮膜抵抗………………… 18
空中配線……………………… 65
組込みソフトウェア………… 199
クリスタル発振子…………… 190
グローバル関数……………… 199
クロック……………………… 190
ケーブルストッパ…………… 65
ゲルマラジオ………………… 81
検波…………………………… 81
検波回路……………………… 85
コアインディペントモジュール
 ……………………………… 192
コイル………………………… 40
コイン電池…………………… 116
降圧…………………………… 56
公称誤差……………………… 20
合成抵抗……………………… 22
鉱石検波器…………………… 81

鉱石ラジオ…………………… 81
光電効果……………………… 127
光導電素子…………………… 127
光電流………………………… 129
コンデンサ…………………… 30
　値…………………………… 37
　インピーダンス…………… 34
　種類………………………… 36
　接続………………………… 33
　耐電圧……………………… 32
コンパイラ…………………… 199
コンパレータ………………… 137
コンフィギュレーション
 …………………………… 201, 287

■さ行

最小入出力間電圧…………… 53
差動信号……………………… 147
差動入力……………………… 251
酸化金属皮膜抵抗………… 15, 18
サンプルホールド…………… 252
磁気飽和……………………… 41
指向性…………………… 82, 140
時定数…………………… 31, 101
シフト………………………… 297
収縮チューブ………………… 140
充電式ニッケル水素電池… 114

索 引

充電式リチウムイオン電池 …………………… 114
周波数変換 …………………… 99
ジュール …………………… 14
ジュールの法則 …………………… 14
出力インピーダンス …………………… 256
順方向電圧 …………………… 26, 120
順方向電圧降下 …………………… 47
消費電力 …………………… 71
照明用LED …………………… 124
商用電源 …………………… 56
商用電源の誘導ノイズ …………………… 29
ショート保護回路 …………………… 147
ショットキーバリヤダイオード …………………… 47, 58, 81
シリアルポート …………………… 295
シリーズレギュレータ方式 …………………… 56
シリコングリース …………………… 72
磁力線 …………………… 40
シングルエンド …………………… 246, 256
垂直偏波 …………………… 79
スイッチング方式 …………………… 56
水平偏波 …………………… 79
錫メッキ線 …………………… 150
ステートマシン …………………… 170, 208
スピーカ …………………… 154
スリープ …………………… 255
スルーホール …………………… 158

スレッショルド …………………… 138
正帰還 …………………… 138
整流 …………………… 46, 50, 250
整流回路 …………………… 53
セカンドソース …………………… 57
赤外線 …………………… 182
赤外線受光モジュール …………………… 185
赤外線通信 …………………… 182
赤外線リモコン …………………… 182
積層セラミックコンデンサ …………………… 36
絶縁破壊 …………………… 32
接合型トランジスタ …………………… 131, 132
絶対最大定格 …………………… 122
セメント抵抗 …………………… 15
セラミックイヤホン …………………… 87
セラミックコンデンサ …………………… 36
宣言部 …………………… 199
センタータップ型 …………………… 51
全二重 …………………… 263
全波整流 …………………… 50
双極双投 …………………… 178
相互誘導 …………………… 40

■た行

ダーリントン接続 …………………… 133
ダイオード …………………… 46
　種類 …………………… 46
　整流 …………………… 50

ダイオードブリッジ …………………… 47
耐電圧 …………………… 30
端子台 …………………… 150
タンタルコンデンサ …………………… 36
逐次変換 …………………… 252
チップ型セラミックコンデンサ …………………… 36, 37
チップ抵抗 …………………… 18
中波帯 …………………… 82
調歩同期方式 …………………… 263
直流電流増幅率 …………………… 26
直交ミキサ …………………… 99
ツェナーダイオード …………………… 46
ツェナー電圧 …………………… 46
ディエンファシス …………………… 101
抵抗 …………………… 14
　値 …………………… 19
　種類 …………………… 17
　接続 …………………… 22
抵抗値 …………………… 15
抵抗ブリッジ …………………… 250
低雑音アンプ …………………… 98
データシート …………………… 120
デジタル選局 …………………… 97
デジタルフィルタ …………………… 99
デジタルマルチメータ …………………… 25
デシベル …………………… 144
テスタ …………………… 25

INDEX

テストリード……………26	熱抵抗………………………71	半波整流………………50, 51
電圧リファレンス……251, 256	熱伝導性絶縁シート…………72	ヒートシンク……………72, 75
電荷…………………………30	ノイズフィルタ………………42	引数………………………297
電解コンデンサ………………36		ヒステリシス………………138
電気二重層コンデンサ…36, 37	■は行	非同期方式…………………263
電磁気………………………40	バーアンテナ…………………82	非反転型……………………319
電磁誘導現象…………………40	パーティライン……………275	表面実装……………………160
電池………………………114	ハイパスフィルタ…………148	ファーストリカバリー
種類……………………114	バスレフ型エンクロージャ	ダイオード………………49
接続……………………117	………………………155	ファームウェア……………287
電波…………………………78	パターン図……………323, 326	ファラデー…………………40
電流増幅率…………………133	波長………………………82, 127	フィードバック……………221
電力増幅……………………145	パッケージ…………………72	フィルタ……………………182
電力容量……………………15	発光ダイオード………………32	フィルタ回路………………187
問い合わせ方式……………267	パッド……………………163	フィルムコンデンサ……36, 37
等価回路……………………117	バッファアンプ……………319	フェールセーフクロック
統合開発環境………………199	バッフル……………………154	モニタ…………………288
同調回路……………………83	波動方程式……………………78	フェッセンデン………………80
同調周波数……………………84	ハトメ……………………173	フォトセンサ…………127, 129
ドライバ……………………295	ハムノイズ…………………29	フォトダイオード……129, 185
トランス…………………40, 43	パリティ……………………262	プッシュプル出力…………147
ドリフト……………………251	パルス幅変調制御…………222	浮動小数……………………297
ドリル………………………332	半固定抵抗…………………61	ブラウンアウトリセット…201
トルク………………………231	搬送波………………………85	フラグ…………………207, 299
	ハンダ付け…………………156	ブラケット…………………60
■な行	ハンダブリッジ……………161	フラックス…………………157
内部抵抗…………………27, 117	反転2連送…………………216	フラッシュメモリ
鉛フリー……………………156	半二重………………………263	…………190, 244, 271

索引

プリスケーラ……………… 225
ブリッジ回路………………… 179
ブリッジ整流回路…………… 52
ブリッジダイオード………… 58
プリント基板……………… 282, 323
プルアップ抵抗…………… 24, 310
フルブリッジ回路…………… 179
ブレーク信号………………… 264
ブレッドボード……………… 107
プログラマ…………………… 198
プログラムセンス方式
　　　…………………… 269, 270
プロセッサ…………………… 97
プロテクト解除……………… 303
プロトタイピング…………… 199
プロファイル………………… 259
分圧回路……………………… 22
分光特性……………………… 129
分周期………………………… 225
ペアリング…………………… 293
平滑…………………………… 50
ベース飽和電圧……………… 133
ヘッダピン…………………… 88
ヘルツ………………………… 78
変換基板………………… 97, 162
変調…………………………… 182
ヘンリー……………………… 42
放電…………………………… 31

放電特性……………………… 115
放熱器………………………… 124
放熱設計……………………… 71
飽和コレクタ電圧…………… 133
ボース………………………… 80
ポーリング方式……………… 267
ボーレート…………………… 262
ボタン電池…………………… 114
ポリバリコン………………… 84
ボルタ………………………… 114

■ま行

マクスウェル………………… 78
マクスウェルの方程式……… 78
マルコーニ…………………… 80
マルチプレクサ……………… 251
マンガン乾電池……………… 114
ミキサ………………………… 99
右ねじの法則……………… 41, 79
密閉型エンクロージャ……… 155
ミニドリル…………………… 332
脈流…………………………… 50
メイン関数…………………… 199
メインループ…………… 200, 207
モータ…………………… 174, 231

■や行

誘導体………………………… 32

ユニバーサル基板……… 144, 165
予備ハンダ…………………… 159

■ら行

ランド………………………… 158
リアクタンス…………… 35, 41
リード線………………… 122, 159
リチウムイオン電池………… 114
リップル……………………… 52
リップルノイズ……………… 187
リニアライズ………………… 250
リブート……………………… 262
リレー………………………… 131
ループアンテナ……………… 83
ルーペ………………………… 161
レギュレータ………………… 53
レジスタ……………………… 201
レジスト……………………… 162
ロードロップタイプ………… 282
ローパスフィルタ…………… 251
論理…………………………… 137

■わ行

ワンチップラジオIC………… 91

参考文献

1. 「PIC16F1503 14-Pin Flash 8-Bit MCU Data Sheet」DS40001607D

2. 「PIC16F1782/3 28-Pin 8-Bit Advanced Analog Flash MCUs」DS40001579E

3. 「SST26VF064B/SST26VF064BA 2.5V/2.0V 64Mbit Serial Quad I/O (SQI) Memory」DS20005119G

4. 「MCP9700/MC9701 Data Sheet」DS20001942F

5. 「RN41/RN42 Bluetooth Data Module Command Reference User's Guide」bluetooth_cr_UG-v1.0r.pdf

6. 「RN41XV-RN42XV Datasheet」Version 1.0

PICのデータシートやMPLABの説明書については、Microchip Technology社が著作権を有しています。本書では、図表等を転載するにあたりMicrochip Technology社の許諾を得ています。Microchip Technology社からの文書による事前の許諾なしでのこれらの転載を禁じます。

■著者紹介
後閑 哲也　Tetsuya Gokan
1947年 愛知県名古屋市で生まれる
1971年 東北大学　工学部　応用物理学科卒業
1996年 ホームページ「電子工作の実験室」を開設
　　　　子供のころからの電子工作の趣味の世界と、仕事として
　　　　いるコンピュータの世界を融合した遊びの世界を紹介
　　　　「PIC活用ガイドブック」「電子工作の素」
　　　　「C言語によるPICプログラミング入門」
2003年 有限会社マイクロチップ・デザインラボ設立

Email　　gokan@picfun.com
URL　　http://www.picfun.com/

● カバーデザイン　　　NONdesign　小島トシノブ
● カバーイラスト　　　大野文彰
● 本文デザイン・DTP　（有）フジタ
● 編集　　　　　　　　藤澤奈緒美

以下のWebサイトから、本書で製作したデバイスのソースファイルや実行ファイル・回路図・パターン図・実装図をダウンロードすることができます。

http://gihyo.jp/book/2016/978-4-7741-8079-3/support

電子工作は失敗から学べ！
2016年5月25日　初版　第1刷発行

著　者　後閑　哲也
発行者　片岡　巌
発行所　株式会社技術評論社
　　　　東京都新宿区市谷左内町21-13
　　　　電話　03-3513-6150　販売促進部
　　　　　　　03-3513-6166　書籍編集部
印刷／製本　昭和情報プロセス株式会社

定価はカバーに表示してあります。

本書の一部または全部を著作権の定める範囲を超え、無断で複写、複製、転載、テープ化、ファイルに落とすことを禁じます。

©2016　後閑哲也

造本には細心の注意を払っておりますが、万一、乱丁（ページの乱れ）、落丁（ページの抜け）がございましたら、小社販売促進部までお送り下さい。送料小社負担にてお取替えいたします。

ISBN978-4-7741-8079-3 C3055
Printed in Japan

■注意
　本書に関するご質問は、FAXや書面でお願いいたします。電話での直接のお問い合わせには一切お答えできませんので、あらかじめご了承下さい。また、以下に示す弊社のWebサイトでも質問用フォームを用意しておりますのでご利用下さい。
　ご質問の際には、書籍名と質問される該当ページ、返信先を明記してください。e-mailをお使いになれる方は、メールアドレスの併記をお願いいたします。

■連絡先
〒162-0846
東京都新宿区市谷左内町21-13
（株）技術評論社　書籍編集部
「電子工作は失敗から学べ！」係
　FAX番号：03-3513-6183
　Webサイト：http://gihyo.jp